Joachim M. Köstnick

# MADE IN GERMANY

## Autos aus Deutschland

Joachim M. Köstnick

# MADE IN GERMANY

## Autos aus Deutschland

Einbandgestaltung: Sven Rauert unter Verwendung von Abbildungen der Hersteller. BMW AG, Daimler AG, Volkswagen AG, Audi AG, Porsche, Wiesmann, AMG, Opel, Bitter, Melkus
Zeichnungen: Carlo Demand/Motorbuch Verlag

Die Bildquellen befinden sich an den jeweiligen Abbildungen; die Rechte an den Bildern verbleiben bei den Urhebern. Die Zeichnungen von Carlo Demand entstammen dem Verlagsarchiv.

ISBN 978-3-613-03345-0

Copyright © 2011 by Motorbuch Verlag, Postfach 103743, 70032 Stuttgart.
Ein Unternehmen der Paul Pietsch-Verlage GmbH + Co

1. Auflage 2011

Sie finden uns im Internet unter www.motorbuch-verlag.de

Lektorat: J. Kuch
Innengestaltung: Medienfabrik GmbH, Stuttgart
Druck und Bindung: Appel/Klinger Druck & Medien, 96317 Kronach
Printed in Germany

# INHALT

# Statt eines Vorwortes

Die Entwicklung des deutschen Automobilbaus begann, wie sattsam bekannt, vor etwas mehr als 125 Jahren. Ihre Anfänge liegen in einer Zeit des allgemeinen Aufschwungs. Reichskanzler Otto von Bismarck hatte das erste deutsche Reich geschmiedet, die Eisenbahn war die Konjunkturlokomotive der gesamten Industrialisierung und galt als die eigentliche Schlüsselindustrie, nicht nur in Europa. Gefahren wurde per Kutsche, das Fahrrad war das neueste Spielzeug begüterter Stände. Weder ein Karl Benz noch ein Gottlieb Daimler hätten sich in ihren kühnsten Träumen ausmalen können, was aus ihren Erfindungen einmal werden würde. Der Kaiser glaubte weiterhin ans Pferd, und schon Anfang der zwanziger Jahre des vergangenen Jahrhunderts schien es, als ob die größten Fortschritte im Automobilbau bereits erfolgt wären. Was sollte da noch kommen?

Wie wir heute wissen: Es kam eine ganze Menge, und ein Ende davon ist nicht abzusehen. Jahr für Jahr faszinieren auf den Automobilmessen rund um den Globus die ständig neuen Spielarten dessen, was auf vier Rädern möglich ist.

Gerade die deutsche Automobilindustrie ist auf diesem Gebiet führend. Gewiss, es gibt Facetten und Bereiche, die nicht optimal besetzt sind, auch die eine oder andere Entwicklung – Stichwort Hybrid – wurde verschlafen. Diese eventuellen Versäumnisse aber ändern kaum etwas an der Tatsache, dass deutsche Marken und Modelle in jedem Marktsegment zur Spitzengruppe gehören.

Die Geschichte der deutschen Automobilindustrie ist allerdings nicht nur eine Erfolgsgeschichte, dieses Buch erzählt nur einige davon. Für mehr hat der Platz beim besten Willen nicht gereicht. Aber jede einzelne der hier vorgestellten Marken vermittelt eine kleine Vorstellung von der Fülle der Entwicklungen, die insbesondere in den Jahren nach 1945 aus deutschen Fabriken und Werkstätten auf die Straßen dieser Welt rollten. Kein Mensch liest eigentlich Vorworte, für den Fall, dass dies dennoch jemand tun sollte, sei er darauf hingewiesen, dass dieses Buch ohne den überdurchschnittlichen Einsatz in Redaktion und Herstellung des Motorbuch Verlags nie hätte entstehen können. Denen, die sonst im Hintergrund bleiben, sei an dieser Stelle aufrichtig gedankt.

*(Foto: Daimler AG)*

# ADLER

*1880 gründete Heinrich Kleyer in Frankfurt am Main eine kleine Maschinenhandlung, in der er fortan Fahrräder verkaufte, die er aus England importierte. Aber schon ein Jahr später begann er als erster Unternehmer in Deutschland damit, selbst Fahrräder – damals noch Hochräder – industriell zu produzieren. 1886 kam das erste Adler-Niederrad auf den Markt. Schon 1887 erwarb der Unternehmer in der heutigen Kleyerstraße ein 18.000 Quadratmeter großes Grundstück, auf dem er eine neue Fabrik mit 600 Arbeitsplätzen errichtete, die, in der Nähe des Frankfurter Hauptbahnhofs gelegen, in den folgenden Jahren zu dem beeindruckenden Komplex der Adlerwerke ausgebaut wurde. Rund zehn Jahre später, 1895/96, war der Betrieb derart erweitert worden, dass eine Umwandlung erfolgte: Aus dem Einzelhandelsunternehmen wurden die »Adler-Fahrradwerke vorm. H. Kleyer Aktiengesellschaft«.*

Die produzierte ab 1898 auch Schreibmaschinen, und damit waren die Adler-Fahrradwerke in die Sparte vorgedrungen, in der sie als Produzent am längsten tätig sein sollten: Erst 1992, fast hundert Jahre später, wurde die Produktion von Büromaschinen eingestellt – die Adlerwerke hießen zu diesem Zeitpunkt längst »TA Triumph-Adler« und waren im Besitz von Olivetti. Nach 1992 wurde TA Triumph-Adler in eine reine Vertriebs- und Servicegesellschaft umgewandelt, die heute zu hundert Prozent Kyocera gehört.

## Adler-Motorwagen No. 1

Als Hersteller von Automobilen gehörten die Adlerwerke bis 1939 zu den Großen in Deutschland und nahmen zeitweilig hinter Opel und der Auto Union noch vor Mercedes-Benz den dritten Rang in der Pkw-Zulassungsstatistik ein. 1899 erschien ein erstes Dreirad von Adler, angetrieben von einem einzylindrigen De-Dion-Motor mit 1,75 PS, der dann

1901 – entsprechend angepasst – auch in das erste Adler-Motorrad eingebaut wurde.

Der Adler-Motorwagen No. 1 wurde 1900 auf einer Automobilausstellung in Frankfurt vorgestellt. Es handelte sich bei ihm um einen leichten Vis-à-Vis mit Klappverdeck, dessen De-Dion-Einzylinder einen Hubraum von 402 cm³ besaß und 3,25 PS leistete. Der Motor war vorn eingebaut, seine Kraft wurde mittels einer Kardanwelle statt der damals üblichen Kette auf die mit einem Ausgleichsgetriebe versehene Hinterachse übertragen. Der Motorwagen No. 1 wurde knapp vier Jahre lang gebaut, von den ebenfalls in dieser Zeit gefertigten Modellen No. 2 bis No. 9 ist er am sichersten zu unterscheiden an seiner senkrecht stehenden Lenksäule.

## Kleine und große Autos

Der Ingenieur Erwin Rumpler, der im August 1902 zu den Adlerwerken gekommen war und dort das Konstruktionsbüro übernommen hatte, entwickelte 1903 die ersten Adler-Motoren, die dann ab 1904 in den Automobilen verbaut wurden. Weiter führte Rumpler den Pressstahlrahmen, die geschmiedete Vorderachse und die Schraubenspindellenkung ein. Seine neue Typenreihe kam bei der Kundschaft gut an, die Wagen waren durchweg größer und mit 8 bis 24 PS stärker als die Modelle der Vorgängerreihe. Doch Rumpler verließ die Adler-Fahrradwerke schon im August 1905 wieder, und ab 1906 gab es bei den Frankfurtern eine erwähnenswerte Besonderheit: Zwei voneinander unabhängige Konstruktionsbüros, eines für Kleinautos und eines für die großen Wagen. Adam Paul, schon seit 1904 als Technischer Direktor und Vorstandsmitglied bei den Adler-Fahrradwerken, übernahm nach dem Weggang Rumplers die Leitung des Großauto-Konstruktionsbüros. Auf ihn gingen Neuerungen zurück wie das Verblocken des Motors mit dem Getriebe, die Druckumlaufschmierung mittels einer von der Kurbelwelle angetriebenen Ölpumpe, die Doppelzündung und eine in Öl laufende Metallkonuskupplung.

1907 war der Automobilbau schon zum wichtigsten Geschäftszweig der Frankfurter geworden, und folgerichtig wurde denn auch die Motorradproduktion wieder eingestellt und das Wort »Fahrrad« aus dem

>> *Adler Motorwagen von 1903.* (Foto: Softeis, © GLFD)

Namen gestrichen: Die Firma hieß nun »Adlerwerke vorm. Heinrich Kleyer A.-G.«

## Jeder Fünfte war ein Adler

Das Konstruktionsbüro für die Kleinautos entwickelte unter der Leitung von Otto Göckeritz zunächst einen 4/8 PS, dem bald ein 5/8 PS folgte. Ab 1909 wurden die sogenannten K-, ab 1912 dann die KL-Typen angeboten, die einen hervorragenden Ruf genossen. Gleiches ließ sich aber auch von den Adler-Großautos sagen, die in einer breiten Modell-Palette angeboten wurden. Ihre fortschrittliche Konstruktion, die hohe Fertigungsqualität und ein ansprechendes Äußeres waren die wichtigsten Faktoren für den Erfolg der Adler-Automobile. Und der war nicht gering: 1914 liefen rund 55.000 Pkw auf den Straßen des Deutschen Reichs, und rund jeder fünfte von ihnen war ein Adler.

Als der Erste Weltkrieg begann, beschäftigten die Adlerwerke bereits rund 7000 Mitarbeiter. Die meisten von ihnen wurden eingezogen, der Rest produzierte zusammen mit Hilfskräften Kriegsgüter, vor allem Lkw, Krankenwagen und Spezialfahrzeuge. Der Bau von Lastwagen war für die Adlerwerke kein Neuland, schon 1902 waren aus den größeren Pkw Nutzfahrzeuge abgeleitet worden, doch diese Sparte war, gemessen am Gesamtgeschäft, nahezu bedeutungslos geblieben.

Nach dem Krieg gelang es rasch, an alte Erfolge anzuknüpfen, und zwar

>> *Adler 6/25 von 1926 mit Karmann-Karosserie.* (Foto: Karmann)

» *Adler Favorit von 1930 mit Weinsberg-Karosserie.*  (Zeichnung: Carlo Demand)

sowohl im Fahrrad- und im Schreibmaschinen- als auch im Automobil-bau. Letzterer blieb allerdings das mit Abstand wichtigste Standbein der Adlerwerke, rund 90 Prozent der Mitarbeiter waren auf diesem Sektor tätig.

## Standard 6, Primus, Trumpf und Autobahn-Adler

In den ersten Nachkriegsjahren wurden zunächst Vorkriegsmodelle wieder aufgelegt, und nach der Hyperinflation von 1923 gelang den Adlerwerken mit dem 6/25 PS, einem Modell der kleinen Mittelklasse, sozusagen die Rückkehr zur Normalität. Doch die Konkurrenz schlief nicht, und die Nachfrage stieg: Es galt, die Herstellungskosten zu senken und gleichzeitig die Produktion zu steigern. So erfolgte 1926 eine voll-ständige Neuorganisation der gesamten Fabrik, die auf rationalisierten und standardisierten Großserienbau umgestellt wurde. Erstes Ergebnis dieser Kraftanstrengung war der Adler Standard 6, ein anderes sicher die Tatsache, dass Adler sich noch weitere fast 15 Jahre unter den großen deutschen Automobilherstellern behaupten konnte.

Der Standard 6, der erste deutsche Serienwagen, zeichnete sich unter anderem durch seine Ganzstahlkarosserie und hydraulische Vierrad-bremsen aus. Mit einem solchen Standard 6 gelang der Journalistin und Rennfahrerin Clärenore Stinnes die erste Erdumrundung in einem Au-tomobil, die über zwei Jahre dauerte. 1930 entwarf der berühmte Archi-tekt und Bauhausdirektor Walter Gropius Karosserien für die großen Adler-Wagen, die zwar auf weltweit großes Interesse stießen, aber keine Kaufinteressenten fanden.

Durch die nach dem schwarzen Freitag im November 1929 einsetzende Weltwirtschaftskrise sahen sich die Adlerwerke gezwungen, ihr Pro-gramm um einen kleineren 1,5-Liter-Wagen zu ergänzen. Adler kons-truierte deren gleich zwei, den Primus in Standardbauweise mit Hin-terradantrieb und Starrachse und den wesentlich moderneren Trumpf

» *Adler Trumpf Cabriolet von 1934.*  (Foto: Sam Torres, © GLFD)

» *Adler Diplomat mit Holzgasgenerator.*  (Foto: Mattes © CC)

mit Frontantrieb und Einzelradaufhängung. Beide Modelle waren auf dem Markt erfolgreich, wenngleich sich die Mehrheit der Käufer für den Trumpf entschied. Der erzielte seinerzeit übrigens auch im Motorsport beachtliche Erfolge, vor allem bei Langstreckenwettbewerben. 1934 schließlich erschienen der Adler Trumpf Junior, ein Kleinwagen mit Ein-Liter-Motor, von dem insgesamt über 100.000 Exemplare gebaut wurden, und der Adler Diplomat, der den Standard 6 ablöste. 1937 präsentierte Adler auf der Berliner Automobilausstellung den

Adler 2,5 Liter, der wegen seiner Stromlinienform im Volksmund bald »Autobahn-Adler« genannt wurde. Er galt als die automobile Sensation des Jahres, allein, seine Verkaufszahlen waren keineswegs sensationell. Nach dem Zweiten Weltkrieg erlebte die Fahrradproduktion noch einmal einen Aufschwung, bis sie 1954 endgültig aufgegeben wurde, auch Motorräder und Roller, insgesamt knapp 100.000 Exemplare, wurden bis 1957 noch gebaut, doch die Automobilproduktion nahmen die Adlerwerke nicht wieder auf.

》 *Adler Trumpf Junior von 1939.* (Foto: Cyb4, © GLFD)

》 *Adler 2,5 Liter Cabriolet in der Nachkriegszeit. Adler nahm den Fahrzeugbau nicht mehr auf.* (Foto: Dr. Paul Simsa)

# ALPINA

*Dass heute beim Namen »Alpina« kaum noch jemand an Schreibmaschinen denkt, jedoch sehr wohl an einen der erfolgreichsten Tuner und Kleinserienhersteller von Sportwagen, ist das Verdienst von Burkard Bovensiepen.*
*Zu Beginn der 60er-Jahre begann der junge Mann damit, im Betrieb seines Vaters für Büromaschinen in Buchloe einen Motoraufrüstsatz mit Weber-Doppelvergaser für den BMW 1500 zu entwickeln. Die Qualität dieser Verbesserungsmaßnahmen sprach sich schnell auch bis zu BMW herum, mit der Folge, dass ab 1964 der Münchner Autohersteller seine Fahrzeuggarantie auf die von Bovensiepen getunten BMW-Modelle ausdehnte.*

» *Das Emblem des kleinsten Automobilherstellers der Welt* (Foto: Alpina)

## Der Autotuner Alpina entsteht

Derartig geadelt, gründete der junge Autotuner Mitte der 60er-Jahre seine eigene Firma, die Burkard von Bovensiepen KG mit anfangs nicht viel mehr als einem halben Dutzend Mitarbeitern. Mittlerweile wurden weitere Aufrüstsätze für die BMW-Modelle 1800 und 1600 sowie die sportlichen Varianten 1800 Ti und 2000 Ti angeboten. Berührten die Tuning-Aktivitäten des Teams um Bovensiepen anfangs nur Doppelvergaser und Nockenwelle, so wurden später sogar komplett veredelte Motoren zum Einbau angeboten. Doch die Motoren blieben nicht das alleinige Ziel von Alpinas Veredelungsmaßnahmen, zu ihnen gesellten sich schließlich veränderte Fahrwerke und Bremsanlagen. Selbst vor der Innenausstattung machten die Buchloer nicht Halt.

## Erste Erfolge im Rennsport

Ende der 60er-Jahre war für Alpina der Zeitpunkt gekommen, sich im Motorsport zu engagieren und die aufgerüsteten BMW-Sportwagen erstmalig mit dem neu entworfenen Alpina-Logo zu schmücken, das sich aus einem Doppelvergaser links vom Alpina-Schriftzug und einer Nockenwelle rechts davon zusammensetzte.

Schließlich stellte Alpina selbst ein Rennteam zusammen und gewann 1970 mit den Fahrern Derek Bell, Harald Ertl, Niki Lauda, Jacky Ickx, James Hunt, Brian Muir und Hans Stuck die europäische Tourenwagenmeisterschaft sowie das 24-Stunden-Rennen von Spa-Francorchamps. Die Erfahrungen aus diesen Rennen bestärkten die Buchloer Firma darin, BMW zu ermutigen, unter Alpinas Projektleitung eine Leichtgewichtsversion des BMW 3.0 CS für den Tourenwagensport zu entwickeln. Mit diesem Leichtgewichts-Coupé, dessen letzte Ausbaustufe wegen des großen Heckflügels auch scherzhaft »Batmobil« genannt wurde, beteiligte sich Alpina ab 1973 erfolgreich an vielen Langstreckenrennen und gewann mit den Fahrern Bell, Lauda, Ertl und Muir Mannschafts- und Herstellertitel. Im Jahr 1975 holten auf eben diesem »Batmobil« Alain Peltier und Siegfried Müller am Ende der Europäischen Tourenmeisterschaft den Fahrer-Titel. Diese Version des 3.0 CSL leistete 430 PS, wog dabei aber lediglich 1090 kg.
Der Gewinn der Europäischen Tourenmeisterschaft von 1977 durch Dieter Quester am Steuer eines 335 PS starken, aus Ersatzteilen zusammengebastelten BMW Alpina 3.5 CSL setzte dann zunächst einmal einen Schlusspunkt unter die Rennsportaktivitäten von Alpina. Bovensiepen zog sich für ganze zehn Jahre aus dem Motorsport zurück und fokussierte seine Anstrengungen auf die Veredelung und Entwicklung von Fahrzeugen für die Straße.

## Vom Autotuner zum innovativen Autohersteller

Die Tuning-Maßnahmen der Firma um Burkard Bovensiepen hatten sich derart ausgeweitet, dass es nahe lag, komplette Fahrzeuge zu entwickeln. Der Bau einer Einzeldrosselanlage markierte bereits den Übergang zum Fahrzeughersteller; eine solche zierte ab jetzt auch das neue Alpina-Logo in den Farben Grün und Blau. Ende der 70er-Jahre entstanden dann die ersten drei Straßenwagen in eigener Regie als Hersteller: der B6 2.8, abgeleitet vom BMW E21 der 3er-Reihe, die B7-Turbo-Limousine auf Grundlage des BMW E12 der 5er-Reihe, damals als 3-Liter-Viertürer mit 300 PS die schnellste Limousine weltweit, sowie das B7-Turbo-Coupé auf Basis des BMW E24 der 6er-Reihe.
Eine erste von zahlreichen, in den kommenden Jahren noch folgenden technischen Innovationen wurde bereits diesen drei Eigenentwicklungen

>> *Ende der 60er-Jahre begann Alpina, sich im Rennsport zu engagieren. Mit dem Leichtbaucoupé 3.0 CSL fuhren die Buchloer Anfang der 70er große Erfolge ein.*
*(Foto: Alpina)*

beigegeben: ihre Motoren verfügten über eine vollelektronische Computerzündung – ein Novum in diesen Tagen.

Seit 1983 offiziell als Autohersteller registriert, sorgte Alpina mit seinen immer nur in Kleinserien hergestellten Fahrzeugen für weitere Neuerungen. 1985 rüstete die Firma alle Autos zwecks Reduzierung des Schadstoffausstoßes mit Emitec-Metallkatalysatoren aus. Zehn Jahre später wurde ein »Superkat«, ein elektrisch aufgeheizter Katalysator, in den B12 5.7 E-Kat eingebaut, der die Schadstoffemissionen um ganze 80 % senkte. 1989 erneuerte Alpina mit dem B10 Bi-Turbo seinen Schnelligkeitsrekord. Die viertürige Dreiliter-Limousine schaffte aufgrund ihrer beiden Turbolader 360 PS und wurde so die schnellste Straßenlimousine der Welt. Weitere Highlights betrafen zu Beginn der 90er-Jahre die Getriebe-/ Kupplungssteuerung: 1992 brachte Alpina die weltweit erste elektrisch

gesteuerte Kupplung (Shifttronic) auf den Markt, ein Jahr später ermöglichte das Switchtronic-Getriebe ein manuelles Eingreifen in die Automatikschaltung mittels Taster, die sich auf der Rückseite des Lenkrades befanden.

Mittlerweile stellte Alpina nicht nur Fahrzeuge auf Basis der BMW 3er-, 5er- und 6er-Reihe her, auch die 7er- und 8er-Reihen sowie die Roadster mit dem Z im Namen wurden nun miteinbezogen.

Mit dem ersten Diesel in dieser Hochleistungs-Sportwagenklasse und stolzen 238 PS Leistung überraschte der Hersteller aus Buchloe im Jahr 1999 die Öffentlichkeit. Der D10-Bi-Turbo war eine Gemeinschaftsleistung von Alpina und BMW und fand unter den Dieselautos weltweit nicht seinesgleichen.

## Zurück auf der Rennpiste

Nachdem man Ende der 70er-Jahre dem Motorsport den Rücken gekehrt hatte, beteiligte sich Alpina in den Jahren 1987/88 an der Deutschen Tourenwagenmeisterschaft, für die Burkard Bovensiepen persönlich die Regeln festgelegt hatte. Trotz vieler Siege mit den Fahrern Christian Danner, Fabien Giroix, Peter Oberndorfer, Andy Bovensiepen und Ellen Lohr war dies nur ein Kurzzeitengagement, und es dauerte diesmal sogar mehr als zehn Jahre, bis Alpina erneut in den Rennsport zurückkehrte.

2009 beteiligte sich Alpina mit dem B6 GT3 und einem eigenen Team erfolgreich an der neuen GT3-Europameisterschaft sowie an zahlreichen Langstreckenrennen. Mit den Fahrern Andreas Wirth, Jens Klingmann, Claudia Hürtgen, Csaba Walter und Chris Mamerow konnte das Team dabei vier Siege einfahren.

Seit 2010 existiert wiederum kein eigenes Alpina-Team, doch unterstützt der Buchloer Autohersteller eine Reihe von Kundenteams, die weiterentwickelte Modelle des B6 GT3 erfolgreich bei der GT3 Europameisterschaft und anderen Rennen wie den ADAC Masters einsetzen.

>> *BMW Alpina Roadster Z1.*     *(Foto: Alpina)*

# AMG

*Was tun, wenn man bei einem der ältesten und prestigeträchtigsten deutschen Automobilhersteller arbeitet, aber viele eigene Ideen hat, wie sich gediegene Oberklasse-Wagen in schnelle Flitzer auch für den professionellen Rennsport verwandeln ließen? Diese Frage stellten sich in den 60er-Jahren die beiden Schwaben Hans-Werner Aufrecht und Erhard Melcher, die damals bei Daimler-Benz arbeiteten, und die Antwort, die sie sich selber gaben, bestand in der Gründung der Motor-Tuningfirma AMG (A für Aufrecht, M für Melchior und G für Aufrechts Geburtsort Großaspach bei Burgstall in der Nähe von Stuttgart im Jahr 1967.)*

## Rennmotoren und mehr aus Burgstall/Affalterbach

Entscheidend dafür, dass die kleine Firma bei Burgstall im Tuning-Geschäft richtig Fuß fassen konnte, war ihre Teilnahme an den 24 Stunden von Spa-Francochamps im Jahr 1971. Die Fahrer Hans Heyer und Clemens Schickentanz konnten überraschend auf ihrem von AMG getunten roten Mercedes 300 SEL 6.8 den zweiten Gesamtplatz für sich verbuchen. Dieser Erfolg machte das kleine Ingenieursbüro über Nacht nicht nur in Deutschland zu einem Begriff. Weitere Rennerfolge stellten sich 1972 am Nürburg- und am Norisring ein.

In der Folge klopften zahlreiche Mercedes-Fahrer bei der jungen Firma an, um ihre Autos von ihr leistungsmäßig auf Vordermann bringen zu lassen. Anfangs betrafen diese Tuningmaßnahmen in erster Linie den Motor, begleitet von kleineren aerodynamischen Verbesserungen an der Karosserie. In späteren Jahren weiteten sich die Veredelungen auf das gesamte Fahrzeug aus und beinhalteten auch Fahrwerk, Bremsen und Getriebe sowie Steuersysteme wie ABS und ESP.

1976 hatte das Geschäftsvolumen derart zugenommen, dass AMG ins benachbarte Affalterbach umzog und sich die Mitarbeiterzahl auf 40 erhöhte. Trotz großer Konkurrenz war die Firma zum Mercedes-Tuner Nr. 1 aufgestiegen. Maßgeblich trugen zu diesem Erfolg AMGs Rennsporterfolge bei (z. B. der 2. Platz von Schickentanz/Denzel bei der Europäischen Tourenmeisterschaft 1980 auf einem 450 SLC Coupé, abgeleitet von der Mercedes-Benz-C-107-Baureihe), aber auch die Tuningmaßnahmen an der Mercedes-Baureihe W 123.

Weiteren Kundenzulauf brachten in den 80er-Jahren die Veredelungen an der Baureihe W 126 (der S-Klasse) sowie am 190 E 2.3. Die Vierventiltechnik des Letzteren wurde vom mittlerweile aus dem Unternehmen ausgestiegenen Erhard Melcher entwickelt.

Wieder war die Zeit gekommen, das florierende Unternehmen zu vergrößern, und so entstand Mitte der 80er-Jahre ein zweites Werk in Affalterbach.

## AMG und Mercedes arbeiten im Rennsport zusammen

Ab 1986 beteiligte sich AMG mit dem 190 E 2.3 an der Deutschen Tourenmeisterschaft. Daimler unterstützte die erfolgreiche Tuning-Schmie-

» *Nach dem Sieg des 300 SEL 6.8 AMG bei den 24 Stunden in Spa wollten viele Kunden ihren 300er bei AMG tunen lassen. AMG verfeinerte die 300er daraufhin in drei Tuningstufen bis hoch zum hier abgebildeten 300 SEL 6.3 AMG mit bis zu 320 PS.* *(Foto: AMG)*

» *Anfang der 90er-Jahre brachten die Affalterbacher mit dem 190 E 3.2 AMG ein weiteres Erfolgsmodell auf den Markt.* *(Foto: AMG)*

de, sodass ab 1988 eine richtiggehende Rennkooperation zwischen den beiden entstand und AMG bei der DTM quasi als Mercedes-Werksteam fungierte. Belohnt wurde diese Zusammenarbeit im Jahr 1989 durch sieben Siege bei der DTM mit Klaus Ludwig und Kurt Thiim am Steuer, die damit einen Jahresrekord aufstellten.

Die immer engere Verflechtung von Mercedes und AMG gipfelte 1990 in einer offiziellen Partnerschaft zwischen beiden Unternehmen. Im 360 PS starken AMG 190 E 2.5/16 Evo mit seinem 2,5 Liter großen Reihen-Vierzylinder, dem ersten offiziellen Gemeinschaftsprojekt zwischen AMG und Mercedes, errang Kurt Thiim erneut einen DTM-Sieg. Zwei weitere Tourengewinne waren diesem bereits vorangegangen. Ab 1991 wurde die Zusammenarbeit richtig erfolgreich: AMG holte bei der DTM den Team-Titel, Mercedes gewann den Herstellerpreis und Klaus Ludwig wurde Zweiter in der Fahrer-Wertung, ein Jahr später landeten alle drei auf dem ersten Platz.

AMG war mittlerweile ins Mercedes-Marketing- und Vertriebsnetz miteinbezogen und benötigte ein drittes Werk. Die Mitarbeiterzahl war auf stolze 400 angewachsen.

Drei Jahre nach dem Beginn ihrer offiziellen Partnerschaft brachten AMG und Mercedes ihr erstes gemeinsam entwickeltes Fahrzeug auf den Markt: den C 36. Dieser wurde großteils in den Mercedes-Montagewerken zusammengebaut, besaß eine Leistung von 280 PS bei einer Spitzengeschwindigkeit von 250 km/h (abgeregelt) und erhielt von Mercedes erstmals eine Werksgarantie. Dieser Umstand trug dazu bei, dass AMG nicht mehr länger nur als Autotuner angesehen wurde; das Patentamt in München stufte das Unternehmen inzwischen als Autohersteller ein.

## AMG gehört heute zum Daimler-Konzern

Nach Einstellung der DTM/ITC (die Konkurrenz war aus Kostengründen ausgestiegen) beteiligten sich AMG und Mercedes-Benz 1997 mit dem in nur 125 Tagen entwickelten CLK GTR an der FIA-GT1-Weltmeisterschaft. Mit diesem V12-Supersportwagen, der 612 PS bereitstellte, wurden AMG, Mercedes und Bernd Schneider Weltmeister. Von der

straßenzugelassenen Version wurden gerade einmal 25 Autos gebaut. Im Jahr darauf wiederholten AMG und Mercedes diesen Triumph mit dem weiterentwickelten CLK LM mit V8-Motor, was dazu führte, dass auch aus dieser Rennserie die Konkurrenz ausstieg und sie infolgedessen eingestellt wurde.

In zwei Schritten vollzog sich nun die endgültige Eingliederung von AMG in den Daimler-Konzern. 1999 übernahm DaimlerChrysler die Mehrheitsanteile an den AMG-Aktien, die neue Bezeichnung der Firma lautete nun Mercedes-AMG GmbH. AMG-Mitbegründer Hans-Werner Aufrecht rief gleichzeitig die H.W.A. GmbH (mittlerweile HWA AG) ins Leben, die sich seither um die Motorsportaktivitäten von Mercedes-AMG kümmert.

Sechs Jahre später wurde DaimlerChrysler 100-prozentiger Anteilseigner von AMG, damit war die vollständige Übernahme der Firma aus Affalterbach vollzogen. Seitdem verkörpern die AMG-Fahrzeuge in der Mercedes-Benz-Angebotspalette ab der C-Klasse immer die jeweiligen Spitzenmodelle.

Auch die Formel-1-Weltmeisterschaften fanden nicht gänzlich ohne AMG-Beteiligung statt. Das Unternehmen stellte hierfür Safety Cars (CL 55 AMG F1), Medical Cars (gegenwärtig C 63 AMG T-Modell) und Dienstwagen bereit.

Während in den folgenden Jahren mit dem CLK-Coupé im Rennsport neue Siege eingefahren wurden, kümmerte sich AMG bei den Straßenwagen immer mehr um spezielle, auch abgehobene Privatkundenwünsche. Mit dem AMG-Performance-Studio werden seit 2006 drei limitierte Editionen angeboten (Signature Series, Black Series, Editions), in deren Rahmen sogar individuelle Einzelanfertigungen mit speziellen Inneneinrichtungen und vielen veränderten technischen Eigenschaften erhältlich sind. War der Weg vom reinen Autotuner bis hierher bereits ein weiter gewesen, erfolgte 2009 in Konsequenz der letzte noch ausstehende Schritt. AMG stellte sein erstes vollständig selbst entwickeltes Fahrzeug vor: das extrem sportliche Zweisitzer-Coupé SLS AMG mit Flügeltüren und V8-Motor.

» *Alpha und Omega oder Grundstein und (vorläufige) Krönung des AMG-Erfolgs: Der 300 SEL 6.8 AMG und der SLS AMG in der Rennversion als GT3. (Foto: AMG)*

# ARTEGA

*Die Artega GmbH & Co. KG wurde 2006 als Ableger des Elektronikherstellers Paragon AG im ostwestfälischen Delbrück gegründet. Zum Zeitpunkt der Entstehung dieses Buches ist sie damit der jüngste Automobilhersteller Deutschlands. Und beinahe wäre das Unternehmen schon wieder Geschichte: Im Zuge der Finanzkrise geriet Paragon 2009 an den Rand des Abgrunds, Artega-Gründer und Paragon-Eigner Klaus-Dieter Frers musste seine Anteile an der jungen Sportwagenmanufaktur wieder verkaufen und schied aus deren Führung aus.*

» *Das Artega-Logo ist stark an das Wappen des Firmensitzes Delbrück angelehnt.* (Foto: Artega)

» *Der Supersportwagen aus der Provinz: Der Artega GT.* (Foto: Artega)

Zu diesem Zeitpunkt hatte Artega gerade die ersten Fahrzeuge der ersten Serie verkauft– der Artega GT war ein exklusiver Mittelmotor-Sportwagen, gezeichnet von keinem Geringeren als Henrik Fisker, der schon den BMW Z8 und den Aston Martin DB9 in Form gebracht hatte. Eigentlich hätte der GT, der 2007 auf dem Genfer Automobilsalon der Öffentlichkeit präsentiert worden war, schon im Jahr 2008 zur Serienreife entwickelt sein sollen, doch nun schien es, als sei selbst der Verkaufsstart in 2009 noch zu früh erfolgt – womöglich schlicht aus Geldnot.

Daran, dass die Geschichte ein gutes Ende nahm, hatte sicherlich die Tatsache großen Anteil, dass man mit Tresalia Capital einen mexikanischen Investor als neuen Eigentümer fand, der offensichtlich mehr an langfristigen Beteiligungen als an kurzfristigen Gewinnmitnahmen interessiert ist. Und Tresalia Capital, einer der Hauptaktionäre der Brauerei, die mit »Corona« ein weltberühmtes Bier braut, gehört Maria Asunción Aramburuzabala, der man ein großes Faible für Autos nachsagt.

Nach der Übernahme fielen im Herbst 2009 zwei segensreiche Entschei-

dungen: Wolfgang Ziebart wurde neuer Geschäftsführer bei Artega, Peter Müller Leiter des operativen Geschäfts. Dr.-Ing. Wolfgang Ziebart war lange Jahre bei BMW tätig gewesen, zuletzt im Vorstand verantwortlich für Forschung & Entwicklung und Einkauf, danach war er im Vorstand der Continental AG und schließlich Vorstandsvorsitzender der Infineon Technologies AG. Dipl.-Ing. Betriebswirt (VWA) Peter Müller brachte Erfahrungen aus leitenden Positionen bei Porsche, Webasto und ebenfalls BMW mit.

Wolfgang Ziebart, für den es »nichts spannenderes gab, als einen Sportwagen auf den Markt zu bringen«, bemächtigte sich gleich eines fertigen Artega GTs und testete ihn auf Herz und Nieren. Die Liste mit Verbesserungsvorschlägen, die er in diesen Tagen erstellte, war keine kurze, und sie mag nachträglich als deutliches Indiz dafür gelten, dass die ersten Exemplare des Sportwagens gebaut und verkauft worden waren, bevor der Wagen wirklich Serienreife erlangt hatte.

Aber sowohl die neuen Chefs als auch die neue Eigentümerin meinten es wirklich ernst mit ihrem Vorhaben, den Artega zu einer Erfolgsgeschichte zu machen. Deshalb genehmigte Tresalia Capital einen sechsmonatigen Produktionsstopp, um in dieser Zeit dem Artega GT die nötige (Serien-)Reife angedeihen zu lassen. Und weil niemand wollte, dass auf den Straßen Sportwagen unterwegs waren, die den Namen Artega trugen ohne den eigenen Ansprüchen der neuen Artega-Verantwortlichen zu genügen, kaufte man von den Kunden alle bislang ausgelieferten Fahrzeuge zurück, um sie auf den neuesten Stand zu bringen. Nun gut, es handelte sich dabei lediglich um acht (in manchen Quellen ist von neun die Rede) Exemplare, aber man sollte die Bedeutung einer solchen Aktion mit ihrem symbolischen Charakter gewiss nicht unterschätzen ... Im Mai 2010 wurden die ersten Artega GT der zweiten, nachgebesserten Generation ausgeliefert, im ersten Jahr (bis Mai 2011) wurden gut 60 Exemplare verkauft.

Für die Serienproduktion des zunächst einzigen Modells, des Artega GTs, hatte die Artega Automobil GmbH & Co. KG ein neues Automobilwerk in Delbrück geschaffen, in dem bis zu 500 Einheiten pro Jahr gefertigt werden können. Zwei Baukörper im Artega-Design prägen das Zentrum der jungen Automarke mit einer Produktionsfläche von 4000 m². In der Manufaktur mit Rohbau und Endmontage entstehen in der Artegastraße 1 die Fahrzeuge, im benachbarten Marken- und Vertriebszentrum werden die weltweite Vermarktung und der Kundenservice organisiert. Der Artega GT, der zu Beginn des Jahres 2011 für knapp 84.000 Euro

>> *Von dem Sportwagen wurden von Mai 2010 bis Mai 2011 gut 60 Exemplare verkauft.* (Foto: Artega)

zu haben war, zählte mit 1285 kg zu den Leichtgewichten unter den Sportwagen. Möglich wurde dies durch einen Aluminium-Spaceframe in Verbindung mit hochfesten Stählen und kohlefaserverstärkten Verbundwerkstoffe. Angetrieben wurde der GT von einem V6 mit 3597 cm³, der es auf immerhin 300 PS brachte. Dass dieses Triebwerk aus dem Hause VW stammte, wo es beispielsweise im Passat CC eingesetzt wurde, war sicherlich kein Nachteil. Im wesentlich leichteren Artega jedenfalls garantierte es beeindruckende Fahrleistungen, brachte den 1,18 m flachen Renner in 4,8 s auf Tempo 100 und auf eine Höchstgeschwindigkeit von 270 km/h. (Mit 4,015 m war der Artega in etwa so lang wie ein Kleinwagen, machte sich aber mit 1,88 m ähnlich breit wie eine Luxuslimousine.) Übrigens stammten außer dem Motor auch noch das Sechsgang-Direktschaltgetriebe und eine Reihe weiterer Bauteile aus dem VW-Regal. Dafür aber war der Artega GT, zumindest gemessen an seiner Exklusivität und seiner recht üppigen Serienausstattung – im Vergleich zu anderen Sportwagenherstellern war die Liste aufpreispflichtiger Sonderausstattungen bei dem Zweisitzer aus Delbrück extrem kurz – trotz des beachtlichen Preises nicht überteuert.

Im Oktober 2010 nahm Peter Müller auf dem Chefsessel bei Artega Platz, sein Vorgänger Wolfgang Ziebart wechselte in den Beirat des Unternehmens, der bis dato ausschließlich mexikanisch besetzt gewesen war, und widmete sich fortan verstärkt der Entwicklung eines Hybrid-Modells des Sportwagens.

Der erste Ableger des Artega GTs, der der Öffentlichkeit präsentiert wurde, besaß dann aber (noch) keinen Hybrid-, sondern stattdessen einen rein elektrischen Antrieb. Als SE (das »SE« steht für »Sport Electrirc«) verfügt

der Artega über zwei unabhängig voneinander arbeitende Elektromotoren an den Hinterrädern, die zusammen 380 PS leisten und den SE damit in 4,3 s auf Tempo 100 beschleunigen, also nochmals 0,5 s schneller als der GT. Die Höchstgeschwindigkeit des E-Artegas liegt bei mindestens 250 km/h. Ihren Strom beziehen die beiden Elektromotoren aus Lithium-Ionen-Polymerzellen, die in insgesamt 16 Modulen zusammengefasst sind, von denen zwölf im Heck und vier vorne untergebracht sind. Damit bleibt die Gewichtsverteilung des SE – 47 Prozent auf der Vorder-, 53 Prozent auf der Hinterachse – die gleiche wie beim GT. Allerdings liegt das Gesamtgewicht des SE mit 1400 kg um 125 kg über dem des GTs – kein Wunder bei einem Gewicht von insgesamt 460 kg, das Elektromotoren und Batteriemodule auf die Waage bringen. Dafür aber ist der SE mit einer Reichweite von 200 km bei normaler Fahrweise und von bis zu 300 km bei entsprechend behutsamem Umgang mit dem Gas- respektive Strompedal sowie mit einer Ladedauer von 90 Minuten bei komplett leeren Batterien – eine entsprechende Ladeleistung vorausgesetzt – doch schon in erstaunlichem Maße alltagstauglich.

Vorgestellt wurde der Artega SE am 1. März 2011 auf dem Genfer Automobilsalon, eine Fahrpräsentation war für den Spätsommer des gleichen Jahres geplant. Entsprechend positive Reaktionen vorausgesetzt, sollte der SE dann in einer Serienversion im April 2012 auf den Markt kommen. Artega selbst kündigte für den SE einen Preis von etwa 150.000 Euro an.

Auf weitere Neuigkeiten aus dem Hause Artega darf man gespannt sein. Allen Freunden des Offenfahrens beispielsweise sei verraten, dass die Stabilität von A-Säulen und Scheibenrahmen von Anfang an so bemessen war, dass sich eine Roadster-Variante jederzeit realisieren ließe ...

>> *Die Liste aufpreispflichtiger Sonderausstattungen ist beim Artega ziemlich kurz.* (Foto: Artega)

>> *Der Artega SE tankt an der Steckdose. Seine beiden Elektromotoren bringen den Wagen auf mindestens 250 km/h.* (Foto: Artega)

# AUDI

*Nachdem August Horch das von ihm gegründete und seinen Namen tragende Unternehmen verlassen hatte, nahm er 1909 kurzerhand mit einer neuen Automobilfirma einen zweiten Anlauf. Die allerdings durfte den Namen des Gründers nicht mehr im Firmennamen verwenden, und so hieß sie ab 1910 »Audi Automobilwerke GmbH Zwickau«. Als Audi 1928 in Schwierigkeiten geriet, wurde die Firma von den Zschopauer Motorenwerken (DKW) übernommen, die kurz darauf in der Auto Union aufgingen. Als Volkswagen Mitte der 60er-Jahre die »Auto Union« übernahm, bestand deren Modellpalette aus veralteten Zweitakt-DKW. Dreißig Jahre später gab es keine »Auto Union« und keine Marke DKW mehr, dafür tummelte sich der wiederbelebte Hersteller Audi erfolgreich in der automobilen Oberklasse – gemeinsam mit Fahrzeugen so namhafter Hersteller wie Mercedes, BMW oder Porsche.*

## Wiedergeburt eines Klassikers

»» *Das erste Audi-Logo.*

Die nach dem Krieg neugegründete »Auto Union GmbH« war zunächst von Daimler Benz übernommen worden. Weil die Stuttgarter jedoch kein Konzept für die Zweitakter-DKWs von Auto Union entwickeln konnten, traten sie die Ingolstädter 1965/66 an Volkswagen ab. VW wollte ein neues Werk für seine Käfer-Produktion gewinnen und außerdem seine Produktpalette ausweiten, hatte aber an den mittlerweile unverkäuflichen Zweitakt-Autos auch keine Freude. Die Auto Union – die ihre Autos unter den Bezeichnungen DKW und Auto Union verkaufte – sollte daher mit völlig neuen, modernen Viertakter-Automobilen von vorne anfangen. Zu diesem Zweck rüsteten sie den DKW F 102 mit dem von Mercedes-Mann Ludwig Kraus entwickelten Viertaktmotor aus und verpassten ihm eine kosmetische Aufhübschung. Den Namen DKW ließ Volkswagen fallen, weil er zu sehr mit Zweitakter-Motoren in Verbindung gebracht wurde; stattdessen besann man sich auf eine andere Marke im Portfolio der Vorkriegs-Auto-Union: Audi. Nach fünfundzwanzig Jahren entstand auf diese Weise der erste neue Vertreter dieser alten Marke, später mit dem Zusatz »72« (werksintern F 103) versehen, das entsprach seiner PS-Zahl.

Diesem ersten Audi folgte aufgrund des Erfolges eine ganze Reihe weiterer Modelle, die nach ihrer Leistung benannt wurden: 60, 75, 80 und Super 90. Der große Durchbruch gelang dann 1968 dem – heimlich gegen die Vorstandsdirektive – entwickelten Audi 100, der eine Lücke im Modellangebot von Mercedes auszunützen verstand: Audi etabliert sich in der Mittelklasse.

Weniger an den Autos von NSU, dafür umso mehr an ihrem Werk in Neckarsulm interessiert, fusionierten die Ingolstädter 1969 mit dem auch für seine erfolgreichen Fahr- und Motorräder bekannten Autohersteller zur »Audi NSU Auto Union GmbH« mit Sitz in Neckarsulm. Die zusätzlichen Kapazitäten des neuen Werkes waren eine willkommene Entlastung für Ingolstadt, in dem zu dieser Zeit auch Käfer des VW-Mutterkonzerns vom Band liefen. Der Ro 80 von NSU wurde immerhin noch bis 1977 produziert – er war jedoch der letzte Pkw mit NSU-Emblem.

Der große Überraschungserfolg des Audi 100 hatte Audi eine eigene Entwicklungsabteilung beschert. Nach dem hier neu entwickelten Baukastenprinzip wurde 1972 der Nachfolger der erfolgreichen F-103-Reihe, der Audi 80 B1, hergestellt und wies fortschrittliche Technik auf. Er war baugleich mit dem VW Passat, gegen den er nach einem großen Anfangserfolg jedoch an Boden verlor. Dennoch war der Weg zur Etablierung Audis in der Mittelklasse bereitet.

Einen weiteren Publikumsrenner landete Audi 1974 mit seinem ersten Abstecher in die Kleinwagen-Klasse. Audi 50 hieß der in Wolfsburg montierte richtungsweisende »Mini«, der nach Ölkrise und anschließenden

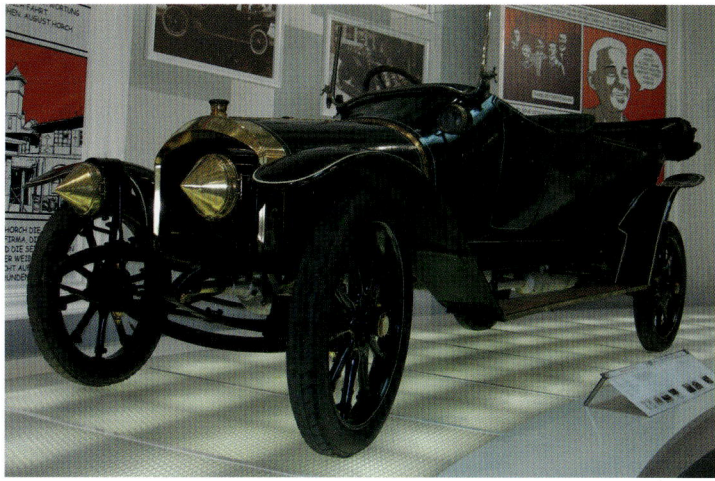

»» *Der Audi Typ A wurde von 1910 bis 1912 gebaut, der erste Audi nach Gründung der Firma.*
*(Foto: Bildergalerie, © GLFD)*

» *Audi Typ C 14/35 PS »Alpensieger« aus dem Jahre 1919.* (Foto: Audi AG)

Diskussionen um Energieverschwendung und Schadstoffvermeidung einen Nerv bei der Kundschaft traf. Weil er aber baugleich mit dem VW Polo war, dieser sich aber aufgrund seiner spartanischen Ausstattung nicht wie erhofft verkaufte, entstand hier ein Interessenkonflikt im Konzern, den Volkswagen schließlich zugunsten seines eigenen Sprösslings entschied. 1978 rollten die letzten Audi 50 vom Band.

## Mit technischen Innovationen in die Oberklasse

Dass sich Audi mit dem Erreichten nicht zufrieden gab, sondern sich noch weiter nach oben orientierte, dafür war ein Mann verantwortlich: Ferdinand Piëch, Porsche-Enkel und seit 1973 Chef der technischen Entwicklung bei Audi, ab 1975 im Vorstand. Hatte bereits der Audi 100 der zweiten Generation direkt auf Mercedes gezielt, so gelang Piëch 1980 mit dem Audi quattro ein echter Coup, der die Tür in die Oberklasse – und dahin wollte Piëch mit Audi – weit aufstieß. Mit seinem permanenten Allradantrieb – für Straßenfahrzeuge in Großserie eine Innovation – fand der quattro bald zahlreiche Nachahmer. Viele Erfolge konnte der quattro im Motorsport bei Rallyes und Tourenwagenrennen einheimsen, wo er den heckgetriebenen Konkurrenten haushoch überlegen war.

Mitte der 80er-Jahre strichen die Neckarsulmer ihren Firmennamen auf das international verständlichere »Audi AG« zusammen – die traditionsreichen Markennamen »Auto Union« und »DKW« wurden sang- und klanglos fallen gelassen. Audi war nun auch offiziell innerhalb des VW-Konzerns für das gehobene Segment zuständig.

## Audi erobert das Premiumsegment

Ende der 80er-Jahre wurde der Verkauf von Audi-Fahrzeugen durch den Aufbau einer Händlerorganisation und von Audi-Zentren unabhängiger vom Stammhaus. Es entstanden jetzt auch Montagewerke im Ausland.

» *Audi Typ R »Imperator«, vorgestellt 1927.* (Foto: Audi AG)

### Einige technische Innovationen von Audi

| | |
|---|---|
| 1972: | Spurstabilisierender Lenkrollradius (Audi 80) |
| 1977: | Fünfzylinder-Motor (Audi 100) |
| 1980: | Erster permanenter Allradantrieb in Straßenwagen (quattro) |
| 1985: | Erste vollverzinkte Karosserie in Großserie (Audi 100) |
| 1990: | Erster Diesel mit Direkteinspritzung (Audi 100 TDI) |
| 1994: | Selbstragende Karosserie aus Aluminium (Audi A8) |
| 2001: | Erstes fünftüriges Dreiliter-Auto (Audi A2) |
| 2009: | Sportwagen mit Elektro-Antrieb (Audi e-tron) |

» *Das Audi Sport Cabriolet vom Typ »Zwickau« besaß einen 5,1-Liter-V8.* *(Foto: Audi AG)*

Außerdem markierten Gründungen von Tochtergesellschaften den Weg zum international agierenden Unternehmen.

Zu Beginn der 90er-Jahre setzte sich der Aufstieg Audis in die Oberklasse mit der Verbreiterung der Modellpalette schwungvoll fort. Bereits zwei Jahre zuvor hatte der Audi V8 den Markt der Luxusfahrzeuge betreten. In seiner 1994er-Ausführung und unter dem neuem Namen A8 bestand seine Karosserie ganz aus Aluminium. Sportversionen mit der Bezeichnung »S« sowie die Sportwagen TT und R8 und schließlich auch der e-tron mit Elektro-Antrieb rundeten das Angebot ab. In der Mittelklasse waren mit

der A4- und der A6-Reihe Nachfolger von Audi 80 und 100 erschienen. Nachdem die Mittel- und Luxusklasse abgedeckt war, versuchte Audi erstmals seit den 70er-Jahren auch wieder im Segment der Kleinwagen Fuß zu fassen. In die Nachfolge des Audi 50 traten nun, basierend auf der Golf-Plattform, Audi A3 (1996), Audi A2 (1999) – der weltweit erste Dreiliter-Fünftürer, leider ohne größeren Verkaufserfolg –, der erfolgreiche Audi A3 II und seit 2010 auch der Audi A1, für den der VW Polo die Basis liefert. Seit der Jahrtausendwende hat Audi mit A4 und A6 allroad quattro sowie mit Q5 und Q7 nun auch Geländewagen im Angebot.

» *Der Audi 920 wurde von 1938 bis 1940 gebaut. Hier ist er in voller Fahrt bei der Sachsen Classic zu sehen.* *(Foto: Audi AG)*

>> *Audi 72 von 1965 bei der Donau Classic 2009.* (Foto: Audi AG)

>> *Audi 75 Variant von 1969.* (Foto: Audi AG)

>> *Auf dem DKW F102 basierten die ersten Modelle, die in den 60er-Jahren wieder den Namen Audi trugen.* (Foto: Audi AG)

>> *Audi 60 L von 1971.* (Foto: Audi AG)

» *Der Mitte der 70er-Jahre gebaute Audi 50 war baugleich mit dem VW Polo.* (Foto: Audi AG)

» *Der 2010 auf den Markt gebrachte A1 ist der jüngste Versuch von Audi, wieder in der Kleinwagenklasse Fuß zu fassen.* (Foto: Audi AG)

» *Der A2 war ein pfiffiger, aber in der ersten Hälfte der 00er-Jahre nicht besonders erfolgreicher Kleinwagen.* (Foto: Audi AG)

>> *Mit dem A3 legte Audi 1996 in der Kompaktklasse ein Erfolgsmodell auf.*
*(Foto: Audi AG)*

>> *Seit 2008 gibt es den A3 auch als Cabrio.* *(Foto: Audi AG)*

>> *Der RS3 Sportback markiert seit April 2011 die Spitze des A3-Angebots. Auch hier bildet die VW-Golf-Technik die Basis.* *(Foto: Audi AG)*

» *Die zweite Generation jenes Bestsellers, der Audi in der Mittelklasse etablierte: Audi 80 B2 GLS von 1979.* (Foto: Audi AG)

» *Audi 80 quattro 1983. (Foto: Audi AG)*

» *Auch der ab 1980 gebaute Audi quattro – der Urquattro – basierte letztlich auf dem Audi 80. (Foto: Audi AG)*

>> *Audi 80 Avant, 1991–1995: Die vierte Generation war ganz nahe am Vorgänger.* (Foto: Audi AG)

>> *Audis 90 C (1984–1986) basierte auf dem B2, war aber mit Fünfzylinder-Motoren bestückt.* (Foto: Audi AG)

>> *Audi 90 B3 quattro 1987: Das Angebot für alle, denen der Audi 80 nicht exklusiv genug war.* (Foto: Audi AG)

» *A4 quattro. Der A4 (B5) wurde Ende 1994 als Nachfolger des Audi 80 präsentiert. Er lief bis 2001.* (Foto: Audi AG)

» *Das A4-Cabriolet des Jahres 2007 war wiederum eine modellgepflegte Ausführung des B6-A4 von 2001–2004.* (Foto: Audi AG)

» *In Ingolstadt lief am 23. März 2011 der fünfmillionste A4 vom Band, ein A4 Avant 3.0 TDI quattro, Generation B8.* (Foto: Audi AG)

» *Der Audi 100 kam 1968 auf den Markt.* (Foto: Audi AG)

» *Audi 100 GL von 1972 mit Vinyldach.* (Foto: Audi AG)

» *Ab 1970 gab es den Audi 100 auch als Coupé S.* (Foto: Audi AG)

» *Audi 100 GL 5E der zweiten Generation von 1977 .* (Foto: Audi AG)

» *Audi 100 quattro, gebaut zwischen 1990 und 1994* (Foto: Audi AG)

》 *Audi 200 5T von 1981. Der Audi 200 wurde von 1979 bis 1991 gebaut und war im Grunde nichts als ein besser ausgestatteter und stärker motorisierter Audi 100 der dritten Generation.* *(Foto: Audi AG)*

》 *Der erste A6 von 1994 war ein marginal modifizierter Audi 100 mit neuem Namen. Die interne Bezeichnung »C4« der vierten Audi-100-Generation trug er denn auch weiter. Hier abgebildet ein aktueller A6 Avant 3.0 TFSI S line (G7) von 2011.* *(Foto: Audi AG)*

》 *Als Coupé kam der A5 2007 auf den Markt, das Cabrio, das den offenen A4 ablöste, erschien zeitgleich mit dem S5 Cabrio Ende 2008.* *(Foto: Audi AG)*

》 *Am Vorabend der IAA 2011 stellte Audi seinen DTM-Renner für 2012 vor. Die Basis bildet das A5 Coupé.* *(Foto: Audi AG)*

》 *Die »Sportback« genannte Fließheckvariante des A5 wurde 2009 präsentiert.* *(Foto: Audi AG)*

» Der Audi V8 markierte den Vorstoß der Ingolstädter in die automobile Ober-klasse. Er wurde von 1988 bis 1994 gebaut und besaß als erstes Fahrzeug dieser Klasse serienmäßig einen Allradantrieb. (Foto: Audi AG)

» Audi A8L 6.0 quattro, Modelljahr 2004: Die zweite A8-Generation (D3) trug das Audi-Familiengesicht am Kühler und unter der Haube den W12-Motor. (Foto: Audi AG)

» Die dritte Generation des A8 kam Anfang 2010 auf den Markt. Die erste Generation hatte 1994 den V8 abgelöst. Im Bild Audi A8 L 3.0 TFSI quattro.

(Foto: Audi AG)

» Der A7 Sportback sollte ab Mitte 2010 seinen direkten Konkurrenten Mercedes CLS und BMW 5er GT Kunden abjagen. (Foto: Audi AG)

》 *Der Q3 ist der jüngste und kleinste SUV von Audi. Gebaut bei Seat in Spanien, ist er seit 2011 auf dem Markt.*　　　*(Foto: Audi AG)*

》 *Der im Herbst 2005 präsentierte Q7 war Audis erster SUV. (Foto: Audi AG)*

》 *Der Q5 markiert die Mitte der SUV-Palette.*　　　*(Foto: Audi AG)*

》 *Seine Plattform teilt der Q7 mit dem VW Touareg und dem Porsche Cayenne.*　　　*(Foto: Audi AG)*

» *1998 erschien das Sportcoupé Audi TT.*

(Foto: Audi AG)

» *Ein Jahr später als das Coupé kam die Roadster-Variante des Audi TT auf den Markt. Hier ein Vertreter der zweiten, seit 2008 gebauten Generation.*

(Foto: Audi AG)

» *Ab 2009 gab es den R8 auch in einer »Spyder« genannten Roadster-Version, und 2011 legte Audi auch von ihr eine limitierte GT-Variante auf.*

(Foto: Audi AG)

» *2006 präsentierte Audi mit dem R8 einen Mittelmotor-Sportwagen der Spitzenklasse. Nochmals leistungsgesteigert, erschien 2010 in limitierter Auflage die Top-Variante R8 GT.*

(Foto: Audi AG)

# AUTO UNION

*Die Auto Union entstand 1932 als Zusammenschluss von DKW, Horch, Wanderer und Audi. Als Marken blieben allerdings alle vier eigenständig, die Autos der Auto Union hießen weiterhin DKW, Horch, Wanderer oder Audi. Einzig die berühmten Silberpfeile, die zusammen mit denen von Daimler-Benz die Grand-Prix-Rennstrecken von 1934 bis 1939 dominierten, trugen den Markennamen Auto Union – mit einer Ausnahme: Von 1958 bis 1963 wurde mit dem in verschiedenen Varianten gebauten Auto Union 1000 auch ein Pkw unter diesem Namen angeboten. Der war aber eigentlich ein DKW 3=6 (F93), der nur zur deutlicheren Abgrenzung zu einem Auto Union mutierte, weil er einen mit 981 cm³ Hubraum größeren Motor als die DKW vorzuweisen hatte. Doch schon sein Nachfolger sollte wieder DKW heißen ...*

Für den Zusammenschluss stehen die vier ineinander verschlungenen Ringe des Markenzeichens der Auto Union, die heute noch auf jedem Audi prangen. Gegründet wurde die Auto Union am 29. Juni 1932, die Gründung erfolgte rückwirkend zum 1. November 1931. Eingetragen wurde sie in das Handelsregister von Chemnitz, der Firmensitz allerdings wurde erst 1936 von Zschopau nach Chemnitz verlagert. Gebildet wurde die Auto Union zunächst nur von DKW, Horch und Audi, die Automobilsparte von Wanderer wurde kurz nach der Gründung hinzugekauft. Der Grund für den Zusammenschluss lag in mehr oder minder großen finanziellen Schwierigkeiten der vier beteiligten Unternehmen, nicht zuletzt eine Folge der Weltwirtschaftskrise. Es gab aber durchaus auch firmeninterne Ursachen für diese Schwierigkeiten: DKW, eigentlich nur ein geschützter Markenname der von Jörgen Skafte Rasmussen gegründeten Zschopauer Motorenwerke, hatte sich unter anderem mit der Übernahme der kränkelnden Audi-Werke übernommen, stand aber als seinerzeit weltweit größter Motorradhersteller noch relativ gut da. Horch war auf Achtzylinder nicht nur spezialisiert, sondern auch fixiert und kam so nicht auf die erforderlichen Stückzahlen, und die Automobilsparte von Wanderer schaffte mit ihren Mittelklasse-Wagen zwar leidlich hohe Stückzahlen, aber keine Kostendeckung.

Nun waren die Banken zu diesem Zeitpunkt als Kreditgeber mehr oder weniger an den Unternehmen beteiligt, und natürlich hatten sie Angst um ihr Geld. Eine von ihnen, die Sächsische Staatsbank, schmiedete deshalb den Plan, die sächsische Automobilindustrie durch einen Zusammenschluss zu stärken. Und so entstand mit der Auto Union auf einen Schlag ein Automobilgigant, der in Deutschland unangefochten auf Platz zwei lag – hinter Opel.

Vom Kleinwagen bis zur Luxuslimousine konnte die Auto Union – mit wenigen Lücken – das gesamte Spektrum automobiler Kundenwünsche abdecken und war außerdem nach wie vor die Nummer 1 im Motorradbau. Es sollte allerdings noch ein paar Jahre dauern, bis die vier Marken auch äußerlich erkennbar zusammenwuchsen: Erst 1936 wurde mit dem Wanderer W51 so etwas wie eine eigenständige Auto-Union-Formensprache begründet, und auch bei der Technik fielen die Schranken: Motoren, Getriebe, Fahrgestelle und anderes mehr wurden jetzt durchaus

auch markenübergreifend verbaut. Zu einer Verschmelzung der Marken allerdings sollte es nicht kommen, ganz im Gegenteil legte die Auto Union großen Wert darauf, die eigene Tradition und den eigenen Charakter aller vier Marken lebendig zu erhalten. Was sie aber keineswegs daran hinderte, am neuen Firmensitz in Chemnitz ganze Aufgabenbe-

» *Die vier Ringe symbolisieren den Zusammenschluss der vier Marken unter dem Dach der Auto Union.* (Foto: Audi AG)

>> *Die Auto Union produzierte in verschiedenen Werken, jede Marke behielt ihre Idendität bei. Hier ein Blick auf die Wanderer-Fertigung in Chemnitz.*
*(Foto: Audi AG)*

reiche zu bündeln: Hier entstanden das Zentrale Konstruktions- und Entwicklungsbüro (ZKEB), die Zentrale Versuchsanstalt (ZVA) und das Karosserie-Entwicklungs- und Konstruktionsbüro (KEKB), jeweils tätig für alle vier Marken.

Ab 1934 fertigte die Auto Union zunehmend Fahrzeuge für die Wehrmacht. In diesem Jahr lag ihr Anteil an der gesamten deutschen Automobilproduktion bei rund 22 Prozent (Opel: 41 Prozent). Der Umsatz der Auto Union stieg von rund 65 Millionen Reichsmark im Jahr 1933 auf rund 293 Millionen Reichsmark im Jahr 1939, die Zahl der Mitarbeiter stieg in dieser Zeit von gut 4000 auf 23.000 an. Bis 1938 konnte die Auto Union ihren Marktanteil in Deutschland noch leicht steigern, in diesem Jahr kam DKW mit seinen Kleinwagen auf 17,9 Prozent Anteil an der Gesamtproduktion, Wanderer kam mit seinen Mittelklasse-Modellen auf 4,4 Prozent, Audi in der oberen Mittelklasse auf 0,1 Prozent und Horch als unangefochtener Marktführer in der Luxusklasse auf beachtliche 1,0 Prozent, was einem Anteil von über 50 Prozent an der Gesamtzahl der in diesem Jahr produzierten Luxuslimousinen entsprach.

## Die Silberpfeile

Von Anfang an war die Auto Union auch im Motorsport aktiv und nahm an Wettbewerben aller Art für Autos und Motorräder teil. In keiner Sparte aber erzielte sie auch nur annähernd so viel Ruhm und Anerkennung wie im Grand-Prix-Sport. Für den wurde im Jahr 1934 eine neue Formel eingeführt, deren Hauptkriterium in einem Maximalgewicht von 750 kg (ohne Wasser, Öl, Reifen und Kraftstoff) bestand, den Konstrukteuren ansonsten aber weitgehend freie Hand ließ.

Nun hatte Wanderer bereits 1931 mit keinem geringeren als Ferdinand Porsche die Entwicklung eines Wanderer-Rennwagens vertraglich ver-

einbart, der 1934 in der neuen Rennformel einsetzbar sein sollte. Doch hätte Wanderer allein die Kosten für ein solches Projekt wohl nicht aufbringen können, und auch die Auto Union, die die Kooperation mit Porsche geerbt hatte, hätte dieses ehrgeizige Unterfangen wohl nicht weiter verfolgt, hätte es nicht staatliche Zuschüsse gegeben, die zufälligerweise genau die von Porsche für das Projekt veranschlagten Kosten in Höhe von 300.000 Reichsmark deckten.

In der Grand-Prix-Klasse hatte sich die Auto Union vor allem gegenüber Mercedes-Benz zu behaupten, und von 1934 bis zum Ausbruch des Krieges sollte sie die einzige sein, die den Stuttgartern auf den Rennstrecken Paroli bieten konnte. Gebaut wurden die Rennwagen in den Horch-Werken in Zwickau, der Auto Union Typ A des Jahres 1934 verfügte über einen mittig angeordneten 16-Zylinder-V-Motor, der aus 4,4 Litern Hubraum 295 PS schöpfte. Mit diesem Wagen erzielten die Sachsen in der ersten Rennsaison drei Weltrekorde, drei Grand-Prix- und mehrere Siege bei Bergrennen.

Der Auto Union Typ B für die Saison 1935 hatte bereits 4,9 Liter Hubraum und leistete 375 PS. Dennoch fuhren in diesem Jahr die Silberpfeile von Mercedes-Benz vorneweg. 1936 hingegen erwies sich der neue Auto Union Typ C, nunmehr mit sechs Litern Hubraum und 520 PS, als nahezu unschlagbar. Bernd Rosemeyer holte sich auf diesem Wagen die Europa- und die Bergmeisterschaft. 1937 stieß Tazio Nuvolari, der bis dahin für Alfa Romeo Rennen gefahren war, zur Auto Union, doch auch er konnte nicht verhindern, dass in diesem Jahr wieder Mercedes-Benz die Nase vorn hatte (und bis einschließlich 1939 auch behielt). Anfang Januar 1938 starb Bernd Rosemeyer bei Rekordfahrten in einem umgebauten Typ C mit Stromlinienkarosserie auf der Autobahn Frankfurt–Darmstadt. 1938 gab es eine neue Rennformel, der Auto Union Typ D hatte einen

Kompressormotor mit 12 Zylindern und einem Hubraum von 3 Litern, der 485 PS leistete, abgesehen von Einzelerfolgen den Stuttgartern in der Gesamtwertung aber bis zum Ausbruch des Zweiten Weltkriegs hinterherfuhr. Trotzdem konnte die Auto Union am Ende der Silberpfeil-Ära unbestreitbar einen enormen Image-Gewinn verbuchen.

## Ende und Neuanfang

Im Zweiten Weltkrieg gab es immer wieder Bombenangriffe auf die Werke der Auto Union. Am Ende wurde Sachsen Teil der Sowjetischen Besatzungszone Deutschlands und die Sowjets bauten von den Produktionsanlagen ab, was sich noch verwenden ließ, und brachten es als Teil der Reparationsleistungen nach Russland. Am 17. August 1948 wurde die Auto Union aus dem Handelsregister in Chemnitz gelöscht. Aus den Überresten der einstmals stolzen Auto Union entstanden Volkseigene Betriebe, in denen MZ-Motorräder produziert wurden sowie Pkws der Marken Trabant und Wartburg.

In Westdeutschland hingegen gab es keine Produktionsanlagen der ehemaligen Auto Union AG. Wohl aber noch sehr viele DKW-Zweitakter, die die Wehrmacht nicht hatte haben wollen und die nun mit Ersatzteilen versorgt werden wollten. Und so gründeten im September 1949, angeführt von Richard Bruhn, dem ehemaligen Vorstandsvorsitzenden der zwischenzeitlich gelöschten Auto Union AG, und dessen Stellvertreter Carl Hahn, einige Veteranen des einstigen sächsischen Automobilriesen in Ingolstadt die »Zentraldepot für Auto Union Ersatzteile GmbH«. Wenig später kam es zur Neugründung der Auto Union, diesmal als GmbH. Viele ehemalige Mitarbeiter hatten sich nach Ingolstadt abgesetzt und beteiligten sich dort am Neuaufbau. In einem Werk in Düsseldorf, gekauft von Rheinmetall-Borsig, wurden neue DKW-Personenwagen F89P »Meisterklasse« und Motorräder gebaut: Es gab wieder eine Auto Union, die Automobile produzierte, aber von den vier Marken hatte zunächst nur DKW überlebt.

1958/59 ging die Auto Union in den Besitz von Daimler-Benz über, schon 1964 jedoch verkauften die Stuttgarter die Auto Union weiter an VW. Die Wolfsburger wollten jedoch keine Zweitakter mehr auf den Markt bringen, mit denen die Marke DKW aber untrennbar verbunden war. So bauten sie fürderhin Viertakter in die Auto-Union-Modelle und benannten die Marke wieder um in Audi, behielten aber die vier Ringe als Markenzeichen bei. Als 1969 die Auto Union mit NSU fusionierte, erhielt das Unternehmen den wenig griffigen Namen »Audi NSU Auto Union AG«. Erst 1985 wurde dieser Name in »Audi AG« geändert, und deren Automobile haben längst weltweit einen hervorragenden Ruf. Aber jeder Audi hält bis heute in Form seines Markenemblems auch die Erinnerung wach an einstmals so bekannte Namen wie DKW, Horch, Wanderer und eben die Auto Union.

›› *Der Auto Union 1000 entsprach dem DKW 3=6 und war, neben dem davon abgeleiteten Coupé, der einzige Wagen, den die Firma 1958–1963 unter eigenem Namen verkaufte.* (Foto: Audi AG)

›› *Er wird mitunter als »letzter Werksfahrer der Auto Union« bezeichnet: Schlagzeuger Nick Mason gehört zu den wenigen Auserwählten, die Audi mit dem legendären Rennwagen Auto Union Typ C von 1937 auf die Piste schickt.* (Foto: Audi AG)

# BAUR

*In der Frühzeit des Automobils waren die ersten Karosseriebauer jene, die den Kutschenbau gelernt hatten, Stellmacher oder Wagner. Auch der junge Karl Baur gehörte dazu, er hatte 1908, im Alter von 25 Jahren, in München seinen Meisterbrief erworben. Dann zog es ihn zurück ins Schwabenland, in der württembergischen Residenzstadt Stuttgart fand er Arbeit. Die Stadt hatte damals rund 300.000 Einwohner und beherbergte 49 Wagnereien.*

» *Zwischen 1957 und 1965 entstanden bei Baur 1640 Roadster des Auto Union 1000 SP.*          (Foto: Audi AG)

Der Stellmacher fand eine Anstellung bei der Firma Daimler, 1909 wurde dort unter seiner Leitung der Küchenwagen für den deutschen Kaiser Wilhelm II, den Schnauzbärtigen, aufgebaut sowie der Bus für das kaiserliche Kochpersonal. Im Gegensatz zum Kaiser war der junge Stellmachermeister allerdings von der Zukunft des Automobils überzeugt, er machte sich 1910 mit einem eigenen Betrieb selbstständig. Das war in der Stuttgarter Neckarstraße, heute befindet sich dort das Stuttgarter Arbeitsamt. Das »G'schäft«, wie der Schwabe sagt, lief ganz gut, um so besser, nachdem ihm 1914 die Entwicklung eines Verdeckmechanismus geglückt war, der wegweisend werden sollte für die Zukunft: Praktisch alle Mechanismen für Stoffverdecke beruhen darauf, bis heute. 1914, im Ersten Weltkrieg, baute Baur Wagen für das Militär, Pferdewagen, Verdecke und Krankenwagen. Das war zwar nicht das, was ihm vorschwebte, brachte aber Geld in die Kasse, sodass er im Stuttgarter Stadtteil Berg ein eigenes Areal erwerben konnte. Diesen Firmensitz behielt das Unternehmen bei bis zum Niedergang.

## Jeder Auftrag war willkommen

In den Nachkriegsjahren wurstelte man sich so durch, erst in der zweiten Hälfte der Zwanziger war Baur über den Berg: 1927 kam ein erster Großserienauftrag, die sächsischen Wanderer-Werke bestellten 200 Viersitzer-Cabriolets. Baur hatte ein neues Karosseriebauverfahren entwickelte, dank dessen sich die Produktionszeiten verringerten und die Kosten sanken. Das überzeugte, Horch bestellte 30 Luxus-Cabriolets. Dann kam die Weltwirtschaftskrise, 1931 rollten 31 Neuwagen mit Baur-Aufbau, im Jahr darauf praktisch keiner. Man hielt sich mit Reparaturen über Wasser. 1933 ging es wieder bergauf, Großaufträge von Horch und DKW (Stahlblech-Aufbauten) machten die Einrichtung eines neuen Werks notwendig: Bis Kriegsbeginn baute man 15.000 Autos. Auch erste BMW-Konstruktionen auf Basis von 326 und 320 entstanden. 450 Mann schafften »beim Baur«. 1946 fingen 69 Mann wieder an. Wie eine Firmenchronik lakonisch vermeldete: »Es gab weder Kunden noch Material«, jeder Auftrag wurde angenommen. Allerdings hatte Baur noch sechs

>> *Baur-Cabrio eines 3er-BMW der ersten (E21) ...*     *(Foto: Bockenwurm © CC)*

>> *... und der zweiten Generation (E30).*     *(Foto: Kuch)*

neue BMW 326 retten können, die dann später an die neue entstehende Firma Veritas abgegeben wurden, was die Geschäftsbeziehung der beiden Unternehmen begründete.

1948 zeichnete sich Licht am Ende des Tunnels ab, die sächsische Auto Union, neu gegründet in der »Westzone«, bestellte 250 DKW-Cabriolets. Und DKW war auch noch aus anderen Gründen die Rettung: Während die großen und leistungskräftigeren Wagen im Krieg requiriert und oft zerstört worden waren, hatte die Armee für die zweitaktenden DKW-Kleinwagen mit ihrer Sperrholz-Karosserie keine Verwendung gehabt, daher hatten diese in relativ großer Zahl überlebt. Rund 20.000 der sächsischen Kleinwagen hatten die Zeitläufe überstanden, Baur bot neue Stahlblechaufbauten für die morschen DKW, bei rund 1000 der knapp 1500 Baur-Aufbauten, die bis 1952 entstanden, handelte es sich um solche DKW-Derivate. Dass es nicht mehr wurden, lag daran, dass Baur auch an einen ostdeutschen DKW-Händler Austauschkarosserien lieferte; die Auto Union (West), noch in gerichtliche Auseinandersetzungen verstrickt wegen der Rechte am Markennamen, verstand da aber keinen Spaß und drehte Baur den Hahn zu. Ebenso erfolglos sollte die Zusammenarbeit mit Veritas werden, die Aufbauten der Dyna-Veritas-Modelle entstanden auch unter Verwendung von nun nicht mehr absetzbaren DKW-Blechteilen.

Viel Geld versenkten die Schwaben auch mit dem BMW 501, der 1952 eingeführt wurde: Baur hatte die 25 Vorserienexemplare gebaut, weil die Bayern über keinerlei Karosseriebaukapazitäten verfügten. Nachdem am Neckar rund 2000 Fahrzeuge gebaut worden waren – der Wagen war ein

ziemlicher Flop – hatte BMW, mit kräftiger staatlicher Hilfe, ein eigenes Karosseriewerk in Betrieb genommen, für die Stuttgarter blieben nur die Brosamen übrig: Sie durften die Cabriolet-Ausführungen des Barockengels bauen, doch das war nicht gerade ein glänzendes Geschäft. Ebenfalls kein Glück hatte Baur mit dem im Porsche-Auftrag für die in der Neuaufstellung befindliche Bundeswehr gebauten Jagdwagen: Der Auftrag ging an die Auto Union mit dem Munga. Ebenso grandios scheiterte der Maico 500, der ehemaligen Champion-Kleinwagen, der 1957 vom Motorradhersteller Maisch unter die Baur-Fittiche genommen wurde: 500 Fahrzeuge monatlich sollte Baur herstellen, man richtete sich auf eine Großserie ein und ging beinahe pleite: Das Werk II musste verkauft werden, um die Firma zu retten. Das Werk ging an einen Auto-Union-Großhändler, das wiederum führte zu einer Belebung der Kontakte zur Auto-Union und zur Produktion der Roadster und Coupés AU 1000 Sp. Zwischen 1957 und 1965 entstanden 1640 Roadster und rund 5000 Coupés.

## Letzter Geniestreich: Ein offener Viertürer

Coupés und Cabriolets – das waren künftig die Betätigungsfelder der Schwaben. Sie übernahmen die Entwicklung und teilweise auch den Rohbau des BMW 700 als Coupé und Cabriolet; das BMW 1600 Cabriolet war ebenso eine Baur-Idee wie das 1971 auf Basis des 2002 produzierte Topcabriolet: die Verbindung eines abnehmbaren Faltverdecks hinten mit einem herausnehmbaren Dachmittelteil vorn. In der Mitte blieb die B-Säule stehen und wurde in die Konstruktion mit einbezogen; 15 Jahre lang wurde diese Cabriolet-Limousine auf Basis der jeweiligen Dreier-Reihe über die BMW-Händlerschaft vertrieben. Ein geniales Konzept, das Open-Air-Feeling mit einer der Limousine entsprechenden Karosseriesteifigkeit kombinierte, aber einen entscheidenden Nachteil hatte: Die Käufer erkannten es nie als vollwertiges Cabriolet an, und als dann BMW 1986 mit der Produktion eines eigenen Vollcabriolets begann, markierte das den Anfang vom Ende für den traditionsreichen Autobauer: Die Kunden wandten sich in Scharen dem neuen Werks-BMW zu, vom letzten Dreier-Baur – dem Viertürer auf E36-Basis – konnte noch nicht einmal die auf 500 Exemplare ausgelegte Kleinserie komplett gebaut werden: Ende 1998 ging der Familienbetrieb in Insolvenz. Der größte Teil der Firma wurde 1999 von der IVM Automotive übernommen, die ihrerseits seit 2007 zu einem schwedischen Konzern gehört. In die Baur-Räumlichkeiten in Berg zog später ein Toyota-Autohaus ein.

# BENZ

*Manchmal hat auch ein Visionär einen Blackout: »Das Auto ist fertig entwickelt«, so hieß es 1920, »was soll jetzt noch kommen?« Der, der das sagte, hätte es eigentlich besser wissen müssen: Carl Benz hatte das Automobil schließlich erst möglich gemacht.*

» *Carl Benz (1844–1929).*          (Foto: Daimler AG)

## Die mühsamen Anfänge

Am 25. November 1844 wurde Carl Benz als Sohn eines Lokomotivführers in Karlsruhe geboren. Vielleicht ist das schon ein erster Hinweis auf das, was der Junge einmal leisten sollte: Lokomotivführer waren damals etwas ganz Besonderes. Es war erstens ein junger Beruf, nicht einmal zehn Jahre zuvor, im Dezember 1835, war die erste deutsche Eisenbahn gefahren. Lokomotivführer waren – zweitens – nicht irgendwer, sondern sie waren eine kleine, handverlesene Eliteschar mit hervorragenden ingenieurstechnischen Fertigkeiten. Das zu wissen wird wichtig, wenn man den weiteren Lebensweg des Badeners Benz betrachtet. Gewiss, der Vater starb – bei einem Eisenbahnunfall –, als der Junge knapp zwei Jahre alt war, doch diese Besonderheit fand mit Sicherheit ihren Widerhall in der Familiengeschichte. Vor diesem Hintergrund wird auch verständlich, warum die Mutter ihn auf das Gymnasium schickte und anschließend – 1860 – an der damals führenden Polytechnischen Hochschule in Karlsruhe studieren ließ. Dem Studium folgte ein zweijähriges Praktikum bei der Maschinenbau-Gesellschaft in Karlsruhe, Benz lernte sozusagen von der Pike auf.

Seine erste Anstellung erhielt er in Mannheim bei einer Wagenfabrik als Zeichner und Konstrukteur, 1868 wechselte er zu einer Firma, die sich auf den Brückenbau spezialisiert hatte, Stahlträgerkonstruktionen waren damals eines der auffälligsten Symbole der Neuzeit. Und neuartig war auch die aufkommende Fahrradmode, was einen wie Benz nahezu zwangsläufig interessieren musste.

## Die erste eigene Firma

1871 war das Deutsche Reich entstanden, und dank der reichlich ins Land fließenden französischen Gelder florierte die Wirtschaft. Die Zeit schien günstig für einen Konstruktionsexperten im Stahlbau, in diesen Boomjahren gründete Benz zusammen mit einem Partner eine erste Firma in Mannheim mit einer Handvoll Angestellten. Verlobt hatte er sich übrigens auch – ein Glücksfall gleich in mehrfacher Hinsicht, denn mit dem Geld seiner Braut Bertha Ringer konnte er seinen unzuverlässigen Partner auszahlen und die Firma retten – und Bertha war es schließlich auch, die mit ihrer Fernfahrt 1888 den Beweis antrat, dass die Erfindung ihres Carl tatsächlich etwas taugte. 1872 heirateten die beiden, aus der Ehe gingen fünf Kinder hervor. 1877, im Geburtsjahr seines dritten Kindes Clara, war der Gründerboom mit einem gigantischen Börsencrash zu Ende gegangen, die meisten Existenzgründer hatten aufgeben müssen, und auch bei Carl Benz liefen die Geschäfte miserabel: Auf den Werkzeugen seiner »Eisengießerei und mechanischen Werkstätte«, die Benz später auch »Fabrik für Maschinen zur Blechbearbeitung« nannte, klebten Pfandsiegel. Dringend musste ein neues Geschäftsfeld her, Carl Benz setzte seine Hoffnungen ganz auf die Entwicklung des Zweitaktmotors. Den konnte er dann tatsächlich nach zwei Jahren, in der Silvesternacht 1879, zum Leben erwecken.

Benz hatte sich für das Zweitaktprinzip entschieden, weil – als Ergebnis der Arbeiten von Nikolaus August Otto – die Gasmotorenfabrik Deutz 1877 ein deutsches Patent für den Viertaktmotor erhalten hatte. Dieses zu nutzen, hätte viel Geld gekostet, Geld, das Carl Benz nicht hatte. Es ging auch so.

Für die Vervollkommnung seines Zweitaktmotors, den er bis zur Fertigungsreife entwickelte, wurden Benz ab 1880 mehrere grundlegende Patente, z. B. für die Drehzahlregulierung, erteilt. Zur Zündung des Gemisches benutzte Benz seine neu entwickelte Batteriezündung. Bertha Benz: »... da kam er an einem Mittag voller Freude angelaufen und rief schon im Hausflur draußen: ›Mama, mit der Zündung klappt's jetzt!‹« Und wie es klappte: Mit frischem Geld entstand dann 1882 die »Gasmotoren-Fabrik Mannheim« als Aktiengesellschaft, an der der neue Direktor Carl Benz einen fünfprozentigen Anteil hielt. 1883 schied er indes schon wieder aus, seine Teilhaber – ein Hoffotograf und dessen Bruder, ein Käsehändler – pfuschten ihm zu sehr in seine Konstruktionsarbeit.

## Der »Benz Patent-Motorwagen«

Seine neuen Partner hatten zumindest Ahnung von Fahrzeugen, wie er waren sie begeisterte Fahrradfahrer. Im Oktober 1883 gründeten sie zu dritt die Firma »Benz & Co. Rheinische Gasmotoren-Fabrik«. Schon bald waren in der Fertigung 25 Mann beschäftigt, und es konnten sogar Lizenzen für den Bau von stationären Gasmotoren vergeben werden. Benz konnte sich nun ungestört der Entwicklung seines Wagenmotors widmen. Anders nämlich als Gottlieb Daimler, der sich vor allem auf die Perfektionierung seines Motors konzentrierte und ihn daher zunächst in ein Zweirad (den Reitwagen) und dann in eine Kutsche einbaute, schwebte Benz eher ein komplettes Fahrzeugsystem vor.

1886 erhielt er auf das Fahrzeug mit dem liegenden Einzylindermotor das Patent Nr. 37 435 und stellte seinen ersten »Benz Patent-Motorwagen« der Öffentlichkeit vor. In den Jahren 1885 bis 1887 entstanden insgesamt drei Versionen des Dreirades, mit dem dritten absolvierte dann Bertha Benz 1888 die erste Fernfahrt – ohne Wissen ihres Mannes.

## Von Daimler überholt

Ausstellungen in München und Paris, verbesserte Nachfolgemodelle mit vier statt drei Rädern (Benz Victoria) sowie die Teilnahme seines französischen Vertreibers Emile Roger am ersten Automobil-Straßenrennen Paris–Rouen machten die Konstruktionen von Benz berühmt. Die Verkäufe stiegen – auch aufgrund des ersten in Großserie gebauten Wagens, des Benz Velo – so stark an, dass er schließlich bis zur Jahrhundertwende zum führenden deutschen Automobilhersteller avancierte.

Doch in den Folgejahren zog der Konkurrent aus Stuttgarter, Daimler, mit seinen schnelleren und moderneren Fahrzeugen an der mittlerweile zur Aktiengesellschaft umgewandelten Firma »Benz & Cie. AG« vor-

》 *Benz Landaulet Coupé von 1889.*　　　　　　　　　　　　　　*(Zeichnung: Carlo Demand)*

》 *Der Benz-Patent-Motorwagen, mit dem Bertha Benz 1888 die erste Fernfahrt mit einem Automobil unternahm.*　　*(Foto: Daimler AG)*

》 *Der Benz Victoria von 1893 war das erste vierrädrige Fahrzeug von Carl Benz.*　　*(Foto: Daimler AG)*

>> *Ausfahrt im Benz Victoria 1895.* (Foto: Daimler AG)

bei. Die Umsätze gingen rapide zurück und veranlassten den zweiten Vorstandsvorsitzenden neben Benz, Gauß, sich Hilfe von französischen Ingenieuren zu holen, um eine neue, konkurrenzfähige Typenreihe zu entwickeln. Als diese neue »Parzifal«-Reihe auch noch in der Öffentlichkeit als französische Konstruktion vorgestellt wurde, zog sich der konservative, dem Trend zu immer schnelleren Fahrzeugen ohnehin ablehnend gegenüberstehende Carl Benz ab 1903 aus seinem Unternehmen zurück, blieb aber weiterhin im Aufsichtsrat.

## Zurück zur Weltspitze

Es bedurfte noch so mancher Fleißarbeit und vieler Einsätze bei publikumswirksamen Autorennen (etwa mit dem Weltrekord-Rennwagen Blitzen-Benz 1909), bis die Firma »Benz & Cie.« den technischen Rückstand zu Daimler, aber auch zur internationalen Automobilszene wieder aufgeholt hatte. Doch um das Jahr 1908 war es geschafft, und die Benz-Automobile befanden sich wieder auf gleicher Höhe mit ihren Konkurrenten, teilweise sogar darüber. Und dies sowohl bei Serienfahrzeugen wie auch im Rennsport. Hatte Benz seit 1901 nur noch große Wagen gebaut, so gab der Autobauer ab 1911 dem Trend zu immer preiswerteren, auch für Normalsterbliche erschwinglichen Fahrzeugen nach und produzierte bis zum Kriegsbeginn erfolgreich 8-PS-Autos. Weil das Automobilgeschäft mittlerweile andere Geschäftsfelder im Unternehmen überrundet hatte, hieß es fortan »Benz & Cie. Rheinische Automobil- und Motorenfabrik AG«. Ebenfalls stieg das Unternehmen noch vor Kriegsausbruch in den Bau von LKWs und Flugzeugmotoren ein, mit denen es den 1. Weltkrieg so gut überstand, dass es anschließend nahtlos wieder auf Friedensproduktion umstellen konnte.

## Fusion mit dem Erzkonkurrenten

In den 20er-Jahren besann sich Benz auf seine besonderen Stärken, nämlich die Herstellung von zwar konservativen, aber qualitativ hochwerti-

>> *Den Victoria gab es mit unterschiedlich großen und starken Einzylindermotoren, die hinten liegend eingebaut waren.* (Foto: Daimler AG)

gen Automobilen, die sich gut verkauften. Auch im Rennsportbereich sorgte der Mannheimer Autobauer mit der Erwerbung der Lizenz des aerodynamisch wegweisenden »Tropfenwagens« von Edmund Rumpler für eine Überraschung, ohne diese Erwerbung aber noch in angemessene Rennerfolge umsetzen zu können.

Denn die Inflation sorgte für neue Mehrheitsverhältnisse in der Benz AG. Mit Schapiro war ein die fortgesetzte Geldentwertung rücksichtslos ausnützender Aktionär Mehrheitseigner bei Benz geworden, dessen ruinösen Geschäftspraktiken sich das Unternehmen nur durch Fusion mit dem Erzkonkurrenten Daimler im Jahre 1926 zu entziehen wusste. Benz und Daimler bauten von nun an gemeinsame Fahrzeugmodelle. Ein Jahr später verließ deshalb das letzte Automobil mit Namen Benz die nunmehr gemeinsamen Werkshallen der neu gegründeten »Daimler-Benz AG«.

》 »Hoch auf dem gelben Wagen ...«: Benz 10/20 PS (1909–1912) als Kraft-droschke in der damals typischen Farbgebung.　　(Zeichnung: Carlo Demand)

》 Benz Parsifal Tonneau, ca. 1903. Die Wagen der Parsifal-Baureihe wurden zwischen 1902 und 1905 in verschiedenen Leistungsstufen angeboten.

(Zeichnung: Carlo Demand)

》 Der als »Blitzen-Benz« berühmt gewordene Rekordwagen besaß einen 21,5 Liter großen Vierzylinder, der 200 PS leistete.　　(Foto: Daimler AG)

# BITTER

*Erich Bitter aus Schwelm, Jahrgang 1933, war nicht nur Rallyefahrer, sondern auch Kaufmann, und hatte ein Faible für exotische Sportwagen: Nachdem er 1964 bereits Abarth-Fahrzeuge nach Deutschland importiert hatte, bei Abarth die Lage aber immer desolater wurde, begann er 1968 mit dem Import der Intermeccanica-Italia-Sportwagen aus Turin. Unter der schicken Schale dieser Coupés steckte solide amerikanische Großserientechnik von Ford.*

Ford hatte in Europa keinen V8-Motor im Angebot, um aber den Italia in Europa anbieten zu können, musste unbedingt ein entsprechender Antriebsstrang implantiert werden. Der größte in Europa lieferbare Großserien-V8 hatte einen Hubraum von 5,4 Litern und war im Opel Diplomat V8 zu finden; der passte aber nicht ins Motorabteil des Coupés. Daher wurde ein neuer Intermeccanica entwickelt, bei dessen Entwicklung Motorentechniker und Fahrzeugentwickler Dr. Fritz Indra eine wesentliche Rolle spielte. Der Intermeccanica Indra mit seiner Kunststoff-Karosserie bot zwar eine atemberaubende Form, aber eine so lausige Verarbeitungsqualität, dass sowohl Bitter als auch GM alsbald die Lust an einer weiteren Zusammenarbeit verloren: General Motors entzog den Italienern 1973 endgültig jegliche Unterstützung, die Gewährleistungskosten waren viel zu hoch. Das Aus für den Indra bedeutete aber den Anfang für Erich Bitter, der zusammen mit Opel und der Stuttgarter Karosseriefirma Baur ein eigenes Sportwagenprojekt aus der Taufe hob, das dann auf der Frankfurter Automobilausstellung IAA im September 1973 erschien.

## Deutsche Technik, italienisches Design

Richtig neu war die Form dieses »Bitter CD« allerdings nicht, Ähnliches hatte man bereits vier Jahre zuvor an derselben Stelle als Stylingstudie »Opel CD« bewundern können. Diese Showstudie wurde dann 1970 vom italienischen Karosseriedesigner Frua weiterentwickelt, dann kam noch ein Schuss Maserati Ghibli dazu – all diese Impulse und Einflüsse formten die Opel-Designer letztlich zu einem stimmigen Fastback-Coupé, das dann über ausgewählte Opel-Händler vertrieben wurde und den Opel-Blitz kräftig aufpolierte. Das Coupé basierte auf dem um 16,5 Zentimeter verkürzten Fahrgestell des Diplomat V8 und bediente sich seiner Mechanik, das Interieur war luxuriös und sportlich zugleich – der Bitter CD war eben ein richtiger Gran Tourismo, dem niemand die deutsche Herkunft ansah. Die Produktion erfolgte bei Baur in Stuttgart, sie lief nach der IAA an (was ein denkbar schlechter Zeitpunkt war, da die Wirtschaft unter der Ölkrise litt) und lief bis Ende 1979, nachdem bereits 1977 die Fertigung des Teilespenders, des Diplomat V8, ausgelaufen war. Insgesamt wurden 395 Bitter CD gebaut.

Opel hatte den Diplomat durch den Senator ersetzt, Bitter ersetzte demzufolge den CD (»Coupé Diplomat«) durch den SC (»Senator Coupé«): über die originale Senator-Bodengruppe und den 3-Liter-Sechszylinder-Einspritzer mit 180 PS setzten Erich Bitter und die Opel-Stylingabteilung einen Entwurf im Ferrari-Stil. Bitters viersitziges Luxuscoupé wurde auf der IAA 1979 gezeigt, die Produktion begann aber erst 1981. Die Ka-

rosserien ließ Bitter in Italien fertigen, da Baur keine Kapazitäten hatte. Die Endmontage erfolgte dann in Bitters Betrieb in Schwelm, später bei Steyr-Daimler-Puch in Graz. Insgesamt wurden von 1981 bis 1989 488 Exemplare des Bitter SC gefertigt, darunter sechs Fahrzeuge mit Allradantrieb und dem vom Opel-Tuner Dieter Mantzel auf 3,9 Liter aufgebohrten Senator-Motor mit 210 PS, der ab 1984 angeboten wurde. Auch 27 Cabriolets entstanden, entwickelt bei IAD im englischen Worthing und von Opel-Veredler Keinath in Dettingen (der auch Cabriolets von Monza und Senator vorgestellt hatte) umgebaut. Für den US-Markt kreierte Bitter eine viertürige Luxuslimousine mit verlängertem Radstand, den SC Sedan, es blieb bei fünf Exemplaren.

## Einzelstücke, Studien und Projekte

Damit endete der Serienbau bei Bitter, an Prototypen und Konzepten indes mangelte es nie. Vielleicht der interessanteste Entwurf war der 1983/84 entstandene Bitter GT auf Manta-Unterbau mit integriertem Überrollbügel und Targa-Dach, geplant als Einsteiger-Modell zum halben SC-Preis. Den Prototyp schuf Eberhard Schulz' Firma Isdera nach Plänen Bitters unter Mithilfe der Rüsselsheimer Styling-Abteilung, er blieb ein Einzelstück. Zwischen 1987 und 1991 entwickelte Bitter den Type 3 auf Omega-A-3000-Basis bis zur Serienreife für den Verkauf in den USA, das Design besorgte diesmal Opel-Stylingchef George Gallion. Aus der geplanten

» *Das Aus für den Intermeccanica Indra war für Erich Bitter das Startsignal.*
(Foto: Craig Howell, © CC)

» *Der 1973 auf der IAA präsentierte Bitter CD war das erste Auto von Erich Bitter. Es wurde bis 1979 bei Baur in Stuttgart 395 Mal gebaut.*

(Foto: Brian Snelson, © CC)

Großserie von mindestens 10.000 Wagen (die auch als Isuzu vermarktet werden sollten) wurde aber nichts, lediglich vier Prototypen entstanden. 1989 gab es auf Omega-A-Technik den Type III Diplomat, eine viertürige Studie. 1998 debütierte der Bitter Berlina in Genf, ebenfalls ein Einzelstück, dessen technische Grundlage der Omega B MV6 bildete. Nichts mit Opel zu tun hatten der Bitter Tasco, ein Rolling Chassis ohne Technik von 1991, und der Bitter GT1, ein Supersportwagen auf Lotus-Basis mit dem 8-Liter-V10-Motor der Dodge Viper, 1997/98 zwei Mal entstanden. Der CD II, gezeigt auf dem Genfer Salon 2003 und 2005, basierte auf dem Ende 2006 ausgelaufenen australische Holden Monaro mit 6-Liter-V8-Motor,

auch er schaffte es nicht in die Serie. 2008 kam der bislang letzte Streich, der Bitter Vero. Dabei handelte es sich um eine optisch und technisch leicht veränderte Limousine der australischen GM-Tochter Holden mit neuer Front, Sportauspuff und Sportfahrwerk. Für Vortrieb sorgte der Sechsliter-Chevrolet-V8 mit 278 kW (378 PS) und Sechsgang-Automatik. Zehn Fahrzeuge wurden hergestellt, der auf dem Genfer Salon 2009 gezeigte Bitter Vero Sport basierte dagegen auf dem Holden Commodore. Diese Luxuslimousine mit 6,2 Liter großem Achtzylindermotor und 320 kW (435 PS) blieb aber ein Einzelstück. Die Firma Bitter arbeitet heute auf dem Gebiet der Fahrzeugentwicklung und im Prototypenbau.

» *Der Bitter SC war der Nachfolger des CD und wurde von 1981 bis 1989 488 Mal gebaut.*

(Foto: Bitter)

# BMW

Hervorgegangen aus der Rapp-Motorenwerke GmbH sowie der Flugmaschinenfabrik Gustav Rau, begann die Münchner Firma während des Ersten Weltkriegs mit dem Bau von Flugzeugmotoren. Unter dem neuen Firmennamen »Bayerische Motoren Werke GmbH« (später: AG) gelang ihr 1917 unter ihrem Geschäftsführer Franz Joseph Popp der Durchbruch auf diesem Sektor. Doch den rasanten Höhenflug des Motorenherstellers stoppte das Kriegsende im Jahr 1918 auf jähe Weise. Der Versailler Vertrag verbot Deutschland den Bau von Flugzeugen und entzog damit auch BMW die bisherige Geschäftsgrundlage.

## Vom Boden zurück in die Lüfte

Einige Jahre hielt sich man sich mit dem Bau von u. a. Boots- und Hilfsmotoren über Wasser, bis BMW 1923 sein erstes Motorrad herstellte, die R 32. Ein Jahr später beteiligte sich das Unternehmen erstmals an einem Auto, dem Kleinwagen der Schwäbischen Hütten Werke AG (S.H.W.), der jedoch aufgrund von technischen Problemen nie in Serie ging. Nebenbei stieg das Unternehmen auch wieder in den Bau von Flugzeugmotoren ein.

Mit dem Kauf der Dixi-Werke (Fahrzeugfabrik Eisenach) 1928 startete BMW seine eigentliche Karriere als Automobilhersteller, auch wenn diese zunächst noch brüchig verlief. In der durch diesen Kauf hinzugewonnenen Eisenacher Zweigniederlassung sollten alle folgenden BMW-Autos bis Kriegsende gebaut werden. Der erste Serienwagen, der das Eisenacher Werk verließ, war der 3/15 PS, ein Lizenznachbau des britischen Automobils Austin Seven. Nach der Trennung von Austin wurde in den Sindelfinger Daimler-Benz-Werken der Nachfolger 3/20 PS AM-1 produziert. Fünf Jahre später entstand das erste komplett in Eigenregie hergestellte Modell, das auch noch gleich Mercedes-Benz Konkurrenz machte; es war

» Nach der Übernahme des Eisenacher Dixi-Werks baute BMW den Dixi-Typ DA 1 unverändert noch ein halbes Jahr weiter, bevor sie ihn im Juli 1929 durch den überarbeiteten BMW Typ 3/15 (DA2) ablösten, der dann noch bis 1931 gebaut wurde. (Zeichnung: Carlo Demand)

» Schon vor dem Typ 328 hatte BMW einen Sportwagen im Programm: Der Sechszylinder Typ 315/1 mit 1,5-Liter-Motor leistete 40 PS und kostete 5800 Reichsmark.
(Zeichnung: Carlo Demand)

» *Der BMW 326 in der Ausführung von 1939 war die letzte Vorkriegslimousine des Herstellers. Mit etwas längerer Haube wurde dieser Wagen auch als Typ 335 angeboten.*
*(Zeichnung: Carlo Demand)*

der BMW 303 mit sechs Zylindern und 30 PS, der genau zum richtigen Zeitpunkt kam, um vom wirtschaftlichen Aufschwung profitieren zu können. Die kurze Zusammenarbeit mit Daimler fand dadurch allerdings ein abruptes Ende.

Weitere Erfolgsmodelle, die BMWs Ruf als Hersteller von vor allem sportlichen Automobilen begründeten, waren die 2-Liter-Fahrzeuge BMW 326 und 328, die das Mittelklasse-Segment bedienten. Ersterer wurde sogar zum meistverkauften BMW der Vorkriegsjahre, Letzterer schlug sich erfolgreich bei Motorsportrennen wie der Mille Miglia und wurde daraufhin von Frazer-Nash aus Großbritannien in Lizenz nachgebaut. Trotz dieser Erfolge auf dem Autosektor verdiente die Münchner Firma mittlerweile das weitaus meiste Geld mit dem Bau von Flugzeugmotoren. Seit der Machtübernahme der Nationalsozialisten hatte dieser Produktionssektor einen immensen Aufschwung genommen. 1934 gründete BMW deshalb die neue Tochtergesellschaft »BMW Flugmotorenbau GmbH« und übernahm 1939 die Brandenburgischen Motorenwerke. 1941 betrug der Anteil der Flugzeugmotoren am Umsatz des Unternehmens bereits unglaubliche 90 Prozent. Nach einem missglückten Experiment mit einem Geländewagen für die Wehrmacht beschränkte sich BMW fortan auf die Herstellung von Flugzeugmotoren sowie anderen Rüstungsgütern wie beispielsweise Motorrädern für das Militär. Die Produktion von Automobilen wurde bis Kriegsende eingestellt.

## Durchs tiefe Tal der Tränen

Wieder war es ein verlorener Krieg, der den Höhenflug von BMW stoppte. Doch diesmal war die Lage womöglich noch ernster als nach dem Ersten Weltkrieg. BMW sollten jedenfalls einige schwierige, letztlich existenzbedrohende Jahre bevorstehen.

Mit dem Bau von Flugzeugmotoren war es zwangsläufig vorbei. Zudem war das, was vom Münchner Werk unzerstört geblieben war, weitgehend von den Alliierten demontiert worden. Das Eisenacher Werk hingegen befand sich mit sämtlichen Produktionsmitteln für den Bau von Autos

» *Original und Neuinterpretation: Der BMW 328 und die beim Concours d'Elegance 2011 vorgestellte Hommage, die allerdings keine Chance hat, in Serie zu gehen.*
*(Foto: BMW)*

» BMW, so hieß es damals, baue Autos für Tagelöhner und Generaldirektoren. Der »Barockengel«, die Baureihe 501/502, war die erste BMW-Neukonstruktion nach dem Krieg. Der Sechszylinder-Motor im 501 stammte vom Vorkriegs-326. Im Bild ein 2,6- oder 3,2-Liter-V8 (1955–1961). (Foto: BMW AG)

» Den Karosseriebau für BMW hatte ursprünglich die Firma Baur übernommen; nachdem BMW wieder über ein eigenes Karosseriewerk verfügte, übernahmen die Schwaben die Fertigung von Spezialmodellen wie dem Cabrio. Hier Nick Dougherty 2007 im BMW 502 Cabrio. Auch Autenrieth (Darmstadt) fertigte solche Cabriolets.
(Foto: BMW AG)

ebenso in den Händen der Sowjets wie das Flugmotorenwerk Brandenburg. BMW musste von vorne beginnen, das Münchner Werk neu aufbauen und sich gegenüber der Konkurrenz aus Eisenach, die ebenfalls mit der Herstellung von Fahrzeugen begonnen hatte, die Rechte am Namen BMW sichern.

Der erste in München produzierte BMW erschien 1952, trug die Bezifferung »501« und den Spitznamen »Barockengel«. Anfangs leistungsmäßig zu schwach dimensioniert, machte BMW auch mit verbesserten Versionen hohe Verluste. Weder die ebenfalls neu aufgenommene Motorradproduktion noch der in Lizenz hergestellte »Isetta«-Kleinwagen konnten dazu beitragen, die Münchner wieder in die schwarzen Zahlen zu bringen. Den Verkauf des Unternehmens an Daimler verhinderte 1959 schließlich der Industrielle Quandt, der BMW durch die Erhöhung seines Aktienanteils (im Laufe der Zeit bis zu 60 %) mit frischem Kapital versorgte.

» Der Entwurf für die Isetta stammte von der italienischen Firma Iso, die auch Kühlschränke produzierte – was vielleicht den Türöffnungsmechanismus erklärt. (Zeichnung: Carlo Demand)

» *Der BMW 600 stand nur zwischen 1957 und 1959 im Programm, rund 35.000 Exemplare wurden gebaut.* (Zeichnung: Carlo Demand)

» *Der BMW 600 von 1957 war die Weiterentwicklung des Isetta-Konzeptes mit Fronteinstieg und einzelner Seitentür. Der Zweizylinder-Motor im Heck stammte aus dem Motorradbau.* (Foto: BMW AG)

» *Weg vom Rollermobil, hin zum vollwertigen Kleinwagen: Der BMW 700 erschien 1959 und wurde in mehreren Ausführungen bis 1965 gebaut. Das Karosseriedesign stammte von Michelotti.* (Foto: BMW AG)

» *Der 700 Sport mit 40 PS wurde zwischen 1961 und 964 gebaut. Die Karosserie stammte von der Stuttgarter Firma Baur.* (Foto: BMW AG)

» *Die 1er-Reihe bedeutete 2008 die Rückkehr von BMW in das Kompaktwagen-Segment. 2011 erschien die zweite Generation.* (Foto: BMW AG)

## Phönix aus der Asche

Frisch saniert, gelang dem Fahrzeughersteller mit dem BMW 1500 zu Beginn der 60er-Jahre ein großer Wurf. Die nachgeschobenen Modelle 1600, 1800 und 2000 sicherten den Wiederaufstieg BMWs und verdienten sich zudem Meriten bei Tourenwagenrennen.

Einen wichtigen Expansionsschritt stellte 1966 die Übernahme der Glas GmbH mit ihrem Werk in Dingolfing als weiterem Produktionsstandort dar, deren bekanntestes Produkt das »Goggomobil« gewesen war.

In den folgenden Jahren und Jahrzehnten setzte BMW mit der Eröffnung von Werken und Fertigungsstätten u. a. in Südafrika, USA, Thailand, Russland und Indien sowie der zunehmenden Verbreiterung seiner Modellreihen diesen begonnenen Weg der Expansion konsequent fort. BMW konnte dadurch sowohl seine Produktionszahlen als auch seinen Umsatz vervielfachen.

Ausdruck des wirtschaftlichen Erfolges war bereits zu Beginn der 70er-Jahre der »BMW-Turm« mit seiner spektakulären Architektur direkt neben dem Olympiagelände in München, in den die Hauptverwaltung des Unternehmens einzog. 1987 entstand das Forschungs- und Innovationszentrum FIZ, in dem alle Entwicklungsarbeiten konzentriert wurden. Seit 2006 arbeiten hier in einem Anbau auch Ingenieure von Zulieferern an neuen Produkten.

》 *Den Prototyp der »Neuen Klasse« stellte BMW auf der Frankfurter IAA im September 1961 vor.* (Foto: BWM AG)

》 *Der 2002ti war die Zweivergaser-Ausführung des 2002 mit 120 PS, der 2002tii hatte einen Einspritzmotor mit 130 PS. Er wurde von 1971 bis Ende 1974 angeboten.* (Foto: BWM AG)

》 *Ladenhüter: Die Kombi-Limousine namens »Touring« war kein Verkaufserfolg. Angeboten mit 1,6-, 1,8- und 2,0-Liter-Motor, auch als 2002tii, gebaut zwischen 1971 und 1974.* (Foto: BMW AG)

》 *Der BMW 2002 turbo erschien im September 1973 und leistete 170 PS. Mit seiner Spiegelschrift auf dem Spoiler (die Regierung wurde im Bundestag gefragt, was sie dagegen zu unternehmen gedenke. Antwort: Man »betrachte sie mit Sorge«) wirkte er zu krawallig und wurde Ende 1974 eingestellt.* (Foto: BWM AG)

》 *Mit dem BMW 1500, dem Urvater der »Neuen Klasse«, begann 1962 bei BMW eine neue Zeitrechnung: Trotz Anlaufschwierigkeiten läutete diese Baureihe (die äußerlich fast unverändert als BMW 1600 und BMW 1800 bis 1972 lief) die Wiedergeburt der Münchner Autobauer ein.* (Zeichnung: Carlo Demand)

## Von der »Neuen Klasse« zur Dreier-Reihe

Die Serienproduktion der neuen Mittelklasse-Limousine lief erst im Oktober 1962 an, allerdings galt der BMW 1500 als noch nicht so richtig serienreif. Zahlreiche Kinderkrankheiten trübten zunächst den Ruf des 4,50 m langen Viertürers. Die Nachfrage überstieg dennoch bei weitem die Produktionskapazitäten. Auch der stärkere BMW 1800 vom September 1963 war sehr beliebt, um so mehr in der TI-Ausführung mit seitlichen Chromzierleisten am Schweller und dem Schriftzug am Heck. Mit Doppelvergaser-Anlage leistete er 115 PS, in der Standardausführung 90 PS. Den BMW 1500 löste 1964 der um drei PS stärkere BMW 1600 ab. Preislich und in der Leistung (83 PS) war der Schritt zum 1800er nicht groß, sodass die Baureihe bereits 1966 wieder aus dem Programm fiel. Der drehmomentstarke 1600er motorisierte den 1966 aufgelegten Zweitürer BMW 1600-02. Auch die übrige Technik stammte vom 1600er, die Karosserie war neu gezeichnet. Es gab sie nur als Zweitürer (-2), nachdem die Produktion des Viertürers 1600 ausgelaufen war, wechselte die Bezeichnung auf 1602. Sukzessiv wurde die Zweitürer-Familie erweitert, ohne dass sich an der Karosserie groß etwas änderte. Der 100 PS starke 2002 (1968–1975) war am Kühlergrill vom 1802 (1971–1975) zu unterscheiden. Auf Basis der Zweitürer gab es sowohl Kombis als auch Cabriolets; diese Baur-Vollcabriolets gab es in den Ausführungen 1600 und 2002.

Mitte der Siebziger löste BMW mit der neuen 3er-Reihe (Modellbezeichnung E21) die auf die Neue Klasse zurückgehende 02-Reihe ab. Sie erschien im Juli 1975 sowohl mit Sechs- als auch mit Vierzylinder-Motoren, aber immer noch mit lediglich zwei Türen. Der neue kleine BMW bot insbesondere den Fondpassagieren mehr Platz; die Form lehnte sich unverkennbar an die der erfolgreichen 5er-Reihe an. Anders aber als die Mittelklasse-Baureihe verfügte das kleinste BMW-Modell über ein ausgeprägtes Stufenheck. Natürlich fand sich auch hier das für einen BMW typische fahrerorientierte Cockpit, das Hans A. Muth entworfen hatte, der dann bei BMW die Motorrad-Vollverkleidungen für die RS- und RT-Modelle schuf. Ursprünglich war auch die Rede davon, dass der E21 (in Vorabmeldungen war von der 4er-Reihe die Rede) für die wichtigen Auslandsmärkte auch mit vier Türen gebaut werden sollte, es blieb aber bei den Planungen. Anders als vom Vorgänger gab es auch keinen 3er mit Kombi-Heck, ebenso wenig einen Turbo. Die Cabriolets stammten wiederum von Baur in Stuttgart, dabei handelte es sich aber nicht um Vollcabriolets, sondern um das, was Baur als Cabrio-Limousine bezeichnete. Mit dem 3er mischte BMW auch im Tourenwagen-Rennsport Ende der Siebziger mit.

Die zweite 3er-Generation (E30) wurde zwischen 1982 und 1991 gebaut, als Kombi und als Cabriolet auch noch nach Ablösung der Limousinenbaureihe zur IAA 1991. Den von Claus Luthe gezeichneten E30 gab es in fünf verschiedenen Karosserievarianten, noch nie war die Auswahl so groß gewesen. Es gab die Einsteiger-Baureihe mit zwei, vier und fünf Türen, mit Heck- und Allradantrieb, als Baur-Cabriolet wie auch als Werks-(Voll-) Cabrio. Der M3 als Zweitürer wie auch als Cabriolet, aufgebaut von der BMW-M-GmbH, bildete mit dem 2,3-Liter-Motor und 195 PS (ab 1989: 215 PS) die Spitzenmotorisierung.

Die dritte 3er-Generation. die Baureihe E36, stand zwischen 1991 und 1998 im Programm. Cabriolet und Kombi (Touring) liefen traditionsgemäß erst zwei Jahre später an und ein Jahr länger durch. Neu ins Programm gelangte 1994 die Schrägheck-Ausführung mit dem Beinamen »BMW compact«, interne Baureihenbezeichnung E36-5. Mercedes-Benz reagierte später darauf mit der Schrägheck-Ausführung der C-Klasse; in beiden Fällen konnte man über die Ästhetik trefflich streiten. Der Zweitürer trug nun deutlich coupéhaftere Züge. Nur in den ersten Jahren war noch die Cabrio-Limousine von Baur zu ordern, die Schwaben hatten ihren Umbau dem Viertürer zugrund gelegt. Der M3 erhielt den neuen 3,2-Liter-24V-Sechszylinder und leistete 321 PS. Er kostete 88 000 Mark, teurer war noch kein Dreier gewesen. Für das Jahr 1997 wurden die 3er einem Facelift unterzogen, das insbesondere die Frontpartie etwas von seiner kühlen Strenge nahm.

Die vierte Generation E46 vom März 1989 überraschte mit ihrer Form der Scheinwerfer durch die leicht geschwungen verlaufende Unterkante. Die Karosserievielfalt war geblieben, lediglich der kurze Compact basierte noch auf der Vorgänger-Reihe. Zu den interessantesten Ablegern der bis 2005 gebauten Familie gehörte die 2003 in Genf offiziell vorgestellte Leichtbau-Ausführung M3 CSL, ein 360 PS starkes Basisfahrzeug für den Rennsport.

Anfang 2005 erschien die fünfte Generation, hier differierte die Baureihenbezeichnung je nach Karosserieform: Der Tourung figurierte als E91, die Limousine samt Ablegern wie Cabrio und Coupé als E90. Der Compact fiel aus dem Programm; Highlight war wiederum der M3, erstmals jetzt mit neuem 4,2-Liter-V8 und 420 PS; ab 2008 gab es für M3 und 335i auch optional ein Doppelkupplungsgetriebe.

»» *Auf zwei folgt drei: Die neue 3er-Reihe (Modellbezeichnung E21) erschien im Juli 1975 sowohl mit Sechs- ...* (Foto: BMW AG)

»» *... als auch mit Vierzylinder-Motoren. Der 315 (1981–1983) war das Einstiegsmodell.* (Foto: BMW AG)

» Variantenreich: Den E30 gab es in zahlreichen Ausführungen, mit zwei, vier und fünf Türen, als Baur-Cabriolet, wie auch als Werks-(Voll-)Cabrio, hier als M3 mit der 2,3-Liter-Spitzenmotorisierung und 195 PS (ab 1989: 215 PS). *(Foto: BMW AG)*

» Dritter Streich: Die E36-Generation stand zwischen 1991 und 1998 im Programm. Das Cabriolet lief, traditionsgemäß, erst zwei Jahre später an und dafür ein Jahr länger. *(Foto: BMW AG)*

» Im März 1998 stellte BMW die vierte Generation vor, die E46-3er. Wie beim 5er war die BMW-Niere nun Bestandteil der Motorhaube. *(Foto: BMW AG)*

» Erstmals mit Stahldach: In nur 32 Sekunden verschwand die feste Mütze im Kofferraum. Fünf Motoren standen zur Wahl, vom 320i mit 170 PS bis zum 335i mit 306 PS bei der fünften 3er-Generation. *(Foto: BMW AG)*

## Die 5er-Reihe

In der Mittelklasse hatte BMW 1972 mit der 5er-Reihe E12 den Schritt in die Neuzeit vollzogen. Dieser Nachfolgereihe der »Neuen Klasse« wurde nur zunächst als Viertürer gebaut: »Komfort und Temperament«, konstatierte die Fachpresse, und dieses neue Linie sollte sich als Erfolgsmodell erweisen. Der Erfolg des Sechszylinder-Modells 525 (es gab daneben noch die optisch nahezu identische Vierzylinder-Ausführung 518 und 520i) beschleunigten das Ende der traditionsreichen Sechszylinder-Luxuswagen 2500/2800 und 3.0 S/Si. Und weil die neue BMW-Linie so gut angekommen war, sah man in München auch nur wenig Notwendigkeit, im Großen daran etwas zu verändern; die zweite Baureihe E28 von 1981 lag optisch wie technisch sehr nahe am Vorgänger. Wiederum lediglich in einer Karosserieform – nämlich als viertürige Stufenhecklimousine – angeboten, hieß das bisherige Spitzenmodell M535i jetzt nur noch M5. Und dabei ist es bis heute geblieben.

In der dritten 5er-Generation E34 erschien mit dem Kombi erstmals eine Alternative zum klassischen Stufenheck-Viertürer. Sehr gefällig gezeichnet und zuletzt auch mit Vierliter-V8-Motor wie auch mit Allradantrieb zu haben, war diese Modellreihe ausgesprochen robust und langlebig. Noch heute sind sie im Straßenbild allgegenwärtig. Während die Limousine bereits im Herbst 1995 ihre Weltpremiere feierte, wurden die Touring (die es als M5 ebenso gab wie auch in Erdgas-Ausführung) zuletzt als voll ausgestattete Editionsmodelle bis Spätjahr 1996 gebaut.

Die komplett neue 5er-Reihe mit der Kennung E39 war zwar in allen Dimensionen gewachsen, aber dank der reichlichen Verwendung von Leichtmetall nicht schwerer geworden. Zur Einführung gab es drei Sechszylinder-Benziner sowie einen 2,5 l großen Wirbelkammerdiesel. Ein Jahr später führte BMW die V8-Modelle 535i sowie 540i (Letzterer serienmäßig mit 6-Gang-Schaltung) und den ersten Commonrail-Selbstzünder in der 5er-Reihe ein, den 530d. 1998 kam mit dem M5 der bis zu diesem Zeitpunkt stärkste Serien-5er ins Programm. Im September 2000 folgte ein Facelift, zu erkennen an Scheinwerfern mit Standlichtringen, den runden Nebelscheinwerfern, der geänderten Frontschürze und der modifizierten BMW-Niere. Außerdem wurde die Motorenplatte getauscht. Im Sommer des Jahres 2003 erfolgte die Ablösung durch die E60-5er, der unverkennbar die Handschrift des seinerzeitigen BMW-Chefstylisten Chris Bangle trug. Neben der Limosune gab es nach wie vor eine Kombi-Ausführung, die jetzt allerdings eine eigene Baureihen-Bezeichnung erhielt: Der ab 2007 verkaufte Touring lief als E61. Beide kamen mit dem neuartigen Bediensystem »iDrive«, das doch einige Gewöhnung erforderte. Der Vorderbau des Wagens bestand aus Aluminium, Fahrgastzelle und Hinterbau aus Stahl. Bei der Vorgängerbaureihe hatte eine Allrad-Variante gefehlt, jetzt gab es wieder ein entsprechendes Angebot. Am oberen Ende der Modellhierarchie stand wieder ein M5, diesmal mit einem 5,0-Liter-V10-Motor, als Limousine zu haben für 94 100 Euro. Produziert wurde der E60, wie gehabt, im ehemaligen Glas-Werk; darüber hinaus wurde er in Ägypten montiert und im Rahmen ein Joint Venture in der Volksrepublik China vom chinesischen Partner Brilliance Motors, dort auch in prestigeträchtiger Langversion.

Die 2009 eingeführte Schrägheck-Variante Gran Turismo (F07) war zwar nominell ein Mitglied der 5er-Reihe, hatte aber zahlreiche Features der 7er-Reihe. Zu den Besonderheiten gehörten das Achtgang-Steptronicgetriebe sowie die neue Hinterachs-Konstruktion; ein netter Gag war die zweigeteilte Heckklappe.

Die Markteinführung der neuen 5er-Limosuine (F10) erfolgte am 20. März 2010, die des Kombi-Modells F11 im Spätjahr. Der Wagen war um 40 mm länger als der Vorgänger und hatte 100 mm mehr zwischen den Achsen, wobei es für den chinesischen Markt wieder eine Langversion (F18) gab. Die Motorenpalette umfasste vier Benzin-Direkteinspritzer und zwei Dieselmotoren, beim Touring kamen vier Diesel und drei Benziner zum Einsatz. Als vorerst letzter Vertreter der Baureihe erschien zum Herbst 2011 der M5, zunächst nur als Limousine zu haben – mit neuem V8-Biturbo (412 kW/560 PS), Siebengang-Doppelkupplungsgetriebe und einem Preis, der die 100 000-Euro-Schwelle überschritten hat.

>> *Die Modellreihe wurde rasch erweitert, der ab Ende 1973 lieferbare 525 hatte den Sechszylinder aus dem BMW 2800 erhalten, zwei Jahre später wurde sein Bau zugunsten des 528 (2,8 Liter, 150 PS) eingestellt.*

(Foto: BMW AG)

>> Evolution, nicht Revolution: Die zweite 5er-Generation mit der Baureihenbezeichnung E28 unterschied sich vom Vormodell in vielerlei Hinsicht, ohne jedoch ihre Herkunft zu verleugnen. Den Viertürer gab es als 518, 520, 525e und 528, die Einspritzer erkannte man am Zusatz »i« in der Typbezeichnung.        (Foto: BMW AG)

>> Die 5er-Reihe trug zwischen 1988 und 1995 die Baureihenbezeichnung E34. Ein Coupé entstand als Protoyp, der Kombi ging als »touring« in Serie und wurde zwischen 1992 und 1996 gebaut.        (Foto: BMW AG)

>> Im Sommer des Jahres 2003 folgte die Baureihe E60 als Limousine und Kombi. Ihre Formensprache stammte von Chris Bangle. Mit dem 5er GT wurde ab 2009 erstmals eine dritte Karosseriealternative geboten: Der Fließheck-Viertürer.        (Foto: BMW AG)

>> Die 5er der Baureihe E39 liefen zwischen 1995 und 2003 von den Bändern.
(Foto: BMW AG)

>> Im März 2010 lief die sechste 5er-Generation vom Stapel, Baureihe F10.
(Foto: BMW AG)

## Die 7er Reihe

Im Segment der Luxuswagen setzte Mercedes-Benz mit seiner S-Klasse, insbesondere dem 450 SEL, die Maßstäbe. Die BMW-Luxusliner, allesamt aus den Sechzigern waren klar abgehängt, auch der superluxuriöse 3.3 L war kein echter Gegner mehr. Und die BMW 2500/2800 hatten durch den 525 im eigenen Lager starke Konkurrenz erhalten. Nachdem im Vorjahr bereits das 6er-Coupé auf den Markt gekommen, verließ ab Mai 1977 dann die lange erwartete neue Luxuslimousine die Fließbänder in Dingolfing. Die Motorisierungen mit 2,8, 3,0- und 3,3-Liter Hubraum entsprachen den jeweiligen Typbezeichnungen, der 745i von 1980 fiel da etwas aus dem Rahmen: Er trug keinen 4,5-Liter-Sechszylinder unter der Haube, sondern den aufgeladenen 3,2-Liter-Motor. Lederausstattung, Niveauregulierung und ABS waren hier serienmäßig. Die E23-Reihe wurde 1986 dann ersetzt, knapp sieben Jahre lang hatten die Weißblauen an ihrer S-Klasse gearbeitet. Lang, breit und geduckt setzte sich der Siebener mit der Bezeichnung E32 auf die Straße, aus dem kantigen Vorgänger war ein bulliger mit klarer, flüssiger Formensprache geworden. Materialien, Passungen und Fugen wussten zu überzeugen, und dem ab Jahresmitte 1987 ausgelieferten Leichtmetall-Fünfliter-Zwölfzylinder hatten die Untertürkheimer nichts entgegen zu setzen. Den 750i bot BMW auch in der um 114 cm längeren Langversion an.

Einen solchen gab es auch von der Nachfolgegeneration E38, dabei war der 300 PS starke Zwölfzylinder allerdings auf 5,4 Liter aufgebohrt und 326 PS gebracht worden. Wer viel Platz, aber keine zwölf Zylinder benötigte, konnte, wie auch schon beim Vorgänger, auf einen 4,0- bzw.

4,4-Liter-V8 (286 PS) zurückgreifen. Zum Modelljahr 2000 ergänzte ein V8-Common-Rail-Diesel mit 245 PS die Modellreihe, die als kleinstes Modell einen 2,5-Diesel-Direkteinspritzer mit Turbolader und Ladeluftkühler umfasste. Die Reihe lief 2001 aus, um durch den kontrovers diskutierten E65 ersetzt zu werden. Dessen Design polarisierte wie kaum ein anderes, Chris Bangles Entwurf wurde in Deutschland sehr kritisch diskutierte, bescherte BMW andererseits aber weltweit neue Absatzrekorde: Keine 7er-Baureihe war bis dahin erfolgreicher gewesen. Ebenso umstritten war das neuartige Drehknopf-Bedienkonzept iDrive. Erster Vertreter der Baureihe war der 745i, sukzessive folgten die Modelle 730i, 730d und 740d; im Januar 2003 kam der Zwölfzylinder 760i und 445 PS. Im Rahmen einer umfassenden Modellpflege wurde der E65 fit für die zweit Hälfte des Produktzyklus, als weit in die Zukunft weisend sollte sich der Hydrogen 7 im Jahr 2006 erweisen, die weltweit erste Luxuslimousine mit Wasserstoffmotor. Zu kaufen gab es den Technologieträger noch nicht, er wurde an einen ausgewählten Kundenkreis gegen Leasingvertrag abgegeben. Die vierte Generation der 7er-Reihe – interne Chiffre F01, Langversion F02 – brachte ab 2008 neuen Glanz in den erlauchten Kreis der Luxusklasse. Komplett neu gezeichnet war er in Augen vieler Kunden einfach ein schönes Auto – ein eleganter Gleiter, dessen ellenlange Aufpreisliste mit sämtlichen Technikfeatures aufwarten konnte. 2010 ergänzte eine Hybridversion das Motorenangebot, das nun neben dem Achtzylinder-Hybriden (Systemleistung 465 PS) einen Sechs-, einen Acht- und einen Zwölfzylinder (326 bis 544 PS) sowie zwei Diesel-Sechszylinder (245 und 306 PS) umfasste.

>> *Im Januar 1977 stellte BMW die ersten drei Modelle seiner neuen Luxuswagen-Serie E23 vor. Der 733i war das Spitzenmodell mit 3,3-Liter-Motor. Die Reihe wurde im Juli 1979 überarbeitet und bis 1986 gebaut. Insgesamt entstanden knapp 190.000 Stück.* (Foto: BMW AG)

» *Der E32 verdankte, wie die zeitgenössischen 3er und 5er auch, sein Design Claus Luthe, jenem Gestalter, der auch dem NSU Ro 80 eine Form gab. Der Motorraum war groß genug, um einen V12 unterzubringen.* (Foto: BMW AG)

» *Zwischen 1994 und 2001 gebaut wurde die E38-Baureihe. Den 7er gab es zunächst als 730i und 740i mit V8 und als 750i mit V12, später folgten ein Vierliter-V8-Common-Rail-Diesel, ein V6-Benziner sowie zwei kleinere Diesel mit 2,5 und 3,0 Litern.* (Foto: BMW AG)

» *Die vierte 7er-Generation (E65) von 2001 polarisierte wie noch keine zuvor: Das Bangle-Design erregte die Gemüter, und das neuartige Bediensystem i-Drive mit Drehknopf auf der Mittelkonsole erforderte viel Eingewöhnungszeit.*

*(Foto: BMW AG)*

» *Ende 2008 erschien die Baureihe F01. Schon von Anfang an hatte festgestanden, dass es von diesem 7er eine Hybridversion geben würde. Sie wurde 2010 vorgestellt.*

*(Foto: BMW AG)*

## Die Coupé- und Cabrio-Baureihen

BMW, in den Fünfzigern von großen Absatzsorgen geplagt, trat 1955 die Flucht nach vorne an: Um auf dem devisenträchtigen US-Markt punkten zu können, sollte ein Sportwagen-Konzept auf Basis der Achtzylinder-Limousinen realisiert werden. Nachdem der Entwurf von Ernst Loof (ehemals Veritas) nicht auf Gegenliebe des US-Importeurs gestoßen war, wurde der damals weitgehend unbekannte Deutsch-Amerikaner Albrecht Graf Goertz damit beauftragt, der damit sein Meisterstück ablieferte. Auch wenn der Traumwagen nie, wie beabsichtigt, dem Mercedes-Benz 300 SL Konkurrenz machen konnte und mit dazu beitrug, dass die Firma immer tiefer in die Krise rutschte: Der Industriedesigner schuf einen Klassiker, der stets viel sportlicher aussah, als er tatsächlich war. Görtz war es übrigens auch, der an den BMW 503 Hand anlegte, den zweiten sportlichen V8-BMW, der auf der IAA im September 1955 vorgestellt wurde. Auch er ein kommerzieller Misserfolg und heute ein unbezahlbarer Klassiker. Nach der Beinahe-Pleite 1959 und der Rettungstat durch Quandt setzte BMW den Coupé-Bau vorläufig aus; auf Basis der alten V8-Barockengel entstand dann zwischen 1962 und 1965 der 3200 CS mit Bertone-Karosserie. Mitte der Sechziger hatte sich BMW dank des Erfolges mit der »neuen Klasse« wieder erholt. Deren Bodengruppe und Technik lag auch dem 2000 C/CS von 1965 zu Grunde. Bis auf die Front und dem, was sich dahinter abspielte, nahezu unverändert, wurden diese Coupés bis Mitte der Siebziger gebaut. Sie sorgten auch auf den Rennstrecken für Furore. Die großen Coupés waren Imageträger für die weißblauen Fahrzeugbauer, daher war klar, dass die mit dem 5er begonnene Erneuerung der Modellpalette alsbald sich auf diese auswirken würde. Die lange erwartete Baureihe wurde im März 1976 vorgestellt und wurde, der neuen Bezeichnungs-Nomenklatur folgend, als »6er-Reihe« vermarktet. Über ein Dutzend Jahre lang wurde sie – abgesehen von sporadischen Änderungen unter der Motorhaube – praktisch unverändert gebaut. Sie blieb vorerst ohne Nachfolger, die 8er-Reihe von 1989 war – wie auch schon die Baureihenbezeichnung verriet – deutlich darüber angesiedelt. Das Luxuscoupé mit den modischen Klappscheinwerfern war vollgestopft mit technischen Innovationen und ausschließlich mit Acht- und Zwölfzylinder-V-Motoren zu haben. In kleinen Stückzahlen gebaut, lief diese Serie (ein Cabriolet kam nie über das Prototypenstadium hinaus) bis 1999. Nach einer knapp vierjährigen Denkpause ließ BMW dann die 6er-Reihe wieder auferstehen: Im Herbst 2003 in Form des 645i mit zahlreichen Technikfeatures des aktuellen 7ers und dem 4,4-l-V8 mit 333 PS. Dank aufwendiger Verbund-Bauweise aus Aluminium, Stahl und Kunststoff war der bei 250 km/ ab-

geriegelte Zweitürer mit knapp 1,7 Tonnen vergleichsweise leicht; einmal mehr wurde die »Bangle-Optik« kontrovers diskutiert. 2004 folgte auf dieser Basis ein noch exklusiveres Cabriolet, 2005 eine M-Ausführung mit dem Fünfliter-V10 und 507 PS aus dem M5 und 2008 schließlich eine Diesel-Ausführung. Die zweite Generation feierte dann, wesentlich eleganter gezeichnet, 2011 Premiere.

Eine Sonderstellung innerhalb der sportlichen BMW-Modellreihen nimmt der BMW M1 ein; dieser Mittelmotor-Zweisitzer in Leichtbautechnik war als Imageträger für den Rennsport konzipiert worden. Mit Turboaufladung in Rennausführung bis zu 800 PS stark und 360 km/h schnell, begnügte sich die Serienversion mit Kugelfischer-Einspritzung und 3,5-Liter-Sechszylinder mit »nur« 277 PS und 260 km/h. Zwischen 1979 und 1981 entstanden 450 Exemplare, davon 49 für die eigens eingerichtete Procar-Rennserie.

Ebenfalls ein Einzelstück blieb der BMW Z1, der Sportzweisitzer mit Technikkomponenten der 3er reihe, versenkbaren Türen und einem Monocoquerahmen aus feuerverzinkten Stahlprofilen sowie Kunststoff-Karosserie. Gebaut von der Tochterfirma BMW Technik GmbH, sorgte hier der 2,5-l-Sechszylinder aus dem 525i für Vortrieb. 8000 Exemplare des Exoten wurden zwischen 1986 und 1991 gebaut – heute gesuchte Sammelstücke.

Auf 3er-Komponenten basierte auch der BMW Z3 (E36-7), der zweisitzige Roadster von 1995: Technik, Motoren und Fahrwerk stammten von dem E36, die Bodengruppe spendierte der kurze 3er, der Compact. Dieser Wagen war der erste, den BMW im neu errichteten US-Werk Spartanburg vom Band laufen ließ, und hier traten in den ersten Jahren auch BMW-untypische Verarbeitungsmängel auf. Ab Anfang 1998 gab es außerdem eine Coupé-Ausführung, die M-Variante (bis 2000 gebaut') hatte den 3,2-Liter aus dem M3. Dem Z3 folgte der Z4, der deutlich erwachsener wirkte und bis 2009 gebaut wurde. Beim aktuellen Z4 handelt es sich um einen Klappdach-Zweisitzer, den BMW hartnäckig als »Roadster« bezeichnet – eine Bezeichnung, die auch der zwischen 1999 und 2003 gebaute Z8 erhielt. Der SL-Rivale von BMW war von H. Fisker gestylt worden und nahm Anleihen am 507 der Fünfziger Jahre. Und, wie dieser, erwies er sich letztlich als Misserfolg: Der in Handarbeit zusammengesetzte Aluminium-Roadster mit dem Fünfliter-V8 und 400 PS agierte glücklos, auch und vor allem auf den Exportmärkten so dass BMW ihn zunächst ausschließlich mit Handschaltung anbot, was in den USA ein echtes Manko darstellte. 500 Stück gab BMW dann an Alpina ab, die diese dann mit einem neuen Antriebsstrang samt Automatikgetriebe umbauten.

>> *Albrecht Graf Goertz, ein deutsch-amerikanischer Industriedesigner, entwarf auf Initiative des amerikanischen BMW-Importeurs einen Sportwagen auf Basis der V8-Limousine. Gebaut zwischen 1956 und 1959, war das Hardtop abnehmbar.*
*(Zeichnung: Carlo Demand)*

>> Zu Lebzeiten ein Verlustgeschäft, als Imageträger für BMW heute unbezahlbar: der 252 Mal gebaute Roadster BMW 507, der Rivale des-300 SL.
(Foto: BMW AG)

>> Graf Goertz hielt ihn für seinen gelungensten Entwurf: Den BMW 503, der zusammen mit dem 507 auf der IAA im September 1955 vorgestellt wurde.
(Foto: BMW AG)

>> Der BMW 3200 CS (intern: BMW 532) war der Nachfolger des BMW 503. Zwischen 1962 und 1965 entstanden 603 Wagen.
(Foto: BMW AG)

>> Der 2000 C von 1965 war die Coupé-Variante der »Neuen Klasse«. Den Zweiliter-Wagen gab es mit 100 PS, als CS brachte er noch einmal 20 PS mehr auf die Straße. Die Karosserien lieferte in jedem Fall Karmann zu.
(Foto: BMW AG)

>> Nach 1968 wiesen die Coupés eine wesentlich attraktivere Frontgestaltung und einen längeren Radstand auf. Die E9-Baureihe umfasste Ausführungen mit 2,5, 2,8 und 3,0 Liter Hubraum. Dabei handelte es sich jeweils um Sechszylinder.
(Foto: BMW AG)

» Der 3.0 CSi in Leichtbau-Ausführung hieß CSL, bei der geflügelten Karosserie bestanden zahlreiche Teile aus Aluminium. 1973 wuchs der Hubraum auf 3153 Kubik und die Leistung auf 206 PS. (Foto: BMW AG)

» Die 6er-Reihe E24 wurde im März 1976 vorgestellt, sie lief bis 1989. Kennzeichen der ab Mitte 1978 gebauten 635-CSi-Modelle war die schwarze Spoilerlippe. Der Sechszylinder-Einspritzer mit 3455 Kubik leistete 218 PS. (Foto: BMW AG)

» Die 8er-Reihe E31 löste die 6er-Coupés ab, war aber eine halbe Klasse höher angesiedelt. Der Luxusliner mit Klappscheinwerfern kam zunächst als 850i mit Zwölfzylinder-Motor. Der 840i, von 1993 hatte einen V8 mit 286 PS. (Foto: BMW AG)

» 14 Jahre nach der Produktionseinstellung kehrte die 6er-Reihe ins BMW-Programm zurück. Die E63-Reihe gab es als Coupé und als Cabriolet; sie wurde bis 2010 gebaut. (Foto: BMW AG)

» Der 1978 vorgestellte M1 war ein Rennsportwagen mit Straßenzulassung. Gebaut wurden die Karosserien bei Baur in Stuttgart. (Foto: BMW AG)

>> Der Z1 begann seine Karriere als Studie der Konzerntochter BMW Technik GmbH und wurde dann in einer Stückzahl von 8000 Exemplaren zwischen 1986 und 1991 gebaut. *(Foto: BMW AG)*

>> Der Z3 Roadster war der erste BMW, der im US-Werk Spartan-burg vom Band lief. Technik und Fahrwerk stammten von der 3er-Reihe. *(Foto: BMW AG)*

>> Zwischen 2006 und 2009 baute BMW, wiederum in den USA, dieses bullige Coupé auf Basis des Z4-Roadsters. *(Foto: BMW AG)*

>> Der Z4 als Roadster-Coupé mit faltbarem Hardtop ersetzte sowohl den bishe-rigen Z4 Roadster als auch das Coupé. Er wurde nicht mehr in den USA, sondern im BMW-Werk Regensburg gebaut. *(Foto: BMW AG)*

>> Einmal mehr scheiterte ein Versuch von BMW, dem SL von Mercedes-Benz Paroli zu bieten: der wunderbare Z8 stand nur zwischen 1999 und 2003 im Programm. Ihn gab es ausschließlich mit Sechsgang-DSG. *(Foto: BMW AG)*

## Die SUV und SAV

In das boomende SUV-Segment (das hier »SAV« hieß) stieß BMW mit seinem martialische wirkenden X5 vor, einem Geländekombi auf Basis mit einem von der Firma Magna entwickelten Allradantrieb und Fahrwerk- sowie Technikfeatures aus 7er- und 5er-Baureihen. Über 580 000 Fahrzeuge verkauft BMW von diesem Geländekombi, der trotz seiner bulligen Optik deutlich kürzer baute als ein 5er Touring. Die zweite Auflage folgte 2006. Zwei Jahre früher hatte BMW mit dem X3 das X5-Erfolgsrezept auf in das darunter liegende Fahrzeugsegment, das Toyota mit dem RAV4 quasi erfunden hatte, übertragen. Galt der X3 als Offroad-Ausführung der 3er-Reihe, so bildete der X1 von 2009 das Pendant zum 1er, dem BMW-Angebot in der Golf-Klasse. Kein Vorbild indes lässt sich indes zum X6 bilden. Diese bullige Mischung aus Geländewagen und Coupé hat es so noch bei keinem Hersteller gegeben.

## Wechselhafte Unternehmungen

Bereits 1990 hatte BMW seine Vergangenheit wieder eingeholt: Zusammen mit Rolls Royce wurde eine Gesellschaft für Flugmotoren gegründet. Doch seit den 90er-Jahren waren nicht mehr alle Aktivitäten des Unternehmens gewohnt erfolgreich. Als größter Misserfolg erwies sich die Übernahme des Rover-Konzerns unter dem Vorstandsvorsitzenden Pischetsrieder. Im Jahr 2000 musste BMW die Reißleine ziehen und den verlustträchtigen britischen Automobilhersteller – samt Pischetsrieder – wieder abstoßen; bei der »BMW-Group« verblieb nur der Mini Cooper. Im Premiumsektor mittlerweile auf dem Weg an die Spitze, war der Anteil kleinerer Fahrzeuge jedoch zu stark gewachsen. BMW sah sich erneut

unter Druck, was wiederum die Familie Quandt auf den Plan rief, um eine Übernahme – diesmal durch VW – zu verhindern.

Mehr Glück hatten die Münchner mit der Rolls-Royce-Übernahme in den Jahren 1998–2003 und dem neuen Modell »Phantom«. Das Engagement in der Formel 1, das im Jahr 2000 mit der Lieferung von Motoren an das Williams-Team begonnen und 2006 die Übernahme von Sauber nach sich gezogen hatte, wurde von BMW mit Beginn des Jahres 2010 wieder aufgegeben.

» *Der BMW X1 der Baureihe E84 wird seit 2009 in Leipzig gebaut. Er verfügte wahlweise über Benzinmotoren von 2 bis 3 Litern Hubraum oder über unterschiedlich starke 2-Liter-Diesel.* (Foto: BMW AG)

» *2007 auf der IAA vorgestellt, ging der X6 (vorn) der Baureihe E71 2008 in Serie. Er gilt als sogenannter »Crossover«, als Mischung aus SUV und Coupé. Links die seit 2006 gebaute zweite X5-Generation, die vor allem für die USA bestimmt ist. Im Hintergrund hält sich der X3 (E83), erstmals gezeigt 2003. Ende 2010 wurde die Reihe erneuert (F25) und die Produktion in die USA verlagert. Diese »Sport Utility Vehicle« (SUV) heißen bei BMW »Sport Activity Vehicle« (SAV). (Foto: BMW AG)*

# BORGWARD

*Sein Name steht untrennbar verbunden mit einem der schönsten deutschen Automobile – und mit einem der spektakulärsten Firmenzusammenbrüche in der Geschichte der jungen Bundesrepublik: Carl F. W. Borgward.*

>> *Mit dem »Blitzkarren« begann Borgwards Aufstieg zum Automobilproduzenten.*　　　　　　　*(Zeichnung: Carlo Demand)*

Die Geschichte des Carl Friedrich Wilhelm Borgward beginnt am 10. November 1890 in Altona/Elbe. Er war schon im Kindesalter ein Tüftler, bereits um die Jahrhundertwende soll er ein Spielzeugauto mit Uhrwerksfeder als Antriebsquelle gebaut haben. Er wurde Schlosser, aus Geldmangel konnte er aber, als eines unter 13 Kindern eines Kohlenhändlers, kein Studium an einer Technischen Hochschule absolvieren. Das bremste ihn aber nicht, nach dem Weltkrieg trat er 1919 als Teilhaber in eine Firma mit dem hochtrabenden Namen Bremer Reifenindustrie GmbH ein. Die 20-Mann-Klitsche stellte Spiralfelgen mit Sprungfedern her, die anstelle der raren Gummireifen aufgezogen werden konnten. Nur einen Steinwurf entfernt lagen die Hansa-Lloyd Werke AG, auch hier war der Name wohl größer als die Fabrik. Immerhin: Die bauten ganze Autos, waren eine lokale Größe und brauchten Kühler und Kotflügel, die Borgward liefern konnte. Zum Autoproduzenten wurde er eher zufällig. Für den Materialtransport von der Werkstatt zum Lager baute er einen primitiven Dreiradkarren mit 120-Kubik-Motor und 2,2 PS Leistung. Und dieses Vehikel, angeboten für 980 Reichsmark, entpuppte sich als ideales Transportfahrzeug für Kleingewerbetreibende. Zwar hatte der sogenannte »Blitzkarren« noch keinen Anlasser und musste angeschoben werden – was bei voller Beladung mit der Nutzlast von 250 kg sicher ein interessantes Erlebnis gewesen sein dürfte –, doch das schadete dem Erfolg nicht. Mit dem Geld eines Investors wurde aus dem Blitzkarren das doppelt so leistungsfähige

»Goliath«-Dreirad. Das Gefährt spülte so viel Geld in die Kasse, dass Borgward weiter expandieren konnte, seinen Kunden Hansa-Lloyd aufkaufte und erste Personenwagen baute – primitiv und erfolglos (Borgward zum Hansa 500 des Jahres 1934: »Der Wagen wurde die größte Pleite des Jahrhunderts«), aber beharrlich, weil das Geschäft mit den Borgward- und Goliath-Nutzfahrzeugen brummte. Mitte der Dreißiger war man führend bei den Ein- und Dreitonnern. Damit finanzierte Borgward seine Hansa-Personenwagen der Mittel- und Oberklasse, seine Vier- und Sechszylinderspielereien. Die waren zwar auch nicht sensationell gut, aber man kannte sie. Dafür baute Borgward ein neues Werk in Bremen-Sebaldsbrück, das 1938 in Betrieb ging. Seinen kaufmännischen Partner (»Mein Tempo ging ihm auf die Nerven«) hatte er zu diesem Zeitpunkt

>> *Hansa 1100 Zweifenster-Cabriolet, gebaut von 1934 bis 1937.*

*(Zeichnung: Carlo Demand)*

abgefunden, der bekam 4,4 Millionen Mark – keine schlechte Rendite für eine Einlage von 10.000 Mark. Der Selfmade-Millionär mit dem äußerst bescheidenen Lebensstil trat 1938 in die NSDAP ein und erhielt den Titel eines Wehrwirtschaftsführers. Dafür kassierten ihn die Alliierten nach Kriegsende, und seine Werke waren durch Bombenangriffe zerstört.

Sein Tatdrang litt darunter nicht. Wieder in Freiheit, mischte er die westdeutsche Autobranche auf: Er baute die erste deutsche Pontonlimousine in Serie, bot Diesel-Pkw an und erfand mit dem Kleinwagen LP 300 das Segment der Kleinstwagen neu. Der Leukoplastbomber mit Zweitaktmotor und kunstlederbezogener Sperrholzkarosserie auf Holzrahmen war zwar miserabel verarbeitet (Borgward später über die ersten LP: »Die gingen so schön schnell kaputt.«), andererseits war die Kundschaft froh, überhaupt ein Dach über dem Kopf zu haben, und der Lloyd war wesentlich günstiger als ein VW Käfer und hatte kaum Lieferzeiten. Für den Bau des seit 1950 verkauften Leukoplastbombers, der in seiner letzten Ausbaustufe 1957 als Alexander zum richtig properen Kleinwagen herangereift war, gründete Borgward einen dritte Marke, nämlich Lloyd, die ebenso autonom agierte wie die anderen Konzernmarken. Die Ineffizienz und geringe Produktivität dieses Konstrukts (drei Verwaltungen, drei Vertriebe) störte ihn nicht weiter: Betriebswirtschaft und Marketing interessierten ihn nicht die Bohne, und da er Alleingesellschafter war, konnte er jede neue Idee, jeden neuen Entwurf gleich umsetzen lassen. Das hatte zur Folge, dass sich sein Konzern eine Modellvielfalt leistete wie keine andere Firma. Eine kontinuierliche Modellplanung fand nicht statt, teure Experimente wie die Benzineinspritzung beim Goliath 700, eine Luftfederung beim großen Borgward oder die Entwicklung eines Hubschraubers (»weil es mir Spaß macht«) trugen ebenso zum Untergang der Marke bei wie die Tatsache, dass viele Fahrzeuge erst in Kundenhand zur Serienreife gebracht wurden – wie die Borgward Isabella, das schönste und berühmteste Fahrzeug des Bremer Automobilherstellers, oder die Arabella, bei der zu Anfang jeder Wagen für 1000 Mark nachgebessert werden musste. Die Firmengruppe geriet 1960 in erhebliche Schwierigkeiten und 1961 in Konkurs. Carl F. W. Borgward überlebte den Konkurs seines Unternehmens nur um zwei Jahre, er starb am 28. Juli 1963 in Bremen. An Versuchen, den Markennamen wieder zu reaktivieren, hat es nie gefehlt.

》 Auch der Hansa 1700 Sport wurde noch vor dem Zweiten Weltkrieg gebaut. *(Foto: Lothar Spurzem, © CC)*

## Der Konkurs, der keiner war

Borgward war Tüftler, kein Kaufmann. Das hatte das Unternehmen in Schieflage gebracht, sodass der ehemalige Schlosser im November 1960 erstmals seine Werksgelände mit einer Hypothek belastete. Für dieses Jahr schrieb das Unternehmen tiefrote Zahlen, hoffte aber auf das Frühjahrsgeschäft 1961. Bis dahin wurde aber noch ein weiterer Kredit benötigt, für den zur Hälfte der Bremer Senat bürgte. Das allerdings ging nicht ohne Zugeständnisse ab, Borgward musste der Stadtregierung ein gewisses Mitspracherecht einräumen. Der Patron sagte auch zu (was sinnvoll und längst überfällig war), seine Firmen in eine AG einzubringen. Dann allerdings wäre ein zweistelliger Millionenbetrag an Grunderwerbssteuer zu entrichten gewesen, Geld, auf das die Stadtväter nicht verzichten wollten. Diese erwogen nun eine Übernahme des größten Arbeitgebers der Region unter Beteiligung des Bundes. Der allerdings winkte ab, worauf der Senat die Landesbürgschaft für die letzte 10-Mio-Rate des Kredits zurückzog: Borgward ging das Geld aus, und der Senat ließ am 1. Februar 1961 dann Wirtschaftsprüfer Dr. Johannes Semler kommen, der den Autobauer wieder flott machen sollte. Geld dafür gab es aber nur, wenn Firmengründer Borgward ausschied, was der mexikanische Honorarkonsul Borgward auch tat. Die neue Leitung unter dem schon damals nicht unumstrittenen Dr. Semler – der beim Konkurrenten BMW im Aufsichtsrat saß – agierte allerdings sehr ungeschickt: Ende Juli 1961 wurde der Konkurs beantragt, der Autobauer abgewickelt und binnen weniger Jahre alle Gläubigerforderungen komplett beglichen: Ein Unternehmen, das im Nachhinein alle Schulden bedienen kann, dürfte aber kaum wirklich pleite gewesen sein … Das ehemalige Stammwerk Sebaldsbrück ist heute eine wichtiger Produktionsstandort der Daimler AG.

》 Der Borgward Hansa 1800 wurde von 1952 bis 1954 gebaut. *(Foto: Lothar Spurzem, © CC)*

» *Der schönste Mittelklassewagen der Fünfziger: Das Design der Isabella stammte von C. F. Borgward persönlich. Leider war die Isabella nur als Zweitürer liefer-bar – ein großer Fehler, denn so war der Wagen als Taxi kaum einzusetzen.* (Zeichnung Carlo Demand)

» *Mit dem Borgward P 100, offiziell als »Großer Borgward« bezeichnet, un-ternahm der Bremer einen neuen Vorstoß in der Oberklasse. Von 1959 bis 1962 gebaut, war der P 100 ab 1960 der erste deutsche Pkw, der mit Luftfederung angeboten wurde.* (Foto: Lothar Spurzem, © CC)

» *Kein Glück mit der schönen Arabella: Ende der Fünfziger erschienen, war sie die letzte Neukonstruktion der Borgward-Werke.* (Zeichnung: Carlo Demand)

» *Mit zeittypischen Heckflossen: Isabella TS Coupé von 1957.* (Zeichnung. Carlo Demand)

# BRABUS

*Aus einer Studentenbastelbude den weltgrößten unabhängigen Mercedes-Benz-Tuner zu machen, ist schon eine beeindruckende Leistung. Bodo Buschmann aus Bottrop im Ruhrgebiet setzte den Startschuss zu dieser Karriere vor bald 35 Jahren. Er war nicht der einzige Tuninganbieter, der damals diesen Zeitgeist aufgriff, aber nach dem Verschmelzen von Hauptkonkurrent AMG mit Mercedes führte er sein Unternehmen vollends konsequent bis zur Spitze.*

» *Das Angebot von Brabus umfasst neben den »Supercars« sämtliche Modelle von Smart, Mercedes und Maybach. Der Brabus 800 E V12 gehört als derzeit stärkstes und schnellstes viersitziges Cabrio der Welt eindeutig zu den Supercars.* (Foto: Brabus)

## Vom Freizeitbastler zum millionenschweren Umsatzbringer

Es gibt viele Gründe, warum jemand mit einem Auto »von der Stange« nicht mehr zufrieden ist. Eine grundsätzliche Unzufriedenheit mit der gebotenen Leistung oder dem zu braven Aussehen des Wagens spielt dabei ebenso eine Rolle wie ein ausgeprägter Individualismus, nicht das Gleiche haben zu wollen wie der Nachbar oder einfach nur der Wunsch, aufzufallen um buchstäblich jeden Preis.

Als der BWL- und Jurastudent Bodo Buschmann Ende der 70er-Jahre anfing, gleich gegenüber des väterlichen Mercedes-Benz-Autohauses die fahrbaren Unterteile seiner Kumpels sowie sein eigenes »aufzumotzen«, griff er einen Zeitgeist auf, der in den nächsten Jahren geradezu zur Manie werden sollte. Und er war wahrlich nicht allein. Mit ihm konkurrierten in Deutschland an die hundert Autotuner, sein späterer Hauptkonkurrent AMG war anfangs nur einer davon. Doch was Buschmann von anderen unterschied, war sein Hang zur Perfektion.

Gegründet hatte er Brabus 1977 gemeinsam mit dem Studienkollegen Klaus Brackmann, der allerdings später aus dem Unternehmen ausschied, aber noch im Namen erkennbar ist (Bra-Bus). Umtriebig, wie er war, hatte Buschmann seine veredelten Fahrzeuge, meist von der Marke Mercedes-Benz, gleich persönlich bei den diversen Autofachredakteuren vorgestellt. Bekannt wurde er dabei vor allem durch seine Tuningmaßnahmen am Mercedes-Benz W 126. Noch vor Ablauf des Jahrzehnts hatte er bereits zahlungskräftige Kundschaft aus dem arabischen Raum. Mit Zähigkeit und Fleiß führte Buschmann seinen Betrieb in den kommenden Jahren an die Spitze unter den Tuningschmieden. 1994 hatte Brabus ein Zwischenspiel bei Bugatti; bis zur Übernahme der Nobelmarke durch Volkswagen agierten die Bottroper dort als Werkstuner.

» *Weltpremiere auf der IAA 2011: Der Brabus High Performance 4WD Full Electric – die Konzeptstudie einer Luxuslimousine mit vier Radnabenmotoren auf Basis der E-Klasse. Die Leistung liegt bei 320 kW, das Drehmoment bei sagenhaften 3200 Nm. Bei konstant 100 km/h muss der bis zu 220 km/h schnell Stromer erst nach 350 km an die Steckdose.* (Foto: Brabus)

Ab Mitte der 90er-Jahre schaffte es Brabus mehrfach in das Guiness-Buch der Rekorde. Mit dem Brabus E V12 »one of ten« gelang auf Basis des Mercedes-Benz W 211 die damals schnellste Serienlimousine (330 km/h), mit dem Brabus M V12 der schnellste zugelassene Geländewagen (260 km/h). Im Jahr 2002 ging Brabus ein Joint Venture mit der smart GmbH ein. Die Palette der von Brabus getunten Automarken erweiterte sich schließlich auch noch auf Maybach, Chrysler, Dodge und Jeep. Brabus ist längst als Fahrzeughersteller eingetragen. Der Kunde kann selbst entscheiden, ob er seinen eigenen Wagen leistungsgesteigert haben oder gleich ein Gesamtpaket von Brabus beziehen möchte. In letzterem Fall kaufen die Bottroper den Wagen direkt beim Hersteller und versehen ihn mit all den Exklusivitäten, für die der Kunde zu zahlen bereit ist. In der Angebotsliste von Brabus befinden sich auch sogenannte »Supercars« – Fahrzeuge mit besonders hohen Motor- und Fahrleistungen.

Brabus ist heute in über 80 Ländern vertreten und arbeitet daran, auch noch die letzten weißen Flecken auf der Landkarte zu füllen. Dabei macht das Unternehmen einen Umsatz von um die 250 Millionen Euro pro Jahr. Highlight bei Brabus war zum Zeitpunkt, da diese Zeilen geschrieben wurden (2011), der 800 PS starke und auf 100 Stück limitierte Brabus ST 65 RS auf Basis des SL 65 AMG Black Series.

» *Rekordhalter: Mit dem Brabus Rocket auf Basis des Mercedes CLS entwickelten die Bottroper die mit 366 km/h schnellste straßenzugelassene Limousine der Welt. Unter der Haube sitzt der Brabus SV12 S Biturbo mit 730 PS.* (Foto: Brabus)

» *Brabus veredelt seit 1999 Smart-Modelle. Es gab inzwischen verschiedene Sonderserien; aktuell angeboten wird der Ultimate 112; die Bottroper Veredler entlockten dem Winzling 112 PS und eine Spitze von 170 km/h. Mehr als 112 Fahrzeuge sollen davon nicht gebaut werden, der Preis liegt deutlich jenseits der 40 000-Euro-Grenze.* (Foto: Brabus)

# BRENNABOR

*Scheinbar unaufhaltsam stieg der ehemalige Korbwarenhersteller mit seiner Automobilproduktion bis an die Spitze unter den deutschen Autobauern. Fortschrittliche Produktionsmethoden wie die Fließbandeinführung schienen diesen Trend kontinuierlich weiter fortzusetzen. Doch die Weltwirtschaftskrise ab 1929 führte bei Brennabor zu einem tiefen Absturz.*

》 *Brennabor Typ C von 1931.* (Foto: Buch-t, © CC)

## Der erste Großserienhersteller in Deutschland

Das erste Automobil, mit dem Brennabor 1908 auf den Markt kam – die dreirädrige Brennaborette – erinnerte sehr daran, dass das Unternehmen aus Brandenburg/Havel die vorangegangenen Jahre Motorräder und Fahrräder produziert hatte. Doch das Dreirad verkaufte sich gut und bildete den Auftakt zu einer erfolgreichen Serie von (dann vierrädrigen) Automobilproduktionen bis zum Beginn des Ersten Weltkriegs.

Wie viele andere Autopioniere der damaligen Zeit hatte auch Brennabor nicht als Automobilhersteller begonnen. Die 1871 von Carl Reichstein gegründete Firma stellte anfangs Korbwaren und Kinderwagen her, weitete im Lauf der Zeit ihr Angebot auf Fahrräder und Motorräder aus und sprang schließlich auf den Erfolg versprechenden Zug der Automobilherstellung auf. Dabei nutzte Reichstein werbewirksam Zuverlässigkeitsfahrten und Autorennen aus, um die Marke bekannt zu machen und die Verkäufe in Schwung zu bringen. Das Konzept ging auf, die Mittelklasse- und Luxusfahrzeuge von Brennabor – mittlerweile komplett selbst entwickelt – wurden nicht nur im Inland gut verkauft, sondern fanden auch im Ausland Absatz.

Bereits 1912 erweiterte Brennabor sein Angebot um Lastwagen und Omnibusse. Nach dem Krieg, in dem Brennabor wie viele Mitbewerber als Rüstungslieferant tätig war, bewegten sich die Brandenburger zielstrebig an die Spitze der deutschen Autobauer. Mit der Rationalisierung der Fertigungsmethoden – Carl Reichstein hatte den Autobauern von GM in den USA über die Schultern geschaut –, dem ersten in Großserie hergestellten deutschen Auto (Brennabor Typ P) und der Einführung der Fließbandfertigung drückten die Brandenburger die Herstellungskosten und bereiteten dadurch preiswerteren Gebrauchsfahrzeugen den Weg. In der zweiten Hälfte der 20er-Jahre mussten sie sich zwar mit dem zweiten Platz hinter Opel zufriedengeben, doch das hinderte sie nicht daran, mit dem Brennabor Typ R 6/25 in den Jahren 1926–1928 ihren erfolgreichsten Pkw überhaupt herzustellen.

## Es fehlt ein Kleinwagen

Gegen Ende der 20er-Jahre wurde Brennabor ihr bisheriger Erfolg mit großen Automobilen zum Verhängnis. Die aufziehende Weltwirtschaftskrise verlangte nach kleinen Autos, und die hatten die Brandenburger nicht. Stattdessen entwickelten sie weitere große Fahrzeuge, darunter mit dem Juwel 8 den preiswertesten deutschen Achtzylinderwagen, doch kaum jemand wollte die noch haben. Die Absätze rutschten dermaßen in den Keller, dass Brennabor 1932 als Familienunternehmen aufgelöst und in eine AG umgewandelt werden musste.

An der misslichen Situation änderte das allerdings nichts. Als Brennabor schließlich einen Kleinwagen vorstellte, fiel er aufgrund schlechter Qualität mit Pauken und Trompeten durch. Für Neuentwicklungen war nun kein Geld mehr da, sodass das Unternehmen 1934 die Automobilsparte einstellte und nur noch Motorräder, Fahrräder und Kinderwagen produzierte.

Im Zweiten Weltkrieg war Brennabor wiederum Rüstungslieferant und erlitt anschließend das Schicksal vieler Unternehmen in Ostdeutschland – die Sowjets demontierten das Werk.

》 *Der Brennabor-Schriftzug am Messingkühler.* (Foto: Buch-t, © CC)

# BRÜTSCH

*Bizarre Konstruktionen, unschöne Geschäfte – die Geschichte von Brütsch verlief so abenteuerlich, dass sie es verdient, näher beleuchtet zu werden.*

Egon Brütsch wurde 1909 als Sohn einer Stuttgarter Industrieellenfamilie geboren, die ihr Geld vor allem mit Seidenstrümpfen gemacht hatte. Daher war genug Kleingeld vorhanden, um dem Rennsport zu frönen, auch in der ersten Nachkriegszeit, in der er einen Maserati-Motor in seinen Monoposto setzte. In diesem Stil ging es weiter, Brütsch baute Miniaturrennwagen für Kinder reicher Leute und wandte sich dann dem zu, was man damals »Das Kleinstwagenproblem« nannte. An Motorfahrzeugen für diejenigen, die sich kein Auto leisten konnten, dokterten damals viele herum, Brütsch aber beschritt Neuland: Sein Entwurf, der »Spatz 200«, verfügte über eine Kunststoffkarosserie und konnte daher für sich in Anspruch nehmen, das erste deutsche Fahrzeug aus dem neuen Werkstoff zu sein; in den USA war Chevrolet mit der Corvette auf den Markt gekommen. Damit endet aber auch schon wieder jede Gemeinsamkeit. Brütsch entwickelte eine zweiteilige Kunststoff-Karosserie, bestehend aus Ober- und Unterschale, die mit einem Stoßband zusammengefügt wurden. Dies erlaubte, zumindest in der Theorie, eine außergewöhnlich kostengünstige Bauweise, und noch mehr

» *Rahmen und Karosserie dieses Sportwagens von 1954 sind Brütsch-Konstruktionen, Fahrwerk, Motor, Getriebe und weitere Technik stammte vom Ford 12 M.* (Foto: Archiv MBV)

» *Der Brütsch Spatz 200 war das erste deutsche Auto (sofern man diese Bezeichnung wählen möchte) aus Kunststoff. Die zweiteilige Schale wurde an der umlaufenden Stoßleiste zusammengefügt.* (Foto: Dr. Paul Simsa)

sparte Brütsch durch die Tatsache, dass seine Mini-Roadster kein Fahrgestell aufwiesen, sondern die Achsen direkt in der Bodenwanne lagerten. Im Dezember 1954 fand sich ein Interessent für dieses Vehikel, der Bohrmaschinenfabrikant Harald Friedrich (Alzmetall) erwarb den Prototypen (»technisch einwandfrei und typenabnahmebereit«, wie im Vertrag festgehalten wurde) gegen Zahlung von 20.000 Mark für den Prototypen und einen Lizenzvorschuss von 5000 Mark. Für jeden gebauten Spatz sollte Brütsch dann eine Lizenzzahlung in Höhe von 35 Mark erhalten.

Nach gar nicht mal so ausgiebigen Probefahrten erwies sich schnell die Untauglichkeit der von Brütsch entwickelten Konstruktion. Es kam zu Rechtsstreitigkeiten; neben der Einmalzahlung sind wohl keine weiteren Lizenzgelder geflossen, wiewohl der Spatz dann als Victoria eine Wiederauferstehung erlebte.

Brütsch machte indessen unverdrossen weiter. Er entwickelte in rascher Folge weitere Kunststoff-Flitzerchen in Schalenbauweise, mit stabilerem Stahlrohrrahmen, wo auch die Räder angelenkt waren. Die potentiellen Partner der Fahrzeugbau Brütsch hielten sich aber zurück, weder der einsitzige, dreirädrige Zwerg mit der Technik des DKW Hobby Motorrollers mit seiner stufenlosen Riemen-Automatik noch die Mopetta mit dem 50-Kubik-NSU-Motor, die steuer- und versicherungsfrei hätte laufen dürfen, waren lizenzfähig. Das verkleidete Moped sollte sogar schwimmfähig sein, da aber der Motor außen lag – man hatte auf eine Gebläsekühlung verzichtet – hätte dieser den Einsatz in der Badewanne kaum überlebt. Die Mopetta, die er auf der IAA im Herbst 1956 zeigte, war zwar nicht fahrfertig, aber klein, originell und außergewöhnlich günstig: Sie sollte 750 Mark kosten. Der Frankfurter Opel-Händler Georg von Opel wollte daraufhin die Mopetta als »Opelit« in Serie bauen, dann aber mit Horex-Technik; bei Horex sollte das Vehikel auch gebaut werden. Die offizielle Begründung für den Ausstieg von Opel aus dem Projekt wurde mit Rechtsstreitigkeiten mit der Adam Opel AG erklärt; mutmaßlich waren es aber die Schwierigkeiten mit der Abstimmung und auch die Kosten. Parallel zur Mopetta schuf Egon Brütsch die Rollera, die wiederum eine verkleidete Version des Motorrollers sein sollte mit ähnlichem Konstruktionsprinzipen. Wiewohl etwas stärker motorisiert, war auch diese Konstruktion untauglich und -verkäuflich. Brütsch focht das nicht an. Nachdem Victoria mit dem Spatz auf den Markt gekommen und der Bruch nicht

mehr zu kitten war, konterte Brütsch mit ähnlichen Kunststoff-Roadstern auf Stahlrahmen, dem »Bussard« (gezeigt auf der IFMA 1956) und dem »Pfeil« mit einem hinten hochklappbaren Hardtop; zeitweise liefen sogar Prototypen mit Flügeltüren. Letzte Entwicklung war der »Volkszweisitzer« von 1957, wiederum ein Kunststoff-Autochen mit Motorradmotor. Immerhin: Das Gefährt war so gelungen, dass ein indonesischer Interessent Brütsch den Auftrag gab, das Vehikel zur Serienreife zu bringen, um dann eine Serienfertigung aufzuziehen. Brütsch machte sich an die Arbeit und legte hier erstmal ein vollwertiges Fahrzeugkonzept vor, das auf dem neuen Fiat 500 von 1957 basierte. Er baute darauf einen Kunststoff-Zweisitzer mit kleinen Heckflossen, in Zweifarben-Lackierung und mit gewölbter Frontscheibe. Natürlich liefen auch bei diesem Projekt die Kosten aus dem Ruder; der Indonesier verzichtete, zumal Volkswagen dort eine Montagefabrik einrichtete. Brütsch gab nun den Autobau auf und widmete sich dem Fertighausbau; er starb 1988.

» *Brütsch Mopetta von 1957.*

» *Brütsch Rollera.* (Foto: Simsa)

» *Der Brütsch V2 von 1957, der Volkszweisitzer von Egon Brütsch.* (Foto: Buch-t, © CC)

# CHAMPION (MAICO)

*In einer Zeit, in der ein Fahrrad eine Kostbarkeit war und ein Volkswagen unerschwinglicher Luxus, durfte ein Deutscher, laut Statistik, nur alle 98 Jahre mit einem neuen Anzug rechnen. Da war ein Hemd ein durchaus respektabler Preis für einen Rennsieg.*

Auf ein solches nämlich musste man ansonsten – statistisch gesehen – 18 Jahre warten. Wer das nicht wollte, mochte ja, wie Ex-BMW-Ingenieur Hermann Holbein, sein Glück im Rennsport versuchen. Der gewann nämlich das erste deutsche Rennen der Nachkriegszeit im August 1946. Neben der Siegesprämie in Höhe von 200 Reichsmark gab es für den Gewinner noch ein nigelnagelneues Hemd. Leider passte es nicht: Es war zu klein, zu knapp, zu eng. Dieses Motto könnte auch über dem von ihm maßgeblich entwickelten Champion-Kleinwagen stehen, dessen erste Entwürfe damals entstanden.

## Autos aus der schwäbischen Provinz

In seiner kleinen Werkstatt bei Ulm – sie firmierten dann als »Fahrzeugwerke« – beschäftigte er sich mit dem Bau von Rennwagen für den Eigenbedarf. Seine Brötchen verdiente der ehemalige BMW-328-Konstrukteur als Transporteur – er hatte einen alten Wehrmachts-Lastwagen. Unabhängig davon dachte er, wie so viele andere auch, über Kleinwagen nach. Im Sommer 1947 traf er bei einem Rennen einen alten Bekannten aus der Vorkriegszeit, Albert Maier von der Zahnradfabrik Friedrichshafen ZF. Der hatte bereits einen Kleinstwagen auf dünne Speichenräder gestellt: im Heck ein 200-Kubik-Stationärmotor von Triumph, das Zweiganggetriebe eines Rasenmähers vor der Hinterachse und zwei Fahrradlampen als Beleuchtung. Und immerhin konnten zwei Menschen damit transportiert werden. Dieser Gokart mit Motorrad-Rädern war bei aller Primitivität solider als so ziemlich jede Eigenbau-Fahrmaschine. Holbein sicherte sich die Rechte am ZF-Entwurf, strickte ihn um und machte daraus ein brauchbares Autochen. Der sehr klug konzipierte Kleinstwagen erhielt den Namen »Champion«, jetzt mit einem 6 PS starken 250er-Einzylinder-Triumph-Zweitakter. Präsentiert bei der ersten deutschen Automobilausstellung im April 1949, folgten so viele Bestellungen, dass die Dreimannwerkstatt diese gar nicht bewältigen konnte, zumal der erste Champion 250, Typ Ch-2, erst im November ausgeliefert werden konnte. Der 220 Kilogramm schwere Mini-Roadster hatte eine Höchstgeschwindigkeit von 75 km/h, litt aber an zahlreichen Kinderkrankheiten und war mit DM 2650,- nicht gerade billig.

⟫ *Im Juni 1950 kam der Champion 250 mit 9 PS starkem Triumph-Doppelkolbenmotor, kleineren Rädern, zweiteiliger Frontscheibe, Klappverdeck und Stoßfängern: Der Champion entwickelte sich von der Behelfslösung zum vollwertigen Automobil.*　　　　　(Foto: Archiv MBV/S/g. v. Thyssen)

» *Obwohl der Champion 400 nicht preisgünstig war, verlor der Hersteller mit jedem verkauften Exemplar rund 400 Mark.* (Foto: Archiv MBV)

## Autobauer ohne Fortune

Im Juni 1950 kam der Ch-250 mit 9 PS starkem Triumph-Doppelkolben-motor, kleineren Rädern, zweiteiliger Frontscheibe, Klappverdeck und Stoßfängern: Der Champion entwickelte sich von der Behelfslösung zum vollwertigen Automobil. Leider aber hatten die Entwicklungskosten (und die Kosten für die Nachbesserung der ersten Modelle) Holbeins Reserven aufgefressen, für den Aufbau einer Serienproduktion fehlten ihm schlicht die finanziellen Mittel. Automobilzulieferer Benteler aus Bielefeld brachte frisches Kapital. Aber die Zusammenarbeit funktionierte von Anfang an nicht richtig, die Champion-Produktion (zum Roadster war inzwischen der Ch-400, ein Coupé mit Zweizylinder-Motor und 400 Kubik, dazu ge-kommen) litt immer wieder unter den Querelen der Produzenten. Dennoch lief im Februar 1951 die Fertigung in Paderborn an, auf der Frankfurter IAA im April stand die Cabriolimousine Ch-400 mit Ganzstahlkarosserie und neuem Ilo-Motor.

Von einer vernünftigen Serienfertigung konnte keine Rede sein, und trotz hoher Preise verlor Champion an jedem Ch-400 rund 400 Mark.

Holbein stieg aus. Im September 1952 endete der Champion-Bau in Pa-derborn nach etwa 2000 Exemplaren, der Ludwigshafener Großhändler Hennhöfer übernahm. Er gründete die »Rheinische Automobilfabrik, Hennhöfer & Co« (RAF), verlegte die Firma nach Rheinland-Pfalz, stellte um auf einen Viertakt-Heinkel-Motor und bot zusätzlich einen Liefer-wagen mit Holzaufbau an. Nach noch nicht einmal einem Jahr aber war im November 1953 auch die RAF pleite, 1681 Champions waren gebaut worden. Im Juni 1954 fand sich schließlich ein dänischer Investor, der erst die Preise senkte und – als das nichts fruchtete – den Bau eines viel zu teuren Viersitzers ankündigte. 3000 Champions entstanden, die Fer-tigung stoppte im November 1954. Zurück blieben sechs Millionen Mark Schulden und ein per Haftbefehl gesuchter Firmenchef.

## Der letzte Akt: Maico

Danach versuchten die Gebrüder Maisch aus dem schwäbischen Pfäffin-gen, bekannt für die Motorradmodelle der Marke Maico, ihr Glück. Im Juni 1955 erwarben sie die Rechte und Produktionseinrichtungen, machten aus dem Zwei- einen Viersitzer und wollten diesen ab Frühjahr 1956 für 3650 Mark anbieten. Die Premiere für den Maico 500 erfolgte auf der IAA im September 1955, im Juni 1956 konnten die ersten Serienfahrzeuge des Maico ausgeliefert werden. Der MC 500/4 kam allerdings nie auf die erfor-derlichen Stückzahlen, wieder einmal fehlte das Geld. Improvisation war bei Maico Methode, man verbaute, was gerade billig am Markt verfügbar war. Letzter Nagel zum Sarg war ein Bericht des Nachrichtenmagazins Der Spiegel, in dem eklatante Sicherheitsmängel am Maico aufgedeckt wurden, zurückzuführen auf minderwertige Fahrwerksteile. Maico leugnete erst, rief dann aber im Juli 1957 die Wagen zurück und war – obwohl die Fer-tigung mit 3873 Wagen eine nie gekannte Höhe erreicht hatte – im März 1958 am Ende. Im August wurden die letzten Teile verbraucht, Maico ging in Konkurs, und die Brüder Maisch wanderten in Untersuchungshaft. Sie hatten zuletzt noch 968 Fahrzeuge gebaut.

» *Der Maico 500 Sport erschien Ende 1957 auf dem Markt, es wurden jedoch nur ganze vier Exemplare gebaut.* (Foto: Archiv MBV/S/g. v. Thyssen)

# DAIMLER

*Untrennbar mit der Geschichte des Automobils verbunden sind die Namen Gottlieb Daimler und Wilhelm Maybach. Mit dem Bau des ersten vierrädrigen Kraftwagens, der von einem funktionierenden Verbrennungsmotor angetrieben wurde, legten die beiden Männer einen der entscheidenden Marksteine in der Entwicklung des Automobils.*

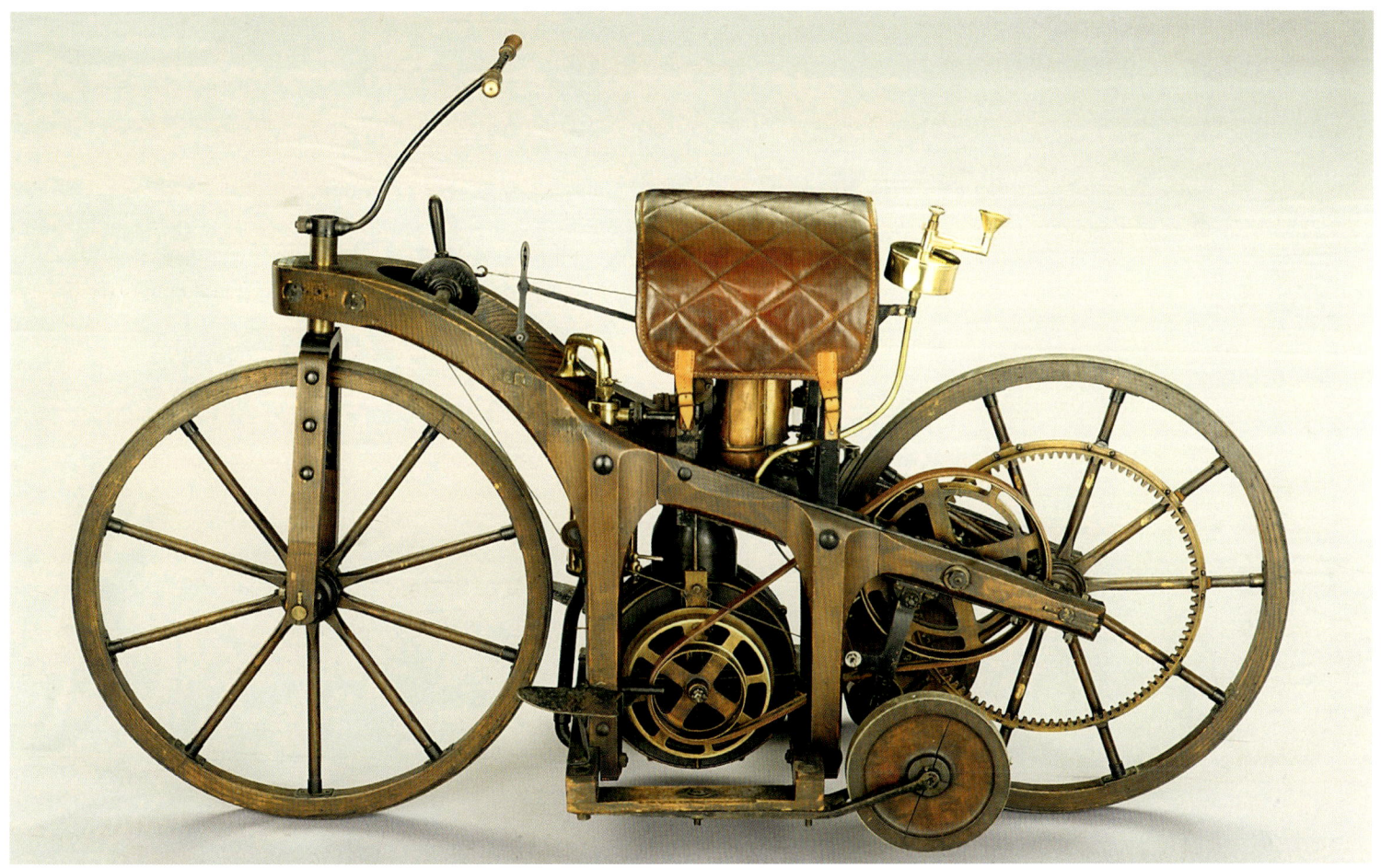

>> *Im Reitwagen testeten Daimler und Maybach 1885 den von ihnen entwickelten Einzylindermotor.* (Foto: Daimler AG)

## Fahrzeugbewegung durch Motorkraft

Der 1834 in Schorndorf/Württemberg geborene Gottlieb Wilhelm Daimler hatte seinen späteren Weggefährten Maybach in den Maschinenfabriken in Reutlingen kennengelernt und arbeitete anschließend mit diesem gemeinsam in der Deutzer Gasmotorenfabrik. Hier betrieben sie die Optimierung des von Nikolaus August Otto erfundenen Viertaktmotors. Im Streit hierüber – und mit der Vision eines kleinen, benzingetriebenen Motors im Kopf – verließen Daimler und Maybach 1882 die Gasmotorenfabrik.

Im Jahr darauf entwickelten sie in ihrer Cannstatter Werkstatt den Antrieb, der ihnen vorschwebte und der den Motorenbau revolutionieren sollte: Dieser schnell laufende, kleine Motor besaß die Fähigkeit, Fahrzeuge aller Art, egal ob zu Land oder zu Wasser, fortzubewegen.

Um die Wirksamkeit dieses Antriebs zu demonstrieren, bauten Daimler und Maybach den Einzylindermotor 1885 in das weltweit erste Motorrad ein, den zweirädrigen »Reitwagen«. Maybach testete diesen erfolgreich auf der Strecke zwischen Cannstatt und Untertürkheim. Daraufhin erprobten sie den Motor in dem Fahrzeug, das sie ernsthaft weiterzuentwickeln gedachten, einer vierrädrigen Kutsche. Mit dieser »Motorkutsche«, die 16 km/h fuhr, gelang den beiden der Durchbruch auf dem Weg zum Automobil.

## Die Daimler-Motoren-Gesellschaft entsteht

Die hohen Entwicklungskosten, die bisher angefallen waren, mussten durch eine kommerzielle Nutzung des Daimler-Motors wieder hereingeholt werden, und so bauten Daimler und Maybach extra für die Pariser Weltausstellung 1989 einen sogenannten »Stahlradwagen« mit Zweizylinder-V-Motor, der mit seinen 2 PS bereits 17,5 km/h schnell fuhr

>> *Der Stahlradwagen war das erste Automobil, das komplett bei Daimler entwickelt und gebaut worden war. Er wurde 1889 auf der Pariser Weltausstellung präsentiert.* *(Foto; Daimler AG)*

>> *Der erste »Mercedes«, der 35-PS Rennwagen von 1901. (Foto: Daimler AG)*

und viele Elemente moderner Autos vorwegnahm. Dieser Stahlradwagen stieß in Paris auf große Resonanz. Die Lizenzvergabe des darin eingebauten Daimler-Motors an die Firmen Panhard & Levassor sowie Peugeot bildete daraufhin pikanterweise den Ausgangspunkt für die Entstehung der französischen Autoindustrie.

1890 gründete Daimler zusammen mit Max Duttenhöfer und Wilhelm Lorenz die Daimler-Motoren-Gesellschaft und begann mit der kommerziellen Herstellung von kutschenähnlichen Motorwagen sowie von Motoren, u. a. auch für Schienen- und Wasserfahrzeuge. Der Absatz verlief schleppend. Weil seine beiden Mitgesellschafter jedoch andere Ziele als die von Daimler und Maybach beabsichtigte Weiterentwicklung des Automobils hatten, kam es zum Streit, in dessen Folge Letztere 1892 vorübergehend die Firma verließen.

Erste Verkaufserfolge stellten sich 1885 nach der Rückkehr von Daimler und Maybach in das Unternehmen mit dem »Phönixwagen« ein, der über gummibereifte Räder verfügte und in den sie nach französischem Vorbild den Motor vorne eingebaut hatten. Dieser Phönixmotor, von Maybach in der Zeit der Trennung von der Daimler-Motoren-Gesellschaft konstruiert, sorgte weltweit für Schlagzeilen, denn er gehörte als Vierzylindermotor zu den modernsten Antrieben. Sein Erfolg und die Nachfrage aus dem Ausland sorgten dafür, dass die Daimler-Motoren-Gesellschaft auf Automobilbau ausgerichtet blieb und wieder auf Erfolgskurs kam.

## Ein Kind als Namensgeber

Den entscheidenden Anstoß zum Einbau des Motors im Auto vorne hatte der österreichische Generalkonsul Emil Jellinek gegeben, der in Nizza lebte und das Verkaufspotential des »Phönixwagens« erkannte. Für eine zahlungskräftige Kundschaft – er dachte zunächst an die Klientel an der Côte d'Azur – wollte er einen schnelleren Wagen zum Austragen von Rennen haben. Dafür sollte die Kutschenform aufgegeben, der Radstand verlängert und der Schwerpunkt des Autos tiefergelegt werden. Seine Anregungen führten im Jahr 1900 zum »Mercedes 35 PS«. Das Auto war auf den Namen seiner Tochter getauft und dieser zwei Jahre später als Wortmarke geschützt worden. Alle kommenden Automobile der Firma hießen ab jetzt »Mercedes«. Dermaßen verändert, erwies sich

>> *Mercedes 37/90 PS Kettenwagen mit Sport-Phaeton-Aufbau, 1914.* *(Zeichnung: Carlo Demand)*

» *Mercedes-Knight 16/40 PS als Phaeton von 1911. Der Mercedes-Knight gilt als der erste große, repräsentative Mercedes.* (Foto: Daimler AG)

» *Der erste ohne Kette und Riemen: Der Mercedes 35 PS aus dem Jahr 1908 (ab 1909 hieß er Mercedes 22/35 PS) war der erste »Cardan-Wagen« – so die damalige Schreibweise – der Daimler-Motoren-Gesellschaft.* (Foto: Daimler AG)

der Mercedes 35 PS mit seiner revolutionären Fahrtechnik als Volltreffer bei Automobilrennen und war gleichzeitig das erste richtige Auto im modernen Sinn.

1902 – Gottlieb Daimler war zwei Jahre zuvor gestorben – vereinfachte Maybach die Bedienbarkeit des Mercedes und nannte das 40 PS starke Nachfolgemodell folglich »Mercedes Simplex«. Dieses Auto war vor allem im Motorsport erfolgreich, so z. B. beim Gordon-Bennet-Rennen 1903. Es entstand eine ganze Reihe von Tourenwagen dieses Modells mit Leistungsdaten bis hinauf zu 60 und 90 PS.

Den ersten Mercedes-Sechszylinder entwickelte Maybach 1905; ein solcher sollte ein Jahr später auch seine letzte Konstruktion für die Daimler-Motoren-Gesellschaft werden, bevor er aus dem Unternehmen ausschied, das maßgeblich durch ihn zu einem der führenden Autohersteller Deutschlands geworden war.

Der heute weltberühmte dreizackige Stern wurde als weitere Neuerung 1909 eingeführt und zierte von jetzt ab jeden Mercedeskühler. Neben den bisher vorwiegend mit Ketten angetriebenen Automobilen entstanden ab 1910 unter Daimlers Sohn Paul – Maybachs Nachfolger – auch preiswertere mit Kardanantrieb, um dem Vorkriegstrend zum weniger teuren Mittelklassewagen gerecht zu werden.

Weitere Erfolge im Motorsport (1914: Dreifachsieg beim Großen Preis in Frankreich) heimste der Autohersteller in den Jahren 1912–1914 mit dem »Mercedes Knight« ein, nachdem Paul Daimler das Patent am Knight-Motor (ventilloser Schiebermotor) erworben hatte. Dieses Auto gilt als der erste große, repräsentative Mercedes.

## Fusion zum späteren Weltunternehmen

Die Kriegs- und Nachkriegsjahre ging auch an der Daimler-Motoren-Gesellschaft nicht spurlos vorüber. Obwohl zunächst durch die neue Kompressor-Technik weitere Leistungssteigerungen im Automobilbau – und damit auch weitere Erfolge im Motorsport – erzielt werden konnten, steckte der ganze Industriezweig in der Krise.

Mercedes-Automobile waren zu teuer, deshalb kehrte das Unternehmen wieder zurück zur Einzelanfertigung und reduzierte gleichzeitig die Modellvielfalt. Neben Autos begann Daimler nun auch Schreibmaschinen und Fahrräder zu produzieren.

Schon während des Ersten Weltkriegs aufgekommene Überlegungen zur Fusion mit dem großen Rivalen Benz gewannen an Kontur, als die Hausbanken von Daimler und Benz von der Deutschen Bank übernommen worden waren.

Die Fusionsverhandlungen zwischen der Daimler-Motoren-Gesellschaft und der Firma Benz & Cie. schritten voran, obwohl beide unterschiedliche strategische Vorstellungen hatten: Daimler wollte den Motorenbau auf Schiffs- und Flugmotoren ausdehnen, Benz hingegen sich auf Automobile konzentrieren.

Als die beiden Unternehmen 1926 zur Daimler-Benz AG fusionierten – der neue Name für alle zukünftigen gemeinsamen Autos lautete »Mercedes-Benz« –, hatte sich Benz in der Zielsetzung durchgesetzt. Ein neues Unternehmen war entstanden, das in der späteren Zukunft zum Global Player der Automobilbranche werden sollte.

» *Mercedes 24/110/160 PS Tourenwagen von 1924.*

(Zeichnung: Carlo Demand)

» *Limousine Mercedes 22/50 PS mit Kardanantrieb von 1915.*

(Foto: Daimler AG)

# DIXI

*Obwohl die Eisenacher Marke »Dixi« sich ihren ausgezeichneten Ruf mit der Qualität ihrer großen, teuren Automobile erwarb, ist sie vor allem wegen eines populären Kleinwagens in Erinnerung geblieben, den die Eisenacher aber nur in Lizenz nachbauten. Und genau mit diesem Kleinwagen startete dann ein Autohersteller aus München seine eigene (Welt-)Karriere.*

>> *Dixi Typ R8 von 1911.* (Foto: Buch-t, © GLFD)

>> *Der Dixi 3/15 DA von 1929. Dieser leicht abgewandelte Nachbau des Austin Seven sollte der Dixi-Klassiker schlechthin werden.* (Foto: LSDSL, © CC)

## Nobelfahrzeuge aus Eisenach

Der Automobilbau in Eisenach begann nicht mit dem Dixi. Die 1896 gegründeten Eisenacher Werke stellten anfangs zu einem Großteil Rüstungsgüter her. Weil ihr experimentierfreudiger Firmengründer Heinrich Erhardt – nach Krupp der zweitgrößte Rüstungshersteller im Deutschen Kaiserreich – sich auch am Automobilbau versuchen wollte, erwarb er die Nachbaulizenz der französischen Marke Decauville, die er unter dem Namen »Wartburg« erfolgreich in Deutschland vermarktete. Als er jedoch nach finanzieller Krise und daraus folgenden Differenzen aus dem Unternehmen ausschied, stellten die Eisenacher unter dem Namen »Dixi« ab 1904 ihre eigenen Fahrzeuge her. Als Konstrukteur konnten sie mit Willy Seck für eine kurze Zeit einen der besten in der Zunft gewinnen. Bereits nach kurzer Zeit genossen die meist großen und teuren Dixi-Automobile ein hervorragendes Renommee, weil ihre Qualität vom Feinsten war und sie ihre Leistungsfähigkeit erfolgreich bei vielen Zuverlässigkeitsfahrten und Autorennen unter Beweis stellen konnten. Bis 1908 entstanden drei Typenreihen. Der »Typ R« – von 1908 bis 1914 gebaut – verkaufte sich dabei erstmals in höheren Stückzahlen. Ebenfalls zum ersten Mal wurde in dieser Reihe mit dem R5 auch ein kleinerer Wagen gebaut. Zu den Besitzern der Dixi-Luxusausführungen (z. B. U30, U35; bei Kriegsbeginn auch U20) zählten oft Persönlichkeiten aus Adel und Politik. Auch vergaben die Eisenacher mittlerweile sogar Nachbaulizenzen ins Ausland; so entstand in Frankreich ein Nachbau unter dem Namen »Regina-Dixi« und in England einer unter dem Namen »Leander«.

## Mit Lastkraftwagen über die Kriegsjahre

Neben der PKW-Sparte setzten die Eisenacher ab 1910 auch das LKW-Angebot fort, das Erhardt unter dem Namen »Wartburg« begonnen hatte – nunmehr natürlich ebenfalls unter dem Namen Dixi. Dieses Engagement zahlte sich bei Kriegsbeginn aus, denn nun bildete die Lieferung von Lastwagen an das kaiserliche Heer das Hauptgeschäft der Eisenacher – neben dem Bau von Flugmotoren, mittleren PKW und anderen Rüstungsgütern. An den Weiterbau ihrer Luxuskarossen war erst einmal nicht zu denken.

Doch die geschäftliche Abhängigkeit von den Lieferungen ans Militär war schon Firmengründer Erhardt zum Verhängnis geworden und hatte damals zum Zerwürfnis geführt. Nach Ende des 1. Weltkrieges erging es seinen Nachfolgern nicht viel besser. Aus Sorge vor einem wirtschaftlichen Absturz fusionierten die Sachsen deshalb 1921 mit der »Gothaer Waggonfabrik AG«. Aus der Eisenacher Fahrzeugfabrik wurden die »Dixi-Werke«.

>> *Dixi 1922 während eines Autorennens in Berlin. Die Verzerrung des schnell fahrenden Autos (ovale Räder!) ist auf den »Rolling-Shutter-Effekt« beim Fotografieren zurückzuführen.*

*(Foto: Bundesarchiv Bild 183-1991-1209-503, © CC)*

Die alte Kühler-Figur (siebenzackiger Stern auf dem Schriftzug »Dixi«) war bereits 1919 von einer neuen abgelöst worden (Laufender Centaur), womit man den Neubeginn auch symbolisch unterstrich. Dieser fand allerdings vorerst noch nicht mit neuen Automobilmodellen statt. Bis 1925 versuchten sich die Eisenacher hauptsächlich mit äußerlich aufgepeppten Vorkriegsmodellen durchzuschlagen, deren innere Werte jedoch veraltet und damit nicht mehr sonderlich anziehend waren. Es mussten also neue, moderne Fahrzeuge her.

## Nachbau eines Bestsellers

Mit der G-Reihe entstanden ab 1921 die ersten dieser geforderten Neuentwicklungen. Wieder waren das große, teure Autos, die aber erfolgreich bei Autorennen abschnitten und sich infolgedessen auch trotz ihres hohen Preises (noch) gut verkauften. Als weniger glücklich erwies sich 1926 die futuristisch anmutende Stromlinienvariante des Dixi 6/24 G2 im aerodynamisch gewagten »Walfisch«-Design, der zwar bestaunt, aber nicht gekauft wurde.

Die zunehmende Verschlechterung der wirtschaftlichen Lage ermöglichte es dem Börsenspekulanten Schapiro – wie schon zuvor bei anderen Autoherstellern –, Kontrolle über die Dixi-Werke zu erlangen. Um eine Pleite abzuwenden, ließ er sie 1926 zunächst relativ erfolglos den Fremdwagen Cyklon 9/40 PS als billigsten Sechszylinder in Lizenz nachbauen, wobei allerdings der geringste Teil des Wagens in Eisenach entstand. Ein Jahr später vermittelte Schapiro als zweiten Versuch den Lizenznachbau des sehr populären und erfolgreichen englischen Kleinwagens Austin Seven. Der englische Autohersteller konnte seinerzeit

wegen hoher Einfuhrzölle sein Erfolgsauto nicht selber auf dem deutschen Markt verkaufen.

Damit war die Abkehr der Eisenacher von großen und teuren Luxusautomobilen vollzogen. Der leicht veränderte Nachbau des Austin Seven kam 1928 als Dixi 3/15 PS DA 1 auf den Markt und sollte der eigentliche Klassiker der Dixi-Werke werden, mit dem sie auch heute noch vorwiegend in Verbindung gebracht werden; eigens für dessen Produktion hatte die Firma auf Fließbandfertigung umgestellt.

Schapiro war allerdings nicht bereit, das für eine langfristig erfolgreiche Herstellung benötigte Geld in die mittlerweile hoch verschuldeten Dixi-Werke zu investieren, und stieß deshalb den Eisenacher Automobilhersteller noch im gleichen Jahr an die »Bayrischen Motorenwerke« ab, die zu der Zeit gerade in den Automobilbau einsteigen wollten.

Die Verkäufe dieses legendären Dixi-Klassikers, den auch andere Länder in Lizenz nachbauten, konnten zahlenmäßig durchaus an die englischen anknüpfen; die Eisenacher verstanden es, ihn in der kurzen Zeit seiner Produktion vor der Übernahme durch BMW in Stückzahlen an den Mann bzw. die Frau zu bringen, die so hoch waren wie die von allen ihren früheren Modellen zusammengenommen!

Kein Wunder, dass auch BMW zunächst am Modell DA 1 festhielt und dann ab 1929 mit dem Typ DA 2 ein verbessertes Nachfolgemodell – nunmehr mit dem BMW-Logo versehen – vorstellte und damit die eigene Karriere als Autobauer ins Rollen brachte. Der Name »Dixi« war verschwunden, das Modell selbst aber erfreute sich weiterhin hoher Beliebtheit, bis die Weltwirtschaftskrise sowie veränderte Kundenerwartungen zur Einstellung seiner Produktion im Jahr 1932 führten.

# DKW

*DKW und Zweitaktmotoren – das schien zusammenzugehören wie Feuer und Rauch. Während andere über Zweitaktmotoren die Nase rümpften, führte der Däne Jörgen S. Rasmussen mit seiner Marke »DKW« dieses Motorkonzept mit seinen Eigenentwicklungen zum Erfolg, und das eben nicht nur bei Motorrädern, sondern auch im Automobilbau.*

### DKW – »Das Kleine Wunder«

Nach seinem Ingenieursstudium in Deutschland blieb der Däne Jörgen S. Rasmussen im Raum Chemnitz hängen. Das Nachbarland schien ihm für seine Ambitionen vielversprechender zu sein als seine dänische Heimat. Gemeinsam mit einem Freund hob er 1904 in Chemnitz die »Rasmussen & Ernst GmbH« aus der Taufe und stellte dort Dampfkesselarmaturen her. Diese Firma erweiterte er drei Jahre später zur »Zschopauer Maschinenfabrik«, deren Sitz er in das nur wenige Kilometer südlich gelegene Zschopau verlegte, wo er ein Grundstück mit ehemaliger Spinnerei erworben hatte.

Wie viele andere deutsche Autopioniere produzierte Rasmussen während des Ersten Weltkriegs Rüstungsgüter für das deutsche Heer, in seinem Fall waren das Zünder. Der Kraftstoffmangel während des Krieges brachte den umtriebigen Dänen auf den Gedanken, Dampfkraftwagen herzustellen. Ein Jahr vor Kriegsende entstanden so in Rasmussens Maschinenfabrik die ersten Prototypen. Auch tauchten in diesem Zusammenhang erstmals die drei Buchstaben »DKW« als Kürzel auf und erfuhren ihre erste Interpretation – »DampfKraftWagen«. Während allerdings das Projekt »Dampfkraftwagen« nach dem Krieg aufgrund des nun wieder reichlich vorhandenen Treibstoffs aufgegeben wurde, ließ Rasmussen das Kürzel DKW für zukünftige Verwendungen schützen. Auch war sein Interesse am Automobilbau nun geweckt.

1918 bekam Rasmussen Besuch vom Motorkonstrukteur Hugo Rappe, der ihm die Produktion kleiner Zweitaktmotoren für unterschiedlichste Anwendungsbereiche vorschlug. Obwohl Zweitaktmotoren im Vergleich zu ihren viergetakteten Kollegen den schlechteren Ruf besaßen, bekundete der Däne Interesse. Um das neue Produktionsfeld auszutesten, stellte Rasmussen einen Zweitakt-Kleinmotor mit 0,25 PS her, der in den Spielzeugläden als Alternative zur beliebten Spielzeugdampfmaschine dienen sollte. Seine eigentliche Bedeutung lag aber darin, dass er die Blaupause aller späteren DKW-Zweitaktmotoren war. Das Kürzel »DKW« stand nun für »Des Knaben Wunsch«.

» *DKW Typ PS 600 Sport, gebaut 1930/31.*     *(Zeichnung: Carlo Demand)*

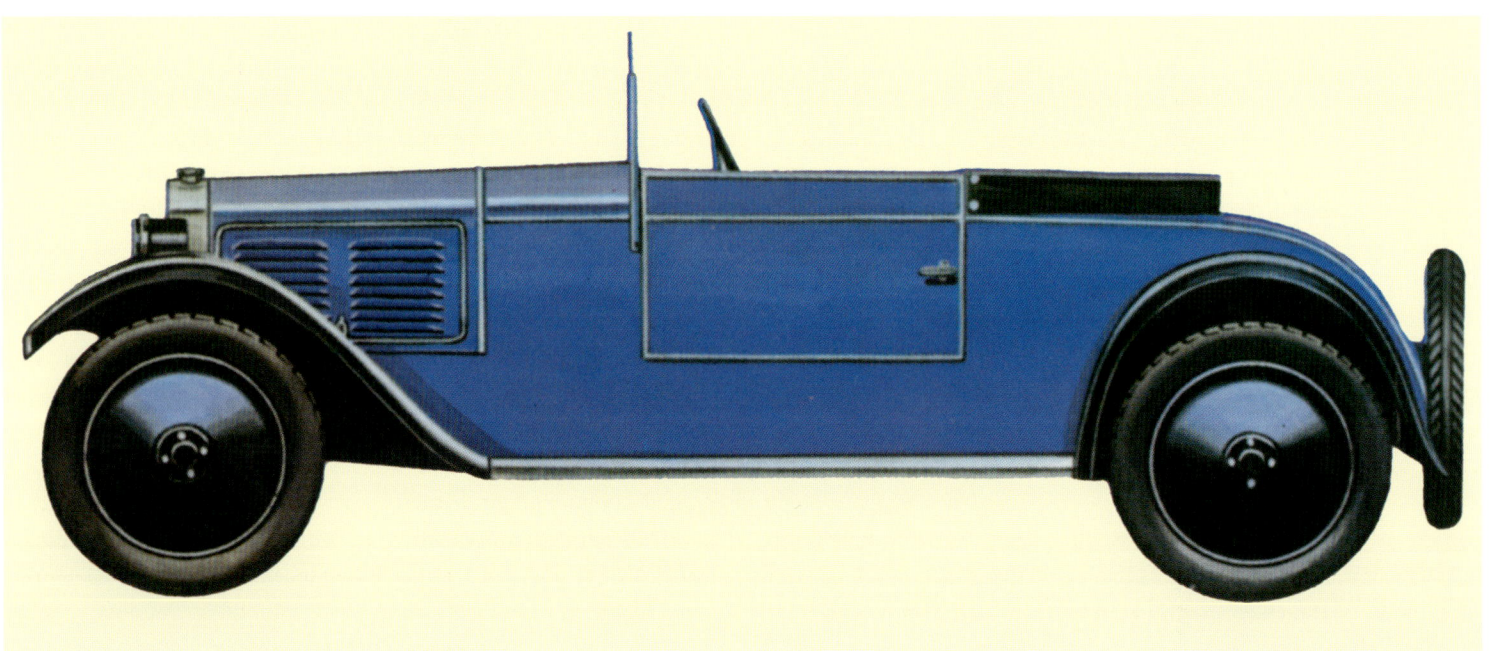

» *Der DKW Typ P 15 PS war 1928 das erste Automobil von DKW.*     *(Zeichnung: Carlo Demand)*

» 1931 präsentiert auf der Internationalen Automobilausstellung in Berlin: Der DKW Front F1. (Foto: Audi AG)

» Der DKW Front Luxus Sport F5K 700 wurde 1936/37 gebaut. (Foto: Audi AG)

Die erste ernsthaftere Anwendung des Zweitaktmotors realisierte Rasmussen 1920 mit einem 1-PS-Fahrrad-Hilfsmotor, der trotz zahlreicher Konkurrenz zum Erfolg wurde. Erneut bekam der Motor die drei Buchstaben verpasst, natürlich abermals mit einer neuen Bedeutung: »Das Kleine Wunder«. Dieser Name sollte zum Programm werden, denn Rasmussen verkaufte bald nicht mehr bloß Motoren für Zweiräder, sondern stieg ab 1922 selber in die Motorradproduktion ein. Bereits gegen Ende des Jahrzehnts waren die »Zschopauer Motorenwerke AG«, wie die Firma ab 1923 hieß, zum größten Motorradhersteller der Welt aufgestiegen.

## Einstieg in den Automobilbau: »Der kleine Bergsteiger«

Auch wenn Rasmussens Hauptverdienstquelle zunächst also eine andere werden sollte, war sein Interesse am Automobilbau nicht versiegt. 1919 hatte er begonnen, eine Anzahl einsitziger Elektrowagen aus der Entwicklung der Firma »Slaby & Behringer« auf Messen vorzustellen und zu verkaufen, weil sie ihn faszinierten. Gleichzeitig experimentierte er mit seinem ersten eigenen Wagen, dem »Kleinen Bergsteiger«. Dieser entstand lediglich zu Versuchszwecken auf Basis der Elektrowagen des Dr. Slaby und hatte einen DKW-Motor eingebaut.

Mehr sollte momentan nicht möglich sein, weil die Firma von Dr. Slaby, an der Rasmussen mittlerweile beteiligt war, durch die galoppierende Inflation zu Beginn der zwanziger Jahre in eine wirtschaftliche Schieflage geriet und Konkurs ging. Rasmussen übernahm den Betrieb 1924, verlegte ihn nach Spandau und produzierte dort in den folgenden Jahren Elektro-Droschken.

## Mit Zweitaktmotoren und Frontantrieb zum Erfolg

Mitte der zwanziger Jahre stellte Rasmussen auf der Berliner Automobilausstellung einen weiteren Prototyp vor: einen hinterradgetriebenen Kleinwagen mit DKW-Motor, der jedoch ebenfalls nie zum Verkauf angeboten wurde.

Erst 1927/28 war es dann so weit. Nun endlich waren Zweitaktmotoren verfügbar, deren Leistung ausreichte, um ernsthaft an die Serienherstellung von Automobilen denken zu können. Das erste Modell der Zschopauer Motorenwerke war der DKW Typ P, ein Roadster mit 600-cm³-Zweitaktmotor im Heck und der traditionellen rahmenlosen Holzkarosserie von Dr.

» Der für eine Markteinführung im Jahr 1940 vorgesehene DKW F9 mit Stromlinien-Form war ein hochmodernes Auto. Der Krieg verhinderte jedoch den Anlauf der Serienproduktion. (Foto: Audi AG)

Slaby. Trotz seiner Mängel – der Motor war laut, verbrauchte viel Benzin und hatte keine hohe Lebensdauer – verkaufte sich der Wagen gut.

Um den Problemen des Typs P aus dem Wege zu gehen, entstand 1929 erstmals ein viertaktiges Nachfolgemodell, der DKW 4 = 8, doch mit ihm und weiteren, ähnlichen Modellen handelte sich Rasmussen neuen Ärger ein, ohne alle alten Probleme gelöst zu haben. Also kehrten die Zschopauer Motorenwerke zurück zum Zweitakter und stellten ab 1931 endlich von Heck- auf Frontantrieb um – das war der Durchbruch! Der DKW Front löste die bisherigen technischen Probleme und stellte nicht nur für Rasmussens Motorenwerke eine Zäsur dar. Denn die DKW-Fahrzeuge waren die ersten, die mit dieser modernen Antriebsart in Großserie hergestellt wurden.

>> *Das viersitzige DKW F8 Front Luxus Cabriolet besaß einen quer eingebauten Zweizylinder-Zweitaktmotor mit 700 cm³ mit 20 PS und Frontantrieb.*

*(Foto: Audi AG)*

Bis zu Rasmussens Ausscheiden aus dem Betrieb 1934 erschienen u. a. noch die Fronttriebler DKW Meisterklasse (1932) sowie DKW Reichsklasse (1933), Letzterer bereits mit der für Zweitakter richtungsweisenden Technik der Umkehrspülung, die sie auch zukünftig gegenüber Viertaktern konkurrenzfähig bleiben ließ.

## Fusion zur »Auto Union«

Rasmussen hatte bereits Ende der zwanziger Jahre die wirtschaftlich angeschlagenen Audi-Werke in Zwickau übernommen und hier auch die neuen frontangetriebenen Automobile produzieren lassen. Zu Beginn des neuen Jahrzehnts drohte neues Ungemach. Auch die Zschopauer Motorenwerke waren von der Wirtschaftskrise nicht unbeeindruckt geblieben, und Rasmussen konnte froh sein, sich mit seinen neuen Erfolgsautos ein zweites Standbein neben der Motorradproduktion geschaffen zu haben.

Doch die Sächsische Staatsbank, die schon hinter der Übernahme der Audi-Werke durch Rasmussen steckte und selbst durch viele Unternehmenskonkurse in Sachsen bereits angeschlagen war, sah nach dem nun bevorstehenden Bankrott der Horch-Werke ihre und die Rettung der Zschopauer Motorenwerke nur noch darin, dass Rasmussen die Horch-Werke liquidierte. 1932 wurden deshalb die Zschopauer Motorenwerke, die Audi-Werke sowie die Horch-Werke zusammengeschlossen zur neuen »Auto Union«, DKW war somit nur noch eine Konzernmarke.

>> *DKW 3 = 6 Sonderklasse Cabriolet, Typ 91, Baujahr 1955. (Fotos: Audi AG)*

》 *DKW Meisterklasse Universal, Typ F89 S, aus dem Jahre 1951.*

*(Foto: Audi AG)*

》 *Der DKW Monza (1957/58) war ein 2+2-sitziger Sportwagen, der auf einem Fahrgestell des DKW F93 aufgebaut war.* *(Foto: Audi AG)*

》 *DKW Junior de Luxe (1961-1963). Sein knapp 800 cm³ großer Dreizylinder-Zweitakter leistete 34 PS.* *(Foto: Berthold Werner, © CC)*

》 *DKW F12 Roadster von 1964.* *(Foto: Audi AG)*

》 *Der F 102 war das letzte Modell von DKW und die letzte Pkw-Neuentwicklung in (West-)Deutschland, die noch über einen Zweitaktmotor verfügte. Vorgestellt wurde er 1963.* *(Zeichnung: Carlo Demand)*

# FORD

*Henry Ford gehörte nicht unbedingt zu den umgänglichsten Zeitgenossen. Er war bisweilen despotisch und jähzornig, neigte zu vorschnellen Entschlüssen, konnte ein Dickschädel sein und stur wie ein Maulesel. Und er war genial: Er motorisierte die Welt.*

» *»Erhältlich in jeder lieferbaren Farbe, vorausgesetzt, sie ist schwarz«: T-Modell Tudor, 1923. Ford-Modelle gehörten zu jener Zeit zu den absoluten Raritäten auf deutschen Straßen, die exorbitant hohen Einfuhrzölle machten den Erwerb ausländischer Wagen nahezu unmöglich.* (Foto: Ford-Werke GmbH)

## Ein Farmersohn aus Michigan

Seine Geschichte ist x-mal erzählt worden, auch von ihm selbst: Wie er im Alter von zwölf Jahren im ländlichen Michigan erstmals einen Dampftraktor sah – 1875 war das – und sofort davon fasziniert war … Ford berichtete von seinem unersättlichen Interesse an und seinem außergewöhnlichen Talent in allen mechanischen Dingen, die ihn dazu befähigten, vier Jahre später (im Alter von 16!) selbst am Regler eines Lokomobils zu stehen. 1885 bekam der geniale Monteur erstmals die Gelegenheit, einen Deutschen Gasmotor nach dem Otto-Prinzip zu zerlegen und zu reparieren. Er war nicht sonderlich beeindruckt. Zwei Jahre später hatte er nach dieser Vorlage einen eigenen Einzylinder gebaut; im Frühjahr 1893 lief dann der Ford Nummer 1 – eine rechte Plage, wie sein Schöpfer selbst einräumte, weil es das einzige Benzinvehikel weit und breit war und alle Pferde scheu machte. 1896 schließlich, nach gut 1600 zurückgelegten Kilometern, verkaufte Ford seinen Prototypen, um alsbald mit dem Bau eines zweiten zu beginnen.

1899 machte er sich selbstständig. Das neue Jahrhundert begann für ihn aber mit einem herben Rückschlag, seine Detroit Motor Company machte im Januar 1901 Pleite, was Ford jedoch nicht weiter beirrte: Er hob am 16. Juni 1903 die Ford Motor Company aus der Taufe. Ein riesiger Markt winkte, im Jahr 1900 gab es in den USA 30 Millionen Pferde, aber nur 8000 Autos. Kein Wunder also, dass nicht nur Ford, sondern auch viele

hundert andere Autobastler zur gleichen Zeit an anderen Orten des riesigen Kontinents ihr Glück im Fahrzeugbau versuchten. Doch nur Ford gelang es, in den folgenden Jahren ein beispielloses Industrie-Imperium aufzubauen. Die Gründe dafür sind im Nachhinein schnell aufgezählt: Ford wollte, anders als viele andere Hersteller jener Zeit, Autos für die breite Masse bauen. Das war ein völlig neuer Gedanke. Die anderen schielten auf jene 1,25 Millionen Amerikaner, die bereits um 1900 vermögend genug waren, um 1000 Dollar oder mehr für einen Wagen auszugeben. Ford aber dachte an die Farmer im Mittleren Westen, abseits der Städte, die sogenannten »Kleinen Leute«. Und die beglückte Ford mit seinem 1908 vorgestellten T-Modell, das kinderleicht zu bedienen und zugleich so unverwüstlich wie kein anderes war. Aus einer kleinen Mechaniker-Werkstätte entstand so innerhalb von zwei Jahrzehnten die größte Automobilfabrik der Welt, die Anfang der Zwanziger knapp zwei Millionen Fahrzeuge herstellte – mehr als alle anderen Automobilproduzenten zusammen. Und dabei produzierte er nur ein einziges Modell. Ford erfand aber nicht nur das T-Modell, sondern auch die rationelle Großserienfertigung. Um ein Auto zu bauen, das besser und billiger war als alle, die bislang auf dem Markt waren, musste er völlig neue Wege gehen. Im Rahmen der Gesamtorganisation wurden die einzelnen Arbeitsschritte so stark vereinfacht, dass Mitte der zwanziger Jahre T-Modelle buchstäblich im Minutentakt vom Band rollten. Die ausgeklügelte Produktionslogistik sorgte dafür, dass just in time angeliefert wurde, große Lagerhallen gab es nicht, und die Materialvorräte waren auf maximal 30 Tage angelegt.

Noch vor dem Ersten Weltkrieg lief die Riesen-Maschinerie Ford von allein: »I have no job here – nothing to do«, zitierte das Engineering Magazine vom April 1914 den Firmengründer. Zu diesem Zeitpunkt arbeiteten für Ford bereits 15.000 Menschen. In seiner ersten Werkstatt, 1901, hatte Henry Ford, der nun angeblich nichts mehr zu tun hatte, drei Mitarbeiter gehabt. Mitte der dreißiger Jahre beschäftigte Ford in seinem amerikanischen Hauptwerk 75.000 Mitarbeiter, darunter waren lediglich 800 Angestellte: Ford verabscheute alles, was nichts mit der Produktion im eigentlichen Sinne zu tun hatte, überhaupt alles, was seine wohl geordneten Arbeitsabläufe durcheinander bringen konnte. Die gesamte riesenhafte Maschinerie war nur darauf ausgelegt, einen einzelnen Typ zu produzieren. Das Herstellungs-Konzept des T-Modells wurde ständig verfeinert. Der gigantische Erfolg des Einheits-Autos behinderte aber die Entwicklung eines Nachfolgers, drei Jahrzehnte später, bei Nordhoff und dem Volkswagen Käfer, sollte sich das wiederholen. So lange die Schlote rauchten und die Produktionsrekorde purzelten, fragte niemand nach der Zukunft.

» *Im langen Schatten des T-Modells: der Typ A. Sein Erscheinen war die Sensation des Jahres.* (Foto: Ford-Werke GmbH)

## Ford kommt nach Deutschland

Eine Fertigung in Deutschland hatte Firmengründer Henry Ford bereits in den Jahren vor dem Ersten Weltkrieg erwogen, diese aber erst danach verwirklicht. In der Weimarer Republik war der Motorisierungsgrad gering, die Arbeitskräfte waren billig und Deutschland eines der bevölkerungsreichsten Länder in Europa. Dass Henry zunächst an mehr dachte als nur an eine Montagefabrik, darf bezweifelt werden, schließlich wollte er in erster Linie durch die Produktion von Teilesätzen in den USA die Stückkosten verringern, um das T-Modell wieder um einige Dollar billiger anbieten zu können – Fords Patentrezept bei sinkender Nachfrage. Die deutschen Ford Werke AG wurden als »Ford Motor Company« am 18. August 1925 ins Handelsregister von Berlin eingetragen. Zunächst ging es um die Einfuhr von 1000 Fordson-Traktoren; am 2. Januar 1926 richtete Ford dann einen Montagebetrieb und ein Ersatzteillager in gemieteten Hallen am Berliner Westhafen ein. Ab August schließlich wurde dann auch produziert und montiert – natürlich der unverwüstliche Einheitstyp, das T-Modell.

Vier Jahre später, im Oktober 1930, legte Henry Ford I in Köln den Grundstein für das neue Werk am Rhein. Auch Köln war zunächst nicht mehr als ein Montagewerk mit Teilfabrikation. Der Löwenanteil der Fahrzeugteile kam immer noch aus den USA und England an den Rhein. In den Dreißigern begannen die Deutschen, sich aus der Abhängigkeit zu lösen; im Zweiten Weltkrieg waren die Ford-Werke in erster Linie als Lastwagenproduzent für die Wehrmacht tätig. Getreu dem Motto von Henry Ford (»Wir betrachten uns nicht als ein nationales Unternehmen, sondern ausschließlich als multinationale Organisation«) waren die

Fordfabriken weltweit maßgeblich in die Rüstungsanstrengungen des jeweiligen Landes eingespannt. In Deutschland baute Ford in erster Linie Lastwagen und Halbkettenfahrzeuge für die Wehrmacht, im Gegensatz zu nahezu allen anderen Großbetrieben wurden die Ford-Werke aber nicht großflächig bombardiert. Die größten Kriegsschäden gingen auf das Konto der deutschen Artillerie, die sich auf der anderen Seite des Rheinufers verschanzt hatte und beim Einmarsch der Amerikaner das Feuer eröffnete.

Dennoch war Ford – nicht zuletzt dank tatkräftiger Hilfe der britischen Ford-Werker – als erster Autohersteller nach dem Krieg wieder in der Lage, Fahrzeuge zu bauen. Die deutschen Ford-Wagen durften aber nicht den Namen Ford tragen, sie hießen Taunus. Mit ihnen erwarben sich die Kölner einen soliden Ruf, auch wenn den Wagen immer ein wenig der Ruch der Biederkeit anhaftete.

## Ford in Deutschland: der Neubeginn

Am Tag der deutschen Kapitulation lief die Produktion von Lastwagen, Austauschmotoren und Teilen wieder an. An Personenwagen war zunächst nicht zu denken, gemäß alliierter Absprache war deren Fertigung Sache der Engländer, die dies im Volkswagenwerk Fallersleben erledigten. Henry Ford II, seit September 1945 Ford-Chef, wurde das Volkswagenwerk zum Kauf angeboten, doch er lehnte ab, weil es ihm zu nahe an der Zonengrenze lag. Dort wurden in den ersten Jahren auch Fahrerhäuser für Ford produziert, die Karosseriebau-Kapazität reichte in Köln nicht aus, da das 1938 in Berlin-Johannistal erworbene Ambi-Budd-Presswerk nicht mehr zur Verfügung stand.

>> *Ford 4/21 PS, wie er 1933 in Berlin ausgestellt wurde. Die von Drauz gebaute Cabriolimousine basierte auf einer englischen Konstruktion und wurde als Modell »Köln« verkauft.* (Foto: Ford-Werke GmbH)

## Ein echter Kölner

Die sechziger Jahre begannen für die deutsche Ford mit der Linie der Vernunft – und einem akuten Arbeitskräftemangel: Ford begann daher mit der Anwerbung von türkischen »Gastarbeitern«. Und die wurden auch dringend gebraucht, denn dank der sensationell erfolgreichen »Badewanne« belegte Ford zeitweise Rang drei der deutschen Zulassungsstatistik. Die Lieferzeiten wurden immer länger, und jetzt war es der Platz, der fehlte. Trotz aller Bemühungen war es nicht möglich, im Ruhrgebiet ein entsprechendes Areal zu erwerben, sodass nahe der belgischen Kleinstadt Genk ein neues Werk entstand. Zwei Jahre später kam im belgischen Lommel ein neues Testgelände dazu, und die Zusammenarbeit mit den britischen Kollegen vertiefte sich.

Mit einem Produktionsrekord von 505.823 Einheiten kam Ford 1965 auf das bis dahin erfolgreichste Jahr seiner Geschichte, zwei neue Werke entstanden und ein 100 Millionen Mark teures Forschungszentrum in Köln-Merkenich folgte zum Ende des Jahrzehnts. Das allerdings gehörte zu den wenigen positiven Schlagzeilen, die Ford in der zweiten Hälfte der sechziger Jahre produzierte: Ford schien den Anschluss zu verpassen, der erfolglose P7 war Deutschlands Antwort auf den Edsel und sorgte für hohe Verluste. Die konnten auch durch die Erfolge von Ford Capri und Escort nur bedingt wieder ausgeglichen werden, die in erster Linie in England entwickelt worden waren und demzufolge auch eine ganze Menge englischer Eigenheiten aufwiesen, wie etwa die Optik: Erst die zweite Escort-Generation von 1975 war eine deutsche Entwicklung und wesentlich besser gelungen. In technischer Hinsicht waren die 70er-Jahre ein Jahrzehnt der Stagnation, es gab wenig bemerkenswerte Neuerscheinungen mit der Ford-Pflaume. Unter der automobilen Hausmannskost jener Jahre stach nur der Fiesta von 1976 hervor, der erste Ford-Kleinwagen mit Frontantrieb war ein echter Kölner. Von 1979 bis heute wurden in Köln-Niehl über 5,3 Millionen Ford Fiesta gebaut.

Nachdem Robert A. Lutz 1974 den Chefsessel der Ford-Werke übernommen hatte, den Karosserieschwulst reduziert und die Garantiefristen auf ein Jahr bzw. 20.000 Kilometer verdoppelt hatte, liefen die Geschäfte bestens: Die Ford-Werke AG konnte für 1976 eine hundertprozentige

Mit der Währungsreform vom Juni 1948 begann auch bei Ford der wirtschaftliche Aufstieg, um so mehr, als am 1. Oktober die Produktion des Vorkriegstaunus wieder aufgenommen werden konnte: Ein Teil der Presswerkzeuge hatte aus der sowjetischen Besatzungszone zurückgeholt werden können. Im Januar 1952 kam mit dem Taunus 12 M dann die erste eigene Nachkriegskonstruktion auf die Straße. Auch in diesem Fall hatte der weltweite Ford-Verbund tatkräftig Schützenhilfe geleistet, diesmal war Ford Frankreich ebenso hilfreich wie die Unterstützung des amerikanischen Mutterhauses. Als 1956 die renommierte Karosseriefabrik Hebmüller zum Verkauf stand – der Betrieb war 1949 niedergebrannt –, griff Ford zu. Daraus entwickelte sich das Werk Wülfrath. Inzwischen arbeiteten bei den Ford-Werken mehr als 10.000 Menschen. Und die hatten reichlich zu tun: 1958 hatten sie mit 128.000 Fahrzeugen erstmals eine sechsstellige Produktionszahl erreicht, rund die Hälfte davon für den Export.

>> *Der »Eifel« stellte eine beliebte Basis für Aufbautenhersteller dar. Eifel-Spezialist Wolfram Düster, Krefeld, weiß von zehn verschiedenen Kabriokarosserien. Dieses zweisitzige Cabrio stammt von Gläser, Dresden.* (Foto: Ford-Werke GmbH)

Dividende in die USA überweisen. Und dort hatte Ford ganz schön zu kämpfen. Die zweite Ölkrise traf Ford besonders hart, zwischen 1979 und 1981 wurden rund 25 Prozent aller Angestellten entlassen und die Anzahl der US-Arbeiter von 190.000 auf 115.000 reduziert. Ford machte Milliarden-Verluste, nur gut, dass es bei den überseeischen Töchtern in Deutschland und Großbritannien besser lief und von dort Kapital zurückfloss.

## Weltauto mit Frontantrieb

Zu den wichtigsten Neuerscheinungen der 80er-Jahre zählte Fords Frontantriebs-Weltauto Escort, der zum Modelljahr 1981 eingeführt wurde: Im Gefolge der zweiten Ölkrise 1979 benötigten die Amerikaner dringend einen konkurrenzfähigen Kleinwagen mit Frontantrieb und moderner Technik. Aus dem europäischen Escort wurde das erste Weltauto des Konzerns, auch wenn nach wie vor die amerikanischen mit den europäischen Ford nicht allzu viel gemeinsam hatten. Ebenfalls in den USA verkauft wurde der Taunus-Nachfolger Sierra mit seinem sensationellen cW-Wert, der als Dreitürer XR4i auch in den USA (dann als Mercur) verkauft wurde. Die 80er und 90er gehörten dennoch nicht zu den besten Jahrzehnten der Automobilbranche, der Einbruch in Absatz und Verkauf 1981 führte zu erheblichen Umbrüchen.

Ford schrieb erst 1987 wieder schwarze Zahlen, zehn Jahre später konnte man einen Rekordgewinn verbuchen – eine letzte Hochphase vor dem beginnenden Abschwung, der den seit 1999 amtierenden Ford-Chef Jac Nasser den Kopf kostete: Zum 1. Oktober 2001 übernahm William Clay Ford junior, Henrys Urenkel, die Leitung beim US-Autobauer. Damit saß erstmals seit 21 Jahren wieder ein Ford am Steuer des Konzerns, der das neue Jahrtausend wenig verheißungsvoll begonnen hatte. Der Milliardenverlust in jenem Jahr war so gravierend, dass erstmals seit 1991 die Dividende gesenkt werden musste; die Aktien verloren zeitweise über 30 Prozent ihres Wertes. Unter Leitung des neuen CEO (Chief Executive Officer) William Clay Ford jr. wurde ein umfassendes Restrukturierungsprogramm eingeleitet, das die Schließung mehrerer nordamerikanischer Werke vorsah und die Einsparung von gut 8000 Stellen in der Verwaltung. Und genau in diesem Punkt dürfte William Clay der Billigung seines Urgroßvaters gewiss sein: Schließlich hatte auch Henry Ford I eine ausgesprochene Abneigung gegen jegliche Art der Verwaltung. Das allein genügte aber nicht, um das Unternehmen aus der Krise zu holen. Ford zog sich dann auf den Posten des Vorstandsvorsitzenden zurück und installierte 2006 einen neuen CEO, Alan Mulally, der ein drastisches Sanierungsprogramm durchführte und die Schließung von 16 Produktionsstandorten ankündigte. Außerdem schob Mulally die Entwicklung kompakterer Fahrzeuge an und begann, die Luxussparte mit den Tochtergesellschaften Jaguar (1989 übernommen) und Land Rover (2000) loszuschlagen. Der indische Konzern Tata Motors übernahm im März 2008 beide Firmen. 2010 veräußerte Ford Volvo an den chinesischen Automobilhersteller Geeley, und auch die Beteilung am japanischen Hersteller Mazda wurde radikal reduziert: Um so wichtiger für die Entwicklung sparsamer, zukunftsweisender Konzepte sind heute die europäischen Töchter.

## Ford of Europe

Bereits 1967 hatte Henry Ford II in London die Gründung von Ford of Europe durchgesetzt, um die Zusammenarbeit der britischen und der deutschen Ford-Töchter zu verbessern und Synergieeffekte zu

» *Vier- und Achtzylinder-Wagen waren von außen praktisch nicht zu unterscheiden, sieht man einmal vom V8-Emblem zwischen den Scheinwerfern und auf den Radkappen ab. Im Bild zu sehen ist die Luxusausführung der viertürigen »Innensteuerlimousine V8 14/65 PS« von 1932.* (Foto: Ford-Werke GmbH)

» *Der Buckel-Taunus trat 1939 die Nachfolge des Eifel an. Technisch mit dem Eifel eng verwandt, machte er erst nach dem Krieg Karriere.*

*(Foto: Ford-Werke GmbH)*

schaffen: Teure Doppelentwicklungen sollten damit der Vergangenheit angehören: Ford persönlich eröffnete am 20. Juni 1968 das John-Andrews-Entwicklungszentrum am Standort Merkenich mit Teststrecken, Prüfständen, Windkanälen und dergleichen mehr: Als »Center of Excellence« für die Pkw-Entwicklung spielt Köln eine Schlüsselrolle bei der weltweiten Fahrzeug-Entwicklung. Bei der Gründung war das noch nicht abzusehen, insbesondere die deutschen Motormagazine fürchteten durch die Zusammenlegung einen Bedeutungsverlust der Ford-Werke. Schließlich standen sich Amerikaner und Briten schon sprachlich viel näher als Amerikaner und Deutsche.

Heute ist das längst Geschichte. In einer globalen Welt (und bei einer Weltfirma wie Ford sowieso) agiert kein Unternehmen nur noch national: Die technischen Entwicklungen bei Ford of Europe werden zunehmend wichtiger innerhalb des Gesamtkonzerns. Das 1994 gegründete Ford Forschungszentrum Aachen ist bis heute der einzige Forschungsstandort der Ford Motor Company außerhalb der USA. Weitere Schwerpunkte liegen auf der Fahrdynamik, aktiven Sicherheitssystemen, Materialforschung und auf neuen Technologien für den Fahrzeuginnenraum. So findet ein reger Austausch von Technologien oder Baugruppen statt, was allen Marken der Ford Motor Company zugute kommt.

## Ford Kleinwagen

Der Fiesta des Jahres 1976 signalisierte einen Aufbruch zu neuen Ufern: der Fronttriebler war der erste moderne Ford und entpuppte sich als durchschlagender Erfolg. Seine Entwicklung hatte die Amerikaner mehr Geld gekostet als jede andere Neukonstruktion zuvor (vom Ford Edsel einmal abgesehen), und sein Erfolg war immens wichtig für den US-Konzern, der mit seinem konservativen Modellprogramm ins Abseits zu geraten drohte. Henry Ford II persönlich gab den Startschuss zu seiner Entwicklung, er war es auch, der das eigens dafür bei Valencia in Spanien gebaute Produktionswerk eröffnete. Der Schrägheck-Dreitürer war ab Mai 1976 lieferbar, es gab ihn mit drei Motoren (1,0-, 1,3- und 1,6-Liter). Zwei Jahre nach dem Faclift vom August 1981 folgte die zweite Generation, die technisch weitgehend dem Vormodell entsprach. Neu war in erster Linie der Vorderwagen und das, was sich darunter abspielte: Die 1,3- und 1,6-Liter-CVH-Motoren stammten aus dem Escort-Programm, serienmäßig mit Fünfgang-Getriebe. Spitzenmodell war die Sportversion XR2 mit Doppelvergaser-Motor und 97 PS. Die dritte Fiesta-Generation von 1989 war eine komplette Neukonstruktion mit neuer Vorderachse und Verbundlenkerachse hinten. Erstmals gab es den kleinen Kölner auch mit fünf Türen. Auf der Optionsliste standen ABS, Airbags, Klimaanlage und eine heizbare Frontscheibe. Topmodell war wiederum der XR2i, diesmal mit 1,8-Liter-16V-Benziner mit Einspritzanlage und 130 PS. 1994 wurde eine umfangreiche Modellpflege durchgeführt, zwei Jahre später folgte der Modellwechsel. Diese Fiesta-Generation nutzte die Plattform des Vorgängers, Basismotorisierung bildete nach wie vor der 1,3-Liter-»Kent«-Motor, der 1959 erstmals vorgestellt worden war. Mit anderem Signet am Grill war dieser Fiesta auch als Mazda 121 zu haben. Wie üblich, gab es eine Reihe von Ausstattungslinien und Sondermodellen, ebenso ergänzte eine »Courier« getaufte Lieferwagen-Variante die Modellpalette. 1999 folgte ein umfassendes Facelift, erkenntlich an der neuen Fahrzeugfront. Technische Neuerungen umfassten die Ausstattung mit 14-Zoll-Rädern, innenbelüfteten Scheibenbremsen vorn und Seitenairbags. 2001 erschien die sechste, deutlich erwachsener wirkende Fiesta-Generation in fünf Ausstattungslinien und mit umfangreichem Sicherheitspaket. Die Motorenpalette reichte vom 1,3-Liter-8V-Basis-Benziner bis zum 2,0-Liter-16V-ST-Triebwerk mit 150 PS. Dazu kamen zwei Selbstzünder-Turbodiesel, die einer Zusammenarbeit mit Peugeot entsprangen. Nach einer Modellpflege zum Modelljahr 2006 lief dann nach den Werkferien im August 2008 die bislang siebte Fiesta-Generation vom Band – u.a. mit elektrischer Servolenkung, ABS und ESP sowie vier Airbags und einem Knieairbag für den Fahrer. Zur Markteinführung gab es vier Benzin-Motoren mit 44 bis 88 kW sowie einen Dieselmotor mit 66 kW; 2009 rückte ein Basis-Diesel mit 55 kW nach. Seit 2010 wird der Fiesta auch in den USA verkauft, zum ersten Mal wieder seit 30 Jahren. Mittlerweile gibt es auch einen Fiesta für Flüssiggasbetrieb; der Fiesta ST mit zwangbeatmetem 1,6-Liter-Ti-VCT „EcoBoost"- Motor und 134 kW (182 PS) soll die Modellpalette nach oben erweitern. Auf dieser Plattform sind zahlreiche Ableger denkbar, beschlossene Sache ist eine Stufenheck-Ausführung und ein Minivan als Nachfolger des Ford Fusion. Auch Kombi, Coupé und Cabriolet sind denkbar. Ein ähnliche Vielfalt ist beim kleinsten Ford, dem Ka, nicht geplant. Dieser erschien im so genannten Sub-B-Segment 1995 auf einer verkürzten Fiesta-Bodengruppe. Der Kleinwagen lief ein gutes Dutzend Jahre im spanischen Ford-Werk vom Band, erhielt kaum wahrnehmbare optische Veränderungen und war ein knuffiger, praktischer Stadtflitzer mit überraschend großzügigem Platzangebot für Fahrer und Beifahrer. Wer hinten sitzen musste, hatte nicht ganz so viel Spaß an dem flotten Wägelchen, und der Gepäckraum war nicht der Rede wert. Motorisiert war der Ka zunächst ausschließlich mit dem 1,3-Liter-Motor aus dem Ur-Fiesta in zwei Leistungsstufen, wahlweise mit 37 kW (50 PS) oder 44 kW (60 PS). 2002 kam ein modernerer OHC-Motor mit gleichem Hubraum und 44 kW und 51 kW (69 PS) sowie in einer 95 PS starken 1,6-Liter-Version, die dem SportKa vorbehalten war. Im Laufe der Zeit durch immer neue Ausstattungspakete, Farben und Sondermodelle in den Schlagzeilen gehalten, wurde der Ka in Zeiten der Abwrackprämie als Sondermodell »Student« für unter 8000 Euro verkauft. Wenn der preisgünstige Ka auch ein Erfolgsmodell war, so galt das weniger für das bei Pininfarina gebaute Cabriolet (»Streetka«).

Seit Februar 2009 ist in Deutschland die zweite Modellgeneration des Ford Ka erhältlich, die gemeinsam mit Fiat auf Basis Panda entwickelt wurde und zusammen mit dem Fiat 500 im polnischen Fiat-Werk Tychy vom Band läuft. Auch die Motoren stammen aus Fiat-Produktion. Die Ford-Techniker haben beim Fahrwerk viel Wert auf Fahrdynamik gelegt.

» *Kennzeichen S: Vor Einführung des XR2 hielt der Fiesta Super S die Sportlerfahne hoch. Die sportlichen Stahlfelgen waren mit Pirelli-P3-Reifen der Dimension 155 SR 12 bestückt; unter der Haube arbeitete der 1,1-Liter-Motor aus dem Escort.*
(Foto: Ford-Werke GmbH)

>> *Zum Modelljahr 1983 erhielt der Fiesta eine andere Optik, ein modifiziertes Fahrwerk und eine bessere Ausstattung.* (Foto: Ford-Werke GmbH)

>> *Der neue Fiesta kam zum April 1989 auf den Markt. Er hatte in jeder Dimension zugelegt und wirkte nun deutlich erwachsener:* (Foto: Ford-Werke GmbH)

>> *Das neue Gesicht prägte der markentypische Ovalgrill. In der Ghia-Version bestand die ovale Blende aus klarem Kunststoff, der je nach Lichteinfall und Perspektive verchromt wirkte.* (Foto: Ford-Werke GmbH)

>> *Zum Modelljahr 2000 wurde die Fiesta-Familie aufgefrischt. Die Änderungen an Motorhaube, Kotflügeln und Stoßfängern betonten das »New Edge Design« von Focus und Ka. Die Technik war unverändert.*

(Foto: Ford-Werke GmbH)

>> *Die Ford-Techniker spendierten dem Fiesta in der sechsten Generation nicht nur ein neues Blechkleid, sondern auch eine völlig neue Plattform.*

(Foto: Ford-Werke GmbH)

» *Groß geworden: Der Fiesta des Jahres 1976 wirkt geradezu schwächlich gegenüber seinem bulligen Ur-Enkel, der im Oktober 2008 eingeführten siebten Generation.*
*(Foto: Ford-Werke GmbH)*

» *Auf Fiesta-Basis: Der Ford Ka von 1996 war der erste Ford im New-Edge-Design.* *(Foto: Ford-Werke GmbH)*

» *Der Ford Ka der zweiten Generation wurde im Februar 2009 eingeführt und läuft parallel zum Fiat 500 im polnischen Fiat-Werk Tychy vom Band. Auch die Motoren stammen von den Italienern.* *(Foto: Ford-Werke GmbH)*

## Die Kompaktklasse: Vom Escort zum Focus

Im ewigen sich wandelnden Automobilmarkt der Sechziger des vergangenen Jahrhunderts liefen die Kölner Gefahr, den Anschluss zu verpassen. Während der Käfer Zulassungsrekorde feierte und Opel bereits mit der zweiten Kadett-Generation punkten konnte, herrschte bei den Ford-Händlern gähnende Leere in den Showrooms. Es fehlte ein vergleichbarer Wagen. Da traf es sich gut, dass die britische Ford-Dependance gerade einen Nachfolger für ihren Bestseller Anglia ins Rampenlicht schob. Der neue Wagen hieß »Escort« und wurde auch in Deutschland zu einem Begriff. Die erste Generation wurde zwischen 1968 und 1975 gebaut und bot viel Auto fürs Geld. Lieferbar mit zwei und vier Türen sowie als zweitüriger Kombi. Der Wagen mit seiner eher britischen Linienführung (»Hundeknochen«-Kühler) war weder besonders attraktiv noch sonderlich innovativ – Motor vorn, angetriebene hintere Starrachse: Einfacher Standard, einfach verarbeitet. Die zweite Generation (1975–1980) sah zumindest besser aus, wenn sie schon technisch nichts Neues bot – auch unter der Haube nicht: Das Motorspektrum reichte von 1,1 bis 1,6 Liter und von 44 bis 86 PS; Spitzenmodell war jeweils der auch im Rennsport einsetzbare RS 2000 mit 2,0-Liter-Maschine und 100 PS. Die dritte Escort-Generation war keine rein europäische Angelegenheit mehr, sondern eine, bei der auch die amerikanische Konzernzentrale mitmischte. Die Amerikaner benötigten nämlich für die USA einen konkurrenzfähigen Kompaktwagen mit Frontantrieb und moderner Technik: Aus dem europäischen Escort wurde das erste Weltauto des Konzerns, auch wenn der US-Escort mit hiesigen Escort nicht viele Ge-

meinsamkeiten aufwies. Die dritte Generation erschien während ihrer zehnjährigen Laufzeit in unzähligen Varianten und Motorausführungen; es gab sie als Schrägheck-Limousine mit zwei und vier Türen, als Stufenheck-Viertürer (»Orion«), als Kombi und Kleinlieferwagen mit zwei und dann vier Türen sowie als Karmann-Cabriolet. Spitzenmodell war der dreitürige RS Turbo mit 132 PS.

Die vierte und letzte Generation lief von 1990 bis zum Jahr 2000, war allerdings, anders als der Vorgänger, der nur ein einziges Mal – 1986 – eine modifizierte Optik erhalten hatte, gleich mehrfach überarbeitet, zuletzt 1995. In der Form wurde er noch bis zum Jahr 2000 gebaut, wiewohl seit 1998 bereits das Nachfolgemodell Focus vermarktet wurde. Im Laufe der Bauzeit kamen verschiedene Motoren zum Einsatz, mit 1,3-, 1,4-, 1,6-, 1,8- und 2,0-Liter Hubraum sowie drei 1,8-Liter-Dieseln in verschiedenen Leistungsstufen. Spitzenmodell war der RS Cosworth mit permanentem Allradantrieb, 220-PS-Turbo-Motor und einer Spitze von 225 km/h. Gebaut wurde dieses Basisauto für den Rallyesport bei Karmann.

Währen der Escort immer als nachlässig verarbeitet, schnell rostend und wenig zuverlässig galt, änderte der Focus von 1998 Fords Image in der Golfklasse nachhaltig: Gut verarbeitet, ein vorzügliches Fahrwerk und ausgesprochene Langzeitqualitäten aufweisend, befindet sich der inzwischen in dritter Generation auf dem Markt befindliche Kölner längst schon auf Augenhöhe mit der Konkurrenz. Die Karosserie- und Motorenvielfalt ist groß, in der zweiten Generation gab es sogar ein modisches Stahldach-Cabriolet Focus CC, das bei Pininfarina gebaut wurde.

» *Konkurrenz für Käfer und Kadett: Der erste Escort entstand in deutsch-britischer Zusammenarbeit und erschloss für Ford eine völlig neue Kundengruppe. Die preisgünstigste Variante lag bei 5400 Mark. Im Bild der 1300 GT.*

(Foto: Ford-Werke GmbH)

» Im Rennsport eine Macht: Der Escort RS 2000 der ersten Baureihe war insbesondere in England ein höchst erfolgreiches Rallye- und Rennsportgerät. Hier ein wunderschön restauriertes Fahrzeug der ersten Serie. In Deutschland war RS 2000 der zweiten Generation beliebter. (Foto: Ford-Werke GmbH)

» Rund 80 Prozent aller Käufer entschieden sich für den 1,3-Liter-Escort mit 54 PS. Die eckigen Scheinwerfer gab es ab der GL-Ausstattung, das Vinyldach bei den Ghia. (Foto: Ford-Werke GmbH)

» Der Turnier war ausschließlich als karg ausgestatteter Zweitürer zu haben. Gegenüber der Limousine kostete er 725 Mark mehr. (Foto: Ford-Werke GmbH)

» Mit der dritten Escort-Generation vollzog Ford eine Abkehr vom bisherigen Konzept. Die Entwicklung verschlang fünf Milliarden Mark. (Foto: Ford-Werke GmbH)

» Die Stufenheck-Variante des Escort hieß Orion und wurde 1983 eingeführt. Hier ein Orion 1,4 Ghia mit Ford-RS-Zubehör. (Foto: Ford-Werk GmbH)

>> *Frischzellenkur: Escort (hier der C) und Orion erhielten für das Modelljahr 1986 ein Facelift. Besonders markant geriet die Nase im Scorpio-Stil. Damit sollte der Verkauf kräftig angekurbelt werden.* (Foto: Ford-Werke GmbH)

>> *Die hinteren Seitenscheiben waren in der zweiten Escort-Generation voll versenkbar; im Überrollbügel befanden sich Innenleuchten wie auch einklappbare Haltegriffe. Im Bild ein XR3i-Cabrio des Modelljahres 1993. (Foto: Ford-Werke GmbH)*

>> *Die Absatzzahlen blieben aber weit hinter den Erwartungen zurück, was Ford zu umfangreichen Überarbeitungen 1993 und 1995 zwang. Als die Werbeaufnahmen für diesen fünftürigen CL entstanden, lag das aber noch in weiter Ferne.* (Foto: Ford-Werke GmbH)

>> *Fließende Formen, charakteristische Rundungen und der neue Fischmaul-Kühlergrill prägten die Optik des Escorts des Modelljahres 1995. Jetzt endlich war der Escort so gut, wie er von Anfang an hätte sein sollen. Nach Produktionsanlauf des Focus' wurde der bisherige Escort als »Classic« weiter gebaut. (Foto: Ford-Werke GmbH)*

>> *Kein Cabriolet ohne Henkel: Vom Ritmo bis zum offenen Golf, keines der Viersitzer-Cabriolets verzichtete auf den versteifenden Bügel. Der Escort aber – hier in XR3i-Variante – war das optisch ausgewogenste.* (Foto: Ford-Werke GmbH)

>> *Für die Export-Märkte viel wichtiger als für den deutschen Markt war die Stufenheck-Version des Focus'.* (Foto: Ford-Werke GmbH)

>> *Bereits in der Grundausstattung Ambiente komplett ausgestattet: Focus Turnier, Modelljahr 1999.* (Foto: Ford-Werke GmbH)

>> *Die teuerste Möglichkeit, Focus zu fahren: Focus RS, 2002. Die auf 5000 Exemplare limitierte Sonderserie kostete 30.000 Euro.* (Foto: Ford-Werke GmbH)

>> *Die zweite Focus-Auflage wurde zwischen 2004 und 2010 gebaut, mit einer Modellpflege im Jahr 2008.* (Foto: Ford-Werke GmbH)

>> *In Deutschland ausgesprochen beliebt: Der Focus Kombi. Der Serienanlauf dieser Variante erfolgte Anfang 2005.* (Foto: Ford-Werke GmbH)

» Das Focus-Cabriolet erschien im März 2007 und wurde bei Pininfarina produziert. Der Focus mit seinem Stahldach wurde mit zwei Benzin- und einem Dieselmotor angeboten. Die Produktion des Focus Coupé-Cabriolet lief im Juli 2011 aus, von der dritten Generation ist keine offene Ausführung in Sicht. (Foto: Ford-Werke GmbH)

» Zur IAA 2011 vorgestellt: Der brandneue Focus ST-R soll bei einer Vielzahl von Wettbewerben rund um den Globus eingesetzt werden können, vor allem im Tourenwagensport. (Foto: Ford-Werke GmbH)

❯❯ *Der Taunus erhielt von den Testern beste Zensuren. »Bremsen: Sehr ausgeglichen und gut, Schaltung: leichtgängig.«* (Foto: Ford-Werke GmbH)

❯❯ *Elegant: Vom 12M (1952–1959) gab es Cabrio-Varianten, aufgebaut von Deutsch. Die Stückzahlen waren allerdings verschwindend gering.* (Foto: Ford-Werke GmbH)

❯❯ *Gib mir die Kugel: Bis 1959 zierte die Weltkugel das Taunus-Gesicht.* (Foto: Ford-Werke GmbH)

❯❯ *Ein völlig serienmäßiger 12M mit 40 PS legte 1963 in 117 Tagen und Nächten nonstop 356.430 Kilometer zurück. Ford umkreiste über 70.000 Mal die französische Rennstrecke von Miramas und stellte 107 Weltrekorde und internationale Bestleistungen auf, trotz eines schweren Unfalls bei Kilometerstand 284.275.* (Foto: Ford-Werke GmbH)

❯❯ *Heute sehr gesucht: Ford 15M Coupé, hier der RS der Baujahre 1968 bis 1970. Der RS war nur in den Farben Silber und Weinrot lieferbar, es gab ihn mit 1,5-Liter-Motoren (55 und 65 PS) oder mit dem neuen 1,7-Liter mit 75 PS: Nach Meinung der Presse ein »rassiger Fronttriebler«.* (Foto: Ford-Werke GmbH)

❯❯ *Mit Taunus zum Erfolg: Den zuletzt bröckelnden Zulassungszahlen begegnete Ford mit den Taunus-Modellen der TC-Baureihe. Gemeinsam mit Ford of Europe entwickelt, kamen allein 1970 elf Prozent mehr Ford auf die Straßen, im ersten vollen Jahr wurden bereits 250.000 Taunus produziert. (Foto: Ford-Werke GmbH)*

❯❯ *Nach dem Facelift: Taunus XL, Modelljahr 1974. Den neuen Jahrgang erkannte man am schwarzen Kühlergrill. (Foto: Ford-Werke GmbH)*

❯❯ *Moderne Formen, bekannte Technik: die Taunus-Neuauflage von 1976. (Foto: Ford-Werke GmbH)*

❯❯ *Das Taunus-Spitzenmodell mit 2,3-Liter-Motor und Ghia-Ausstattung. In dieser Ausstattung kostete der Viertürer satte 16.685 Mark.*
*(Foto: Ford-Werke GmbH)*

## Die Mittelklasse:
## Vom Taunus zum Weltauto Mondeo

Fords Mittelklasse lief unter der Traditionsbezeichnung »Taunus« schon vor dem Krieg vom Band, auch bei den ersten Nachkriegstaunus handelte es sich lediglich um den leicht modifizierten Vorkriegstyp. 1952 erschien mit dem Taunus 12 M dann die Ablösung des Vorkriegstyps, es handelte sich dabei um den ersten deutschen Wagen mit selbsttragender Ponton-Karosserie. Eine Einzelradaufhängung ersetzte die bisherige starre Vorderachse, der 1,2-Liter-Motor mit 38 PS blieb gleich. Mehrfach überarbeitet und modellgepflegt, lief der Taunus dann bis 1962. Größere technische Änderungen hatten sich nicht ergeben, lediglich das Kühlergesicht des stets nur zweitürig angebotenen Kölners hatte sich mit schöner Regelmäßigkeit geändert. Die nächste 12-M-Generation (1962–1966) war eigentlich ein US-Entwurf, den die Kölner von der Konzernmutter übernahmen

» »Der neue Sierra, das zeigte die Langstreckenprüfung, ist nicht nur vom Styling und von der übrigen Konzeption her eine mutige Lösung, sondern eine gebrauchstüchtige dazu.« (auto motor und sport, 1983). Im Bild der Turnier in L-Ausstattung. (Foto: Ford-Werke GmbH)

» Charakteristisch: der Sierra XR4i in Frontansicht. Diese Sierra-Variante wurde bei Karmann zwischen 1985 und 1990 für den amerikanischen Markt gebaut und dort als Merkur XR4Ti verkauft. In Deutschland lief der XR4i nur bis 1985. (Foto: Ford-Werke GmbH)

» Nach dem Facelift: Sierra 2.0iS, 1987. (Foto: Ford-Werke GmbH)

und mühsam eindeutschten. Als Zwei- und Viertürer mit Stufenheck, als Coupé wie auch zweitüriger Kombi angeboten, sorgten im 12- bzw. 15 M jeweils V4-Motoren mit 50 bis 65 PS für Vortrieb. Hier wurden die Vorderräder angetrieben, was als großer Fortschritt galt. Die nächste Taunus-Generation (1966–1970) unterschied sich in erster Linie durch das sachlichere Blechkleid vom Vorgänger. Diesem Trend zur neuen Sachlichkeit fiel auch im Lauf der Zeit die Traditionsbezeichnung Taunus zum Opfer. Die Motorpalette war erweitert worden, neu hinzu kamen ein 1,3- und ein 1,7-Liter-Motor, Letzterer in der sportlichen RS-Variante gut für 75 PS und eine Spitze von nahezu 160 km/h. Die folgende Generation, gebaut bis 1976, war, rein auf dem Papier betrachtet, ein Rückschritt: Heckantrieb, Reihenmotoren und die Wiedereinführung der Bezeichnung Taunus sprachen nicht gerade für gewaltige Fortschritte. Dennoch fand Ford damit zurück auf die Erfolgsspur, die neuen Taunus mit ihrem amerikanisierten Karosseriestil (»Knudsen«-Nase) kamen gut an. Mit der neuen Mittelklasse bot Ford eine bislang nie erreichte Vielfalt, es gab Motoren mit 55 bis 108 PS, fünf Karosserie-Versionen und fünf Ausstattungsstufen. Außerdem verdoppelte Ford in dieser Zeit die Garantiezeit auf ein Jahr oder 20 000 Kilometer, was – zusammen mit den günstigen Preisen – für eine große Nachfrage sorgte. Die nächste Taunus-Generation (1976–1982) verpackte die bewährte Technik in ein sachlicheres Karosseriekleid; die Coupé-Varianten wurden nicht mehr gebaut, dafür aber ein Spitzenmodell mit dem 2,3-Liter-V6 aus dem Granada-Programm. Mit dem Modellwechsel zum Sierra signalisierte Ford einen Aufbruch hin zu neuen Ufern. Unkonventionell gezeichnet und mit sensationellem cW-Wert gesegnet, stand diese Modellreihe bis 1993 im Programm. Aus der Vielzahl an Modellen stechen natürlich die Sportversionen hervor, der zwischen 1983 und 1985 bei Karmann gebaute dreitürige XR4i (2,8 l, 150 PS) ebenso wie der Sierra Cosworth mit 204 bzw. 220 PS und Allradantrieb. Dem Sierra folgte 1993 das neue »Weltauto« Mondeo. Die erste Baureihe wurde als Stufenheck-Viertürer, Schrägheck-Fünftürer sowie als Kombi angeboten; wiederum gab es eine Fülle an Ausstattungs- und Motorvarianten bis hin zu den supersportlichen ST 200 mit 205 PS starkem V6 und einer Spitze von 231 km/h. Die zweite Mondeo-Generation (2001–2007) brachte Ford auf Schlagdistanz zum Klassenprimus VW Passat, die dritte, ab 2007, vollends auf Augenhöhe: Nicht nur wegen seiner Länge von deutlich über 4,80 m ist der Mondeo über die Mittelklasse längst hinausgewachsen.

» Als Zweitürer wurde der Sierra zunächst unter der Bezeichnung »Coupé« verkauft. Im Bild der 2,0i CLX mit den dunklen Rückleuchten des Modelljahres 1990. (Foto: Ford-Werke GmbH)

» Weltwagen: Der Mondeo sollte Fords erstes echtes Weltauto werden und wurde gemeinsam von Ford USA und Ford of Europe entwickelt. Im Bild: Mondeo Stufenheck in CLX-Ausstattung. (Foto: Ford-Werke GmbH)

» Hohes Lob: »Mit einem Fronttriebler ist eine bessere Kurvenlage kaum machbar«, lobten die Tester. Im Bild: Mondeo 24V Ghia, 1994, mit dem 2,5-l-V6 aus dem Probe. (Foto: Ford-Werke GmbH)

» Auf dem Genfer Salon 2002 zeigte Ford den 226 PS starken Mondeo ST 220. Aus dem praktischen Familienauto war eine waschechte Sportlimousine geworden. (Foto: Ford-Werke GmbH)

» Ein deutlicher Schritt nach vorne im Vergleich zum Vorgänger: Die dritte Mondeo-Generation ab 2007. In Deutschland werden nur noch Fließheck und der Kombi angeboten. (Foto: Ford-Werke GmbH)

>> *Taunus 17M P2. »Ein durch und durch vollwertiges Automobil. Sein Komfort und seine Fahrleistungen scheinen uns genau die Ansprüche zu erfüllen, die man heute an einen guten Gebrauchswagen für europäische Straßenverhältnisse stellen muss.«* (Foto: Ford-Werke GmbH)

## Die Oberklasse:
## Mit der Badewanne nach Granada

Mit dem Taunus 17 M stieß Ford 1957 die Tür in die obere Mittelklasse weit auf. Die Limousine im Straßenkreuzer-Design (»Barock-Taunus«) hatte einen 1,7-Liter-Motor mit 60 PS. Der Modellwechsel 1960 zum P3-Taunus (»Badewanne«) war ein wahrer Kulturschock für alle Traditionalisten, die neue »Linie der Vernunft« entsprach aber technisch dem Vorgänger. Bis 1964 gebaut, löste ihn die wesentlich konventioneller gezeichnete P5-Generation ab, die zunächst mit den beiden V4-Motoren aus den Mittelklasse-Taunus (65 und 70 PS) sowie dann mit einem 2,0-Liter-V6 (85/90 PS) zum 20 M zu ordern war. Während die P5-Reihe nur geringfügig überarbeitet wurde, musste sich die folgende P7-Reihe (1967–1972, jetzt ohne Verkaufszusatzbezeichnung »Taunus«) tiefgreifen-

de Eingriffe gefallen lassen, erst nach dem Facelift 1968 stellte sich für die weiterhin als 17 M und 20 M angebotenen Vier- und Sechszylinder Ford ein. Besonders populär wurde der P7 Kombi, der Turnier, den es auch mit 2,3-Liter-V6 gab; zum Spitzenmodell avancierte Ende 1969 der 26 M mit dem Capri-V6 und 125 PS. Die Serie lief 1972 aus, nun übernahmen die barock gezeichneten Granada/Consul-Typen den Staffelstab. Die P7-Nachfolger mit V4-Motor liefen üblicherweise als »Consul« (wobei es auch einen V6-Consul gab, was kaum nachzuvollziehen war), die Sechszylinder als »Granada«. 1975 wurden beide Reihen zusammengelegt. Es gab sie mit zwei und vier Türen, als Kombi und als Schrägheck-Coupé, die Reihe der möglichen V6-Motorisierungen umfasste 2,0-, 2,3-, 2,5-, 2,6-, 2,8- und 3,0-Liter-Aggregate mit 90, 108, 125, 150 und 138 PS. Das Ford-Flaggschiff wurde im Herbst 1977 abgelöst; die deutlich sachlicher

>> *Die »Badewanne«, der 17M P3, war von seiner Technik her wesentlich konventioneller, als die avantgardistische Karosserie vermuten ließ. (Zeichnung: Carlo Demand)*

» »Eine der interessantesten Neuerscheinungen der letzten Zeit«, urteilte auto motor und sport über den Ford Taunus 17M P3, die Badewanne.

(Foto: Ford-Werke GmbH)

» Der 17M 1965. In jenem Jahr stieg Ford nach Volkswagen zum zweitgrößten deutschen Automobilproduzenten auf. (Foto: Ford-Werke GmbH)

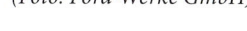

» Starkes Stück: Der üppig ausstaffierte 26M hatte den neuen 2,6-Liter unter der Haube und bot ein bislang nicht gekanntes Maß an Laufkultur. Schon kurz über Leerlaufdrehzahl schob der 26M gewaltig nach vorn. Der Vergleich mit den anderen deutschen Sechszylindern von Opel und Mercedes war eine klare Sache, der Ford bot am meisten.

(Foto: Ford-Werke GmbH)

gezeichneten Granada-Typen (Zweitürer und Coupé entfielen) wurden bis 1985 angeboten, wobei die Baureihe 1978 mit dem bei Peugeot zugekauften 2,1-Liter-Diesel geordert werden konnte.

Mit dem Scorpio als Granada-Nachfolger begann Fords langer Rückzug aus der Oberklasse. Im März 1985 kam er auf den Markt und wurde zunächst nur als Schrägheck-Limousine mit großer Heckklappe angeboten. Und ausgerechnet diese einzig lieferbare Bauform kam bei der konservativen Granada-Klientel nicht sonderlich gut an, serienmäßiges ABS hin oder her. Weder die zwei Jahre später nachgeschobene Stufenhecklimousine noch der erst 1991 offerierte Riesen-Kombi konnten letztlich am Niedergang der Nobel-Ford etwas ändern, und das Topmodell 2,9i mit 145 PS starkem Sechszylinder im Cosworth-Outfit war nun auch nicht nach jedermanns Geschmack. Das umfangreiche Facelift für das Modelljahr 1995 machte die Sache auch nicht besser: Ende 1999 lief die Produktion aus, wer einen großen Ford fahren wollte, musste zum Mondeo greifen.

» Der 20M RS hatte serienmäßig den 2,3-Liter-V6 unter der Haube, auf Wunsch und gegen Mehrpreis gab es ihn auch mit 125 PS. Lieferbar in den Farben Rot und Silbermetallic, als Limousine und Coupé.

(Foto: Ford-Werke GmbH)

》 *Nirgendwo gab es mehr Zylinder für weniger Geld: Wer auf Sechszylinder-Prestige, Ausstattung und Platzangebot Wert legte, war mit dem Granada gut bedient. Im Bild ein Granada GXL von 1972.* (Foto: Ford-Werke GmbH)

》 *Robust, zuverlässig und ausgereift, mit befriedigendem Federungskomfort und unproblematischen Fahreigenschaften: Der Granada war auch in der Neu-auflage ein ausgesprochen guter Kauf. Im Bild ein Granada 2,0 GL, 1977.* (Foto: Ford-Werke GmbH)

》 *Trotz Allrad ABS: Scorpio 4x4 GL, 1985.* (Foto: Ford-Werke GmbH)

》 *Der Scorpio Turnier wurde auf verschiedenen Messen zunächst als Studie präsentiert, bevor er im März 1992 serienreif war.* (Foto: Ford-Werke GmbH)

》 *Mehr als nur ein Facelift: der Scorpio 1995. »Die neue Abstimmung von Federung und Dämpfung hat die beim alten Modell üblichen Roll- und Stampf-bewegungen weitgehend eliminiert«, berichtete auto motor und sport* .

(Foto: Ford-Werke GmbH)

>> *Deutsch-britische Gemeinschaftsentwicklung mit italienischem Namen: Mit dem Capri versuchten die europäischen Ford-Töchter, den Erfolg des Mustangs auch auf ihre Märkte zu übertragen.* (Foto: Ford-Werke GmbH)

## Die Sportwagen: Die Capri-Legende

Neben dem nur kurzzeitig verkauften und in Italien zusammengeschraubten Ford OSI auf 26-M-Basis schlossen sich Sport und Ford lange Jahre gegenseitig aus. Das änderte sich erst nach der Präsentation des Capri. Zwischen 1969 und 1974 gebaut, kombinierte diese deutschenglische Gemeinschaftsentwicklung robuste Großserientechnik, klassische Sportwagenoptik, ein kleinfamilientaugliches Platzangebot und volkstümliche Preise. Die V4- und V6-Motoren stammten aus dem Taunus-Programm, das Angebot reichte vom Basis-1300er mit 50 PS bis zum RS 2600 mit 150 PS. Insbesondere die Vierzylinder waren aber bereits zum Zeitpunkt der Capri-Premiere veraltet; nach 1972 kamen neue Reihen-Vierzylinder zum Einsatz. Diese begleiteten auch die zweite Capri-Generation (1974–1978) mit großer Heckklappe und deutlich geglätteter Linienführung. Der Wechsel zum Capri III (1978) bescherte der Baureihe im Wesentlichen lediglich eine geänderte Frontgestaltung mit Doppelscheinwerfern; die Baureihe lief bis 1994, wurde aber in Saarlouis für den britischen Markt noch bis 1987 produziert. Spitzenmodell war der 2,8 Turbo gewesen mit 188 PS bei 5500/min.

Eine eigenständige Coupé-Baureihe leistete sich Ford erst wieder 1997 mit dem Puma auf Fiesta-Plattform. Das kleine Sportmodell konkurrierte mit dem Tigra von Opel und wurde bis 2002 produziert. Die Motoren – 1,7/125 PS; 1,4i 16V/90 PS; 1,6i 16V/103 PS – stammten aus dem Ford-Regal und kamen auch bei Fiesta, Escort und Focus zum Einsatz. Bei den anderen von Ford als Sportwagen vermarkteten Coupés wie dem Probe (1988–1998) oder dem Cougar (1998–2001) handelte es sich um in den USA produzierte Mazda-Derivate.

>> *Unter der Haube der ersten US-Capri befand sich ein 1,6-Liter-Reihenvierzylinder aus britischer Produktion, weil dieser »Kent-Motor« bereits im Cortina eingesetzt worden war und daher schon das amerikanische Zulassungsverfahren hinter sich gebracht hatte.* (Foto: Ford-Werke GmbH)

>> *Capri XL 3.0 V6, zweite Generation.* (Foto: Ford-Werke GmbH)

>> *Im Prinzip blieb unter dem gefällig geformten Blech alles beim alten, gründlich revidiert zeigte sich dagegen das Capri-Cockpit und der Innenraum. Die bequemeren Sitze wie auch die serienmäßig umklappbare Rücksitzlehne waren Details, die den Auto-Alltag angenehmer machten. Zur Vergrößerung der Ladefläche war die Rücksitzlehne (beim GT und Ghia geteilt) umklappbar.*

(Foto: Ford-Werke GmbH)

>> *Ford Capri der letzten Baureihe.* (Foto: Ford-Werke GmbH)

>> *Nur mäßig überarbeitet präsentierte sich die Capri-Neuauflage des Jahres 1978. In den folgenden zehn Jahren sollte sich in Sachen Optik kaum mehr etwas ändern.*

(Foto: Ford-Werke GmbH)

» *Der Probe, ein sportlicher Mazda-Ableger mit Mondeo-Technik, war eine gelungene Alternative zu Toyota Celica und anderen Coupés. Dennoch blieb der schnittige Ford in deutschen Gefilden so gut wie unbekannt.* (Foto: Ford-Werke GmbH)

» *Der Ford Puma feierte seine Weltpremiere auf dem Genfer Automobilsalon im März 1997. Das Sportcoupé im New-Edge-Design wurde von einem neuen 1,7-l-Zetec-Motor mit variabler Ventilsteuerung angetrieben.*

(Foto: Ford-Werke GmbH)

» *Das Sportcoupé war zum Modelljahr 2001 mit einem 1,6-Liter-Motor zu haben. Der Antrieb aus dem Fiesta Sport erfüllte die Euro 4-Norm. Im Bild der Puma als Sondermodell »Futura2«.* (Foto: Ford-Werke GmbH)

» *Der Probe-Nachfolger Cougar brachte das New-Edge-Design in die Coupé-Klasse. Sowohl bei rasanter Autobahnfahrt wie auch auf kurvigen Landstraßen lag der europäisch-straff abgestimmte 2+2-Sitzer wie angeklebt.*

(Foto: Ford-Werke GmbH)

» *Das Cougar-Sondermodell Futura, 2000.* (Foto: Ford-Werke GmbH)

## Vans und Geländewagen

Ungleich erfolgreicher als auf dem Gebiet der Sportwagen agierte Ford im Bereich der großen Familienkutschen, der Vans.

Die erste Baureihe, als »Galaxy« vermarktet, erschien 1995 und war eine Gemeinschaftsentwicklung mit VW. Der Galaxy war etwas günstiger als sein VW-Pendant »Sharan«; die Großraumlimousine stand mit verschiedenen Vierzylinder-Reihenmotoren, dem 2,3-Liter-V6-Zylinder sowie den beliebten Turbodieseln aus dem VW-Programm zur Verfügung. Verschiedentlich modellgepflegt, wurde der Galaxy (der insbesondere in den ersten Jahren von argen Kinderkrankheiten geplagt wurde) bis 2005 gebaut. Der Sharan lief sogar bis Herbst 2010 weiter, zu dem Zeitpunkt hatte die zweite Galaxy-Generation bereits das erste Facelift hinter sich. Dieser Familien-Van wurde übrigens nicht mehr gemeinsam mit VW in Portugal gebaut, das Ford-Eigengewächs lief in Genk von den Bändern, zusammen mit dem etwas kürzeren und sehr beliebten Schwestermodell S-Max; beide leider nur mit konventionellen Türen, nicht mit den Schiebtüren, mit denen die zweite Sharan-Generation punktete.

Eine Nummer darunter angesiedelt startete 2003 der C-Max auf Focus-Basis, der Ende 2010 abgelöst wurde. In der zweiten Generation gab es nun auch eine um 14 cm längere Version Grand C-Max mit Schiebetüren im Fond, der Hinweis auf die technische Basis »Focus« verschwand.

Ebenfalls mit Focus-Technik zu haben ist seit 2008 der Kompakt-Geländewagen »Kuga«. Mit einem hohen Maß an Fahrdynamik gesegnet, spielt er in einer Liga mit dem Marktführer VW Tiguan, ist aber we-

sentlich extravaganter gezeichnet. Umfangreich ausgestattet, stehen ein Fünfzylinder-Benziner mit 2,5 Liter Hubraum und 200 PS sowie zwei TDCi-Diesel mit 2,0 Liter und 140 beziehungsweise 163 PS zur Wahl. Allrad ist nicht für jede Ausführung zu haben. Übrigens war das nicht der einzige Ford-Geländewagen. Auch zuvor hatte es bereits Allradler beim Ford-Händler gegeben, dabei handelte es sich aber entweder um eingedeutsche US-Typen (Explorer) oder Japaner (Ford Maverick hieß das Schwestermodell des Nissan Terrano).

》 *Gemeinschaftswerk: Der Galaxy entstand 1995 in Zusammenarbeit mit Volkswagen. Beide Varianten unterschieden sich ursprünglich nur geringfügig in der Optik.* (Foto: Ford-Werke GmbH)

》 *Der Kompaktvan C-Max erschien 2003 und war das erste Modell auf Basis der zweiten Focus-Generation. Ab 2007 ließ man den Zusatz »Focus« im Namen weg.* (Foto: Ford-Werke GmbH)

》 *Seit 2011 steht der C-Max auch in einer längeren Ausführung zur Wahl, letztere mit den ungemein praktischen Schiebetüren für die Fondpassagier.* (Foto: Ford-Werke GmbH)

》 *2006 führte Ford den S-Max ein, der die Lücke zwischen C-Max und Galaxy schließen sollte. Technisch waren S-Max und Galaxy identisch.* (Foto: Ford-Werke GmbH)

》 *Der Kuga ersetzte ab 2007 in Europa den mit dem Mazda Tribute baugleichen Ford Maverick und war ein ausgesprochen fahraktiver SUV. Allrad gabs auf Wunsch.* (Foto: Ford-Werke GmbH)

# GLAS

*Hans Glas, dessen Isaria-Landmaschinen GmbH vor dem Krieg landwirtschaftliche Geräte aller Art produziert hatte, suchte 1948 händeringend nach weiteren Standbeinen, mit denen er die vorhandenen rund 1000 Arbeitsplätze sichern und im bayerischen Dingolfing angesichts der schweren Zeiten möglichst auch noch neue schaffen konnte. Da stolperte sein Sohn Andreas, der als Diplom-Ingenieur für das väterliche Unternehmen eine Landmaschinen-Ausstellung in Verona besuchte, in Italien an jeder Ecke über einen der dort schon verbreiteten Motorroller. Zwar war es keineswegs einfach, den Vater davon zu überzeugen, geschweige denn die Voraussetzungen für Konstruktion, Teile-Zukauf und Serienfertigung zu schaffen, aber im Juli 1951 ging in Dingolfing der erste rein deutsche Roller in Serie. Er trug den Namen »Goggo«, abgeleitet vom Kosenamen für einen der Enkel von Hans Glas. Den enormen Bekanntheitsgrad, der diesem Namen noch heute zu eigen ist, erhielt er allerdings erst ein paar Jahre später in Verbindung mit einem Kleinwagen: Dem Goggomobil.*

» *Das Glas-Logo.*

Zunächst einmal aber war der Goggo-Roller recht erfolgreich. 1954 war die Firma, die inzwischen »Isaria Maschinenfabrik Hans Glas GmbH« hieß, bereits zum drittgrößten Motorroller-Produzenten in Deutschland aufgestiegen, größer waren nur noch NSU und Hoffmann-Vespa. Inzwischen gab es aber auch Pläne für den Bau eines Kleinstwagens. Der sollte ursprünglich über eine Fronttür zugänglich gemacht werden und über einen Zweizylinder-Zweitakter mit 247 cm³ Hubraum im Heck verfügen. Damit durfte das zunächst als »Vierradroller« gehandelte Wägelchen mit dem Führerschein der Klasse IV gefahren werden, sofern dieser vor dem 1. Juli 1954 erworben worden war.

## Das Goggomobil

Technisch war das Goggomobil, dessen erstes Exemplar in Gestalt eines T 250 im Mai 1955 vom Band lief, seinen Konkurrenten (BMW Isetta, Messerschmidt Kabinenroller, Lloyd) überlegen. So verfügte es serienmäßig bereits unter anderem über eine elektrische Dynastart-Anlage und ein 12-Volt-Bordnetz, eine hintere Pendelachse und Hydraulik-Bremsen. Kinderkrankheiten, unter denen auch das Goggomobil litt, wurden von den Technikern systematisch ausgemerzt.

Und nach ersten Anlaufschwierigkeiten zeigte das Goggomobil seinen Konkurrenten die Rücklichter: Schon im Mai 1957, nur zwei Jahre nach dem Serienanlauf, lief das 70.000 Goggomobil vom Band. Im Jahr 1956 waren die Isaria-Werke in Deutschland mit 33.385 produzierten Goggomobilen schon zum siebtgrößten Pkw-Hersteller aufgestiegen – noch vor BMW und Borgward. Als Außenseiter und Neuling war man dem direkten Konkurrenten Lloyd, der mit über 50.000 Kleinstwagen noch auf Platz fünf in der Produktionsstatistik lag, schon sehr nahe gekommen. Ab Oktober 1956 wurde das Goggomobil unter der Bezeichnung T 300

» *Das Goggomobil 250 als Limousine – das Auto für Fahrer mit Führerschein-angst.*
(Foto: Pujanak, © CC)

>> *Das Goggomobil 250 Coupé war die Sensation der IFMA 1956. Es ging im Februar 1957 in Serie und war so gelungen, dass – so die Presse – »kaum noch jemand glauben würde, ein Rollermobil vor sich zu haben.«*

*(Zeichnung: Carlo Demand)*

auch mit 300-cm³-Motor angeboten, alle Wagen erhielten jetzt unter anderem einen zweiten Scheibenwischer und Kurbel- statt Schiebefenster. Und ab Ende 1956 gab es das Goggomobil als TS 250 dann auch in einer Coupé-Variante. (Von einer Cabriolet-Version wurden gerade einmal sechs Exemplare gebaut.)

Ein Jahr später, ab Oktober 1957, gab es weitere Verbesserungen an den Fahrzeugen, und es kam mit dem T 400 eine dritte Motor-Variante mit knapp 400-cm³-Hubraum hinzu. Ein letzter Modellwechsel erfolgte im März 1964, die gravierendste Änderung bestand darin, dass die Türen jetzt vorn und nicht mehr an der B-Säule angeschlagen waren.

Ab November 1957 gab es auch einen Transporter auf Goggomobil-Basis. Als TL 250, 300 oder 400 wurde er mit geschlossener und wenig später auch mit offener Ladefläche (als Pick-up) angeboten.

## Glas Isar

Aber aus den Nachkriegs- wurden die Wirtschaftswunderjahre, und mit steigendem Wohlstand nahm das Interesse an Kleinstwagen ab. Nicht zuletzt fragten auch die Händler, die das Goggomobil so erfolgreich verkauften, nach einem Aufsteiger-Modell. Und so entwickelte die Goggomobil-Werke GmbH, wie die Firma jetzt hieß, das »Große Goggomobil«, das gegen den Lloyd LP mit 600-cm³-Motor antreten sollte, sich

bei seiner Präsentation als noch nicht fahrbereiter Prototyp auf der IAA 1957 aber noch weit größerer Konkurrenz ausgesetzt sah, unter anderem dem ersten NSU Prinz oder dem BMW Typ 600. Im August 1958 wurde der erste T 700 an die Kunden ausgeliefert, einen Monat später der erste T 600. Doch das große Goggomobil erwischte einen schlechten Start. Die allzu rasche Entwicklung bedingte zahlreiche und zum Teil sehr gravierende Kinderkrankheiten, zugleich erwuchs den Dingolfingern beispielsweise in Form des DKW Junior oder der Lloyd Arabella immer mehr und immer stärkere Konkurrenz.

So wurde das große Goggomobil – nach zahlreichen konstruktiven Verbesserungen – schon im Frühjahr 1959 umgetauft und hieß nun Isar T 600 bzw. Isar T 700. In dieser Zeit änderte auch die Firma selbst ihren Namen, sie hieß nunmehr »Goggomobil-Werke Hans Glas GmbH«, und die Autos wurden ab sofort unter dem Namen »Glas« verkauft. Den Isar gab es auch als Kombi, doch insgesamt sollte er den Dingolfingern keinen Gewinn bescheren. 1965 lief die Produktion aus. Gut 85.000 Exemplare waren gebaut worden, viel zu wenig, um in die Gewinnzone zu gelangen.

## S 1004, 1204 und 1304

Der von BMW abgeworbene Konstrukteur Leonhard Ischinger hatte bei Glas einen 50 PS starken 1-Liter-Vierzylinder-Viertakter entwickelt, der

>> *Goggomobil der letzten Baureihe: Da waren die Türen schon vorn angeschlagen.*

*(Foto: Lothar Spurzem, © CC)*

>> *Der Glas Isar mit seiner Panorama-Windschutzscheibe wurde auf der IAA 1957 als »T600« vorgestellt. Für Vortrieb sorgte ein 25 PS starker Boxermotor.*

*(Foto: Trabutzku1234, © CC)*

» *Das Coupé S 1004: Die »1000« standen für den Hubraum, die »4« für den Vierzylinder-Motor mit Zahnriemenantrieb für die Nockenwelle. Das Getriebe wurde vom Isar übernommen.*

*(Foto: Glaserati, © GLFD)*

dann – zur Sicherheit auf 42 PS gedrosselt – den Glas S 1004 antrieb, der im September 1961 auf der IAA in Frankfurt als Coupé und Cabriolet vorgestellt wurde. Es war das erste Automobil, dessen Nockenwelle von einem Zahnriemen angetrieben wurde. Später gab es den Wagen als Glas 1204 auch als Limousine, deren Motor als Ausgleich für das Mehrgewicht mit nunmehr 1200 cm³ Hubraum 53 PS leistete. Im Januar 1964 wurden die Wagen noch einmal aufgewertet, als 1004 TS und 1204 TS hatten sie durch eine Reihe von Tuningmaßnahmen in der Leistung noch einmal deutlich zugelegt. 1965 folgte schließlich noch ein Glas 1304, der mit bis zu 85 PS über eine seinerzeit sehr beachtliche Motorleistung verfügte. Um vom Goggomobil-Image wegzukommen, hatte die Firma übrigens wieder einmal ihren Namen geändert: Sie hieß jetzt schlicht »Hans Glas GmbH« und schmückte sich in diesem Zusammenhang auch gleich mit einem neu gestalteten Logo, in dessen Mittelpunkt aber immer noch ein geschwungenes »g« prangte.

## Erfolge im Sport

Dem Motorsport fühlte sich Glas schon von Anfang an zugeneigt, und was aus heutiger Sicht fast schon erstaunlich anmutet: Schon das kleine Goggomobil war bei Rallyes und Bergwertungen überraschend erfolgreich und ließ manch größeren Wagen hinter sich. An diese Erfolge knüpften auch die Isar und die 04-Modelle an, und 1965 errang Gerhard

Bodmer auf einem Glas 1204 TS sogar den Titel des Deutschen Rundstreckenmeisters. Danach allerdings neigte sich die große Zeit von Glas im Motorsport auch schon wieder dem Ende zu.

## Glas 1300 GT

Im September 1963 sorgte Glas auf der IAA für Aufsehen: Die Dingolfinger präsentierten mit dem Glas 1500 eine Limousine der gehobenen Mittelklasse und mit dem Glas 1300 GT einen Sportwagen, der hier als Coupé und als Cabriolet zu sehen war. Gezeichnet von dem italienischen Designer Pietro Frua, waren beide Modelle zu regelrechten Blickfängen geworden. Sieben Monate später ging der 1300 GT in Serie, und die auto, motor und sport bescheinigte ihm: »Der Glas 1300 GT ist ... die interessanteste Sportwagen-Alternative unterhalb der Porsche-Preisklasse.« Für die Verarbeitung zumindest der ersten Exemplare aber hagelte es Kritik.

## Glas 1700

Der Glas 1500 erwies sich in der Praxis als zu schwer für seinen Motor, und so wurde dessen Motor noch vor Beginn der Serienfertigung auf 1700 cm³ Hubraum vergrößert, aus denen 80 PS entsprangen. Auch die Karosserie der Limousine bedurfte noch erheblicher Feinarbeit, und nicht zuletzt musste nach der Vorstellung des Prototypen auf der IAA ja auch erst noch die gesamte Fertigungsstraße aufgebaut werden. Dass die

Produktion des Glas 1700 bereits im Oktober des folgenden Jahres 1964 richtig anlief, war also durchaus rekordverdächtig.

## Aus zwei mach eins: Glas 2600 V8

Die erste 1700-Limousine war noch kaum vom Band gerollt, da planten Vater Hans und Sohn Andreas Glas bereits den Aufstieg in die automobile Oberklasse. Gedacht war an ein großes Coupé, das von einem seidenweich laufenden Sechszylinder angetrieben werden und den Kopf einer ganzen Modellfamilie bilden sollte. Doch letztlich setzte sich Chefingenieur Karl Dompert mit seinem Vorschlag durch, statt des Sechszylinders einen Achtzylinder zu entwickeln, indem man zwei Zylinderbänke des vorhandenen 1,3-Liter-Vierzylinders in V-Form miteinander kombinierte. Das Design für das große Coupé stammte wieder aus der Feder von Pietro Frua, und obwohl dieser aus Kostengründen viele Fertigteile in seine Entwürfe einbauen musste, gelang ihm mit der Karosserie für das große Glas-Coupé erneut ein Meisterstück. Und zwar eines, das bei der Kundschaft ankam: Auf der IAA 1965 erstmals der Öffentlichkeit vorgestellt, schlossen im Verlauf der elf Messetage so viele Interessenten Kaufverträge ab, dass Glas die für 1966 geplante Produktion des 2600 V8 kurzerhand verdoppeln musste.

## Aus Glas wird BMW

Doch die Zeiten wurden härter, die Wirtschaft durchmaß die von Finanzminister Karl Schiller so genannte Talsohle, und Glas produzierte auf Halde. Hans Glas machte sich notgedrungen auf die Suche nach einem Partner. Am 27. September 1966 wurde in München ein Vertrag aufgesetzt, mit dem BMW die Hans Glas GmbH mitsamt der Hans Glas Vertriebs GmbH für etwas über zehn Millionen Mark kaufte. Einige Glas-Modelle wurden noch eine Zeitlang weiter gebaut und mit BMW-Label und anderer Typenbezeichnung angeboten, doch am 25. Juni 1969 rollte mit einem Goggomobil das allerletzte Glas-Modell vom Band. Dingolfing war vollends zu einem BMW-Zweigwerk geworden.

» *Italienisches Design: Die Karosserieentwürfe, nicht nur des 1700 GT, stammten von Frua.*

(Foto: Piotrus, © CC)

» *Das große Glas-Coupé 2600 V8.*

(Foto: Berthold Werner, © GLFD)

# GOLIATH

Die Keimzelle des Borgward-Konzerns waren die 1928 gegründeten Goliath-Werke Borgward & Co., die zunächst steuerfreie Dreiradfahrzeuge anboten. Das erste Fahrzeug der neuen Marke war zugleich ein alter Bekannter: Borgwards erste Firma, die Bremer Kühlerfabrik Borgward & Co., hatte bereits den sogenannten »Blitzkarren« entwickelt und gebaut, der dann unter der Bezeichnung »Goliath Blitzkarren« Kleingewerbetreibende mobil machte. Auf dieser Basis entstand auch die Pkw-Ausführung namens »Goliath Pionier« mit Ilo-Einzylinder-Zweitakter, 198 Kubik und 5,5 PS. Die Kraftübertragung erfolgte über ein Dreiganggetriebe und Kardanwelle, die Spitze lag bei rund 60 km/h.

Wie später beim Lloyd LP bestand die Karosserie aus mit Kunstleder überzogenem Holz. Die Goliath-Modelle bildeten Anfang der Dreißiger die kleinsten und preisgünstigsten Modelle; die Preislisten begann mit dem Pionier in Sportausführung – offen und ohne Türen – mit 1290 Reichsmark; mit Dach und Türen hieß das Ganze dann Coupé und kostete hundert Reichsmark mehr. Die Dreirad-Pkw wurden 1934 durch einen Vierradwagen mit 200-Kubik-Motor und 5 PS ersetzt. Der luftgekühlte Einzylinder saß im Heck, der kleine Zweisitzer (Spurweite 1280 mm, Radstand 1900 mm) war aber kein Erfolg. Die Dreiräder für bis zu einer halben Tonne Nutzlast liefen bis Ende des Jahrzehnts, dann wurden die Goliath-Bänder gebraucht für die Rüstungsproduktion. Bis zu diesem Zeitpunkt waren ungefähr 80.000 Goliath gebaut worden.

» Der Goliath Pionier basierte noch auf dem ebenfalls von Borgward entwickelten sogenannten »Blitzkarren«. *(Foto: Lothar Spurzem, © CC)*

» Der Goliath Pionier (1931–1934) war ein erster zaghafter Versuch, im Personenwagenbau Fuß zu fassen. *(Zeichnung: Carlo Demand)*

》 *Der Goliath GP 700, wie er Anfang der 50er-Jahre erschien. Verschiedentlich modellgepflegt, lief die Baureihe, zuletzt als Hansa 1100, bis Anfang der 60er-Jahre.*
*(Zeichnung. Carlo Demand)*

## Goliath 700/900

Im September 1949 – Firmengründer Borgward war im Vorjahr aus der alliierten Lagerhaft zurückgekehrt – wurde innerhalb der Borgward-Gruppe die Goliath-Werk G.m.b.H. als eigenständige Firma aus der Taufe gehoben, nachdem Borgward bereits im Februar die Lloyd Maschinenfabrik gegründet hatte. Während dort an einem Kleinwagen in DKW-Konzeption gestrickt wurde (der dann im Mai 1950 als Lloyd LP 300 erscheinen sollte), rollten bei Goliath wieder Dreirad-Transporter mit Heckantrieb nach Vorkriegsmuster vom Band, bevor dann 1950 auf dem Genfer Salon der erste Personenwagen, die Limousine Goliath GP 700 erschien. Eine ganze Etage über dem Lloyd angesiedelt, zielte Goliath auf die Käufer der Mittelschicht und war mit Pontonkarosserie, wassergekühltem Zweizylinder-Zweitakter und 25 PS »einer der schönsten Kleinwagen des Salons«, wie ein zeitgenössischer Bericht vermerkte. Der Fronttriebler mit Ganzstahlkarosserie wurde zunächst als vollwertiger Fünfsitzer angekündigt, später dann aber als Viersitzer bezeichnet. So oder so aber galt er als ausgesprochen moderner Kleinwagen: Einzelradaufhängung vorn an Querblattfedern, eine an Längslenkern geführte hintere Starrachse, Teleskopstoßdämpfer an allen vier Rädern sowie (zunächst nur für die besser ausgestattete Spezialausführung angekündigt) Hydraulikbremsen waren ebenso Merkmale einer fortschrittlichen

Limousine wie Blinker statt Winker, gebogene Windschutzscheiben aus Sicherheitsglas, vorn angeschlagene Türen und ein Armaturenbrett, in das »Heizung und Radio leicht eingebaut« werden konnten. Der 4,15 Meter lange Zweitürer mit Viergang-Krückstockschaltung hatte eine Spitzengeschwindigkeit von 100 km/h. Goliath erweiterte die Baureihe ständig, schob 1951 eine Rolldach-Ausführung und 1952 eine Kombiausführung nach. Einen Monat nach Gutbrod, im Juli 1952, brachten die Bremer dann den GP 700 E mit Bosch-Benzindirekteinspritzung und Getrenntschmierung auf den Markt, eine weit beachtete, aber sehr anfällige Art der Gemischaufbereitung, die den 700er in Misskredit brachte. Zur IAA im September 1955 folgte dann der Goliath GP 900 mit größerem 0,9-Liter-Motor und 40-PS-Einspritzer. Er rollte auf 13-Zoll-Rädern (statt 15 Zoll) und bot, wie ein Tester vermerkte, ein »jetzt beachtlich günstiges Verhältnis zwischen Größe, Raum, Fahrleistung und Verbrauch«. Mit 5925 Mark war der Einspritzer allerdings kein Schnäppchen, daher wurde ein halbes Jahr später eine zwei PS schwächere Vergaser-Ausführung angeboten, jedoch ohne dass dies die Nachfrage nach dem Zweitakter merklich hätte beleben können. Die Produktion der Zweitaktmodelle lief im Januar 1957 zugunsten der Modelle mit Viertaktmotor aus.

## Goliath/Hansa GP 1100

Das Hauptproblem des 1100ers war die Tatsache, dass er kaum von den inzwischen nicht mehr sonderlich erfolgreichen Zweitaktern zu unterscheiden war – schade, so kam der geschmeidige neue Vierzylinder-Boxermotor nicht recht zu Geltung. Der Wagen mit dem vor der Vorderachse platzierten Aluminium-Viertakter hatte eine Straßenlage, um die ihn mancher Sportwagen beneidete, kostete aber zu viel, um erfolgreich zu sein: Mit 6185 Mark für das Grundmodell und 7165 Mark für die Luxusausstattung war der Goliath sehr selbstbewusst ausgepreist. Im August 1958 folgte dem neuen Motor (den es auch mit Zweivergaseranlage und 55 PS gab) eine neue, elegante Karosserie – und ein neuer Markenname: Der Goliath 1100 hieß nun Hansa 1100, ohne dass das den Absatz spürbar angekurbelt hätte: Mit dem Borgward-Konkurs 1961 verschwand auch diese Traditionsmarke von der Bildfläche, aus Restbeständen wurden bis 1964 noch neue Hansa 1100 zusammengebaut.

》 *Goliath GP 700 von 1954.* *(Foto: Rewe, © GLFD)*

# GUMPERT

*»Mein Wunsch war immer, ein Auto zu haben, das so viel Anpressdruck hat, so viele Aerodynamik-effekte, dass man bei hoher Geschwindigkeit in einem Tunnel an der Decke fahren kann. Dieses Auto kann das.«*
*Der das sagt, heißt Roland Gumpert, und das Auto, das er meint, heißt so wie er: Der ehemalige Audi-Motorsportchef erfüllte sich zum Beginn des neuen Jahrtausends den Traum vom eigenen Auto, von einem Rennwagen mit Straßenzulassung.*

Roland Gumpert hatte Maschinenbau in Graz studiert und 1969 bei Audi in Ingolstadt angeheuert, zunächst als Versuchsingenieur und dann als sogenannter Typbegleiter für den Audi 50. Mitte der Siebziger war er der Hauptverantwortliche bei der Entwicklung eines Audi-Motorrades, dass es nicht dazu kam, lag an den Wolfsburger Konzernherren, die vom Zweirad nichts hielten – vom Allradantrieb Quattro übrigens auch nicht, doch in dem Fall konnte sich Gumpert durchsetzen.

## Der Traum vom Fliegen und Fahren

Das Konzept für seinen Supersportwagen stammt aus dem Jahr 2002, im Jahr darauf wurden erste Details an die Öffentlichkeit gegeben, und 2004 wurde in Ingostadt der erste Prototyp des »Apollo« getauften Wagens präsentiert. Bereits bei den ersten Presse- und Vorstellungsfahrten übertrieb es ein Herr der schreibenden Zunft und unterzog das kostba-

re Unikat einer heftigen Kaltverformung. Da dieses Fahrzeug wirklich ein Unikat und damit der einzig existierende Wagen seiner Art war, musste er erst mühsam wieder zusammengeflickt werden. Immerhin: Ein zweiter Apollo näherte sich der Fertigstellung, der wurde im März 2005 auf dem Hockenheimring bei einem Rennen Dritter. Damit war die Tauglichkeit des Konzeptes unter Beweis gestellt, der Apollo wurde weiter verfeinert, um dann beim Genfer Salon 2006 in Serienausführung präsentiert zu werden – wobei Gumpert als offiziellen Produktionsstart den 21. Dezember 2005 nennt. Der erste Apollo ging zu dem Zeitpunkt an einen Unternehmer aus dem Harz, der sich den knapp 200.000 Euro teuren Supersportwagen gönnte. Überhaupt, der Preis: Der war für einen Supersportwagen nachgerade volkstümlich, der Apollo sei »zu billig für die Scheichtümer«, klagte Gumpert gegenüber einem Nachrichten-magazin, dort zähle »ein Auto erst, wenn es sich kaum jemand leisten

» *Die beiden einzigen Prototypen des Gumpert Apollo vor einer Phantom.* (Foto: Gumpert/Uli Jooss, © GLFD)

» *Der Gumpert Apollo soll den Traum vom Fliegen ebenso verwirklichen wie den vom Fahren.* (Foto: Maximilian Dörrbecker, © CC)

kann«. In der Tat: Die Entwicklung soll deutlich unter 100 Millionen gekostet haben, weniger als ein Zehntel dessen, was Volkswagen in die Entwicklung des Bugatti Veyron investiert haben soll. Der hat aber einen Sechzehnzylinder, der Apollo dagegen nur halb so viele: Gumpert entbeinte den V8-Motor, zu finden etwa im Audi S6, und bestückte ihn mit hochfeinen Zutaten. In der Basisausführung brachte der Biturbo dann 650 PS, wiewohl in einer Ausbaustufe dem 4,2-Liter-Triebwerk 800 PS zu entlocken waren.

Doch auch mit der Basismotorisierung lässt sich gut leben, auch wenn diesem Wort ein wenig der Ruf der Ärmlichkeit anhaftet, und in diesem Fall stimmt das auch: Abgesehen von der im Überfluss vorhandenen Leistung war der Gumpert eine karge Rennmaschine – Features wie eine Klimaanlage oder ein Navi gab es zunächst nur auf Wunsch – mit einer Sicherheitszelle aus Kohlefaser und Chrom-Molybdän-Rahmen. Auch das Fahrwerk hätte jedem Rennsportwagen Ehre gemacht, die Federung mit ihren Doppelquerlenkern und voll einstellbaren Federdämpfereinheiten informierte die Insassen unverzüglich über eventuelle Versäumnisse der Straßenbauer. Innerhalb von drei Sekunden beschleunigte der nur knapp eine Tonne schwere Apollo auf Tempo 100, nach knapp neun Sekunden waren 200 km/h möglich, die Spitze lag bei rund 360 km/h, abgeriegelt wurde nicht. Eine 747 hebt übrigens bei rund 300 Stundenkilometern ab, dass dies der Gumpert nicht tut, ist den langen Stunden im Windkanal der TU München zu verdanken, dem Design von Marco Vanetta und der Besessenheit seines Schöpfers, der damit dem, der es sich leisten kann – inzwischen liegt der Preis für einen Apollo bei über 300.000 Euro plus Steuern – den »Traum von Fliegen und Fahren etwas näher bringen« will, wie Gumpert auf seiner Website verrät.

Das Gumpert-Programm umfasste zunächst drei Varianten, neben der 650 PS starken Normalausführung und den gemäß der FIA-Richtlinien homologierten Rennausführungen gab es seit März 2007 den straßenzugelassenen Apollo Sport mit 800 PS starkem Biturbo. 2008 war man mit einer Hybrid-Variante (3,3-Liter-V8-Biturbo mit 520 PS und 100-kW-Elektromotor) bei den 24 Stunden auf dem Nürburgring am Start; 2009 kam die Modellvariante Apollo Speed auf dem Genfer Auto-Salon mit verbesserter Aerodynamik für Hochgeschwindigkeitsgeraden, und 2010 folgten ein leichtes Facelift und 50 Mehr-PS für den Apollo Sport. Allen Modellen gemeinsam war das etwas verbesserte Platzangebot für die Besatzung. In Genf 2011 folgte der bislang letzte Streich, das Unternehmen zeigte den »GUMPERT TORNANTE by TOURING«, eine in Italien eingekleidete Stylingstudie, die den Weg bereiten soll für ein zweites Modell. Bis es aber so weit ist, bleiben die Flügeltüren mit den extremen Abtriebswerten das, was sie bislang schon sind: Reinrassige und zugleich mäßig alltagstaugliche Sportwagen mit Straßenzulassung, die in einer Zeit von 7:11,57 den Rundenrekord auf der Nürburgring-Nordschleife halten. Um mit dem zweimaligen Rallye-Weltmeister Walter Röhrl zu sprechen, der den Apollo Probe fuhr: »Sehr beeindruckend, um nicht zu sagen: fast angsteinflößend.«

## Die Gumpert Sportwagenmanufaktur GmbH

Die Gumpert Sportwagenmanufaktur GmbH des früheren Audi-Motorsportchefs Roland Gumpert ging am 01. Januar 2005 aus der GMG Sportwagenmanufaktur Altenburg GmbH hervor. Sie befindet sich im ostthüringischen Altenburg in den Räumen einer ehemaligen Nähmaschinenfabrik.

Zunächst wurden dort nur die Chrom-Molybdän-Rohrrahmen produziert, während die Endmontage in Ingolstadt erfolgte, später wurde dann die Fertigung komplett nach Altenburg verlagert. Als Teststrecke für den Apollo dient die Startbahn und das Vorfeld des Leipzig-Altenburg Airport. Auch die Präsentation des Apollos für Journalisten und Kunden findet meist auf dem Airport statt.

# GUTBROD

*Vom Motorrad über den Autobau mit Einspritzmotor bis zum Rasenmäher: das Unternehmen, das der Schwabe Wilhelm Gutbrod gründete, kann auf eine bewegte Vergangenheit zurückblicken – und automobilistisch auf eine wahre Großtat.*

» *Mit seinem Standard Superior nahm Wilhelm Gutbrod schon vor VW für sich in Anspruch, einen »Volkswagen« zu bauen.*

Wilhelm Gutbrod war ein einfacher Bauernsohn im Schwäbischen, den es nicht auf der heimatlichen Scholle hielt: Er, der nur die Volksschule hatte besuchen können, lernte ein Handwerk und arbeitete sich über verschiedene Stufen und Abendkurse hoch bis zum Maschinenbauingenieur. Seine Abschlussprüfung bestand aus der Konstruktion eines Zweitakt-Motorrads, das nach einer Zwischenstation bei Nutzfahrzeughersteller Kälble (wo er einen Dieselmotor für eine Straßenwalze entwarf) bei einer Stuttgarter Firma in Serie gebaut wurde. 1926 machte er sich selbstständig und baute unter dem Markennamen »Standard« vor allem Motorräder; die Lieferwagen waren dann die ersten, die den Markennamen »Gutbrod« erhielten. Den ersten Personenwagen von 1933, den Gutbrod Superior 500, bezeichnete die Propaganda-Abteilung des Werks (damals hatte das Wort keinerlei negative Bedeutung) als »Volkswagen«. Im Krieg wurde die Firma – inzwischen in Plochingen – zerstört; Wilhelm Gutbrod starb 1948, das Unternehmen führte sein Sohn Walter weiter, wenn auch ohne rechtes Glück. Trotz stattlicher staatlicher Förderung in Höhe von rund drei Millionen Mark 1950 musste 1953 ein Teil der Produktion verkauft werden; die Firma Gutbrod konzentrierte sich auf motorgetriebene Gartengeräte und gehört heute zur amerikanischen MTD-Gruppe, dem weltgrößten Anbieter auf diesem Gebiet.

## Gutbrod Superior

Die Fahrzeugproduktion im Gutbrod-Werk in Plochingen am Neckar lief 1946 wieder an, vor allem Kleinlieferwagen wurden gebaut. Richtig in Fahrt kam die Automobilfertigung dann mit dem Kleinwagen Su-

perior von 1949. An dessen Konstruktion waren maßgeblich Dr. Hans Scherenberg beteiligt, der bei Mercedes-Benz die Benzineinspritzung im Flugmotorenbau zur Einsatzreife gebracht hatte. Nach dem Krieg musste er das Unternehmen verlassen und heuerte in einem Ingenieurbüro an, das für Gutbrod tätig war. 1948 wechselte er dann nach Plochingen, konstruierte dort als Entwicklungschef den Atlas-Kleinlieferwagen und schuf um den bestehenden 600-cm³-Zweizylinder-Zweitakt-Motor herum ein Frontantriebs-Coupé mit Rolldach schuf. Den Wasserkühler legte er hinter den Motor und den Tank vor die Hinterachse. Die Karosserie lieferte das Karosseriewerk Weinsberg. Verschiedentlich verbessert, lag sein Preis dann aber schließlich auf dem Niveau des Volkswagens, was sich natürlich in den Absatzzahlen niederschlug. Dem ersten Superior folgte eine leistungsstärkere Ausführung mit 663 Kubik und 26 PS.

Am 16. April 1951 präsentierte das Team um Dr. Scherenberg schließlich den »Superior 700 E«, das erste Serienauto mit Benzineinspritzung. Dieses System der Gemischaufbereitung – wobei Scherenberg natürlich auf die Erfahrungen aus dem Flugzeugbau zurückgriff und mit Bosch zusammenarbeitete – arbeitete exakter als ein Vergaser, machte den Motor temperamentvoller und sparsamer. Gleichzeitig stellte Scherenberg auch auf eine Frischöl-Schmierung mit separatem Öltank um, ein Gutbrod musste nun nicht mehr mit vorgefertigtem Zweitaktgemisch betankt werden, sondern konnte die normalen Benzin-Zapfsäulen ansteuern. Neben Gutbrod setzte übrigens auch Borgward mit dem Goliath auf die Kraftstoffeinspritzung.

Scherenberg wurde 1952 wieder nach Untertürkheim geholt, in Plochingen zog daraufhin Willy Tecklenburg ein: Der Stuttgarter Diplom-Bücherrevisor sorgte dafür, dass der illiquide Fahrzeugbau abgewickelt werden konnte, ohne zur Pleite zu führen. In ähnlicher Funktion war Tecklenburg später auch bei den Firmen Messerschmitt und Maico tätig.

» *Dieser Sport-Prototyp aus dem Jahr 1955 von Gutbrod schaffte es nicht bis in die Serienfertigung.* (Foto: Dr. Paul Simsa)

# HANOMAG

*Im Zeitalter der Industrialisierung nach 1850 war der Eisenbahnbau die Zugmaschine der wirtschaftlichen Entwicklung Deutschlands. Zuerst stammten die Lokomotiven aus England, bald bauten die Deutschen ihr rollendes Material im eigenen Lande. Zu den größten Anbietern gehörte die »Eisengießerei und Maschinenfabrik Georg Egestorff« aus Hannover, aus der dann in den 1870er Jahren die »Hannoversche Maschinenbau Actien-Gesellschaft« entstand. Die Hannoveraner bauten nicht nur Lokomotiven, sondern auch stationäre Dampfmaschinen, Pumpen und Heizanlagen, sogar mit Verbrennungsmotoren wurde experimentiert.*

Ab 1912 begann man – inzwischen war der Name auf das handlichere »Hanomag« verkürzt worden – mit der Herstellung von Landmaschinen, und mit dieser Vergangenheit lag der Schritt zum Personenwagenbau nahe: Die Zielgruppe ist einfach größer. Kleinwagen waren keine Erfindung der Nachkriegszeit. Schon in den Zwanzigern ließ der Gedanke an einen Wagen für das Volk Entwicklern und Ingenieuren keine Ruhe: Das versprach, ein gewaltiger Absatzmarkt zu werden, in Deutschland, dem bevölkerungsreichsten Land Europas, sowieso.

## Klein, robust und günstig

Wer sich berufen fühlte (und das nötige Geld hatte), legte los mit dem Autobau, in den Zwanzigern sprossen Kleinstwagen wie Pilze aus dem feuchten Waldboden: Apollo, Avis, HAG, Helios, Mannesmann, Omni-

kron, Perl, Pluto, Steiger – die Liste der Kleinwagenkonstruktionen war schier endlos, ihr Problem indes war nicht nur die mangelhafte Ausreifung, sondern auch die konzeptionelle Schwäche: Im Grunde genommen handelte es sich dabei um konventionelle Entwürfe, also Motor und Getriebe vorn (hinter der Vorderachse) und Antrieb hinten. Der Kleinwagenbau aber erforderte eine optimale Raumausnutzung, mit kompakten Motoren, die so angeordnet waren, dass die Passagiere kommod untergebracht werden konnten.

Der Ingenieur (und spätere Hanomag-Chefkonstrukteur) Carl Pollich hatte eine entsprechende Idee und entwickelte für seine Arbeitgeber einen Kleinstwagen, der als »Komissbrot« bekannt werden sollte. Der Zweisitzer baute auf einem Leiterrahmenchassis auf und hatte im Heck einen kopfgesteuerten Einzylinder-Viertaktmotor mit 499 Kubik, der quer vor

>> *Hanomag 2/10 PS von 1927. Der im Volksmund »Kommissbrot« genannte Kleinwagen wurde von 1925 bis 1928 gebaut.* (Foto: Christian Jäger, © CC)

>> *Das Hanomag Sturm Cabriolet von 1934 war ein gediegener Sechszylinder mit 2,25 Litern Hubraum und 55 PS.* *(Foto: Lothar Spurzem, © CC)*

>> *Der Hanomag Kurier von 1935 mit 1,1-Liter-Motor leistete 23 PS und war nur als geschlossene Limousine zu haben.* *(Foto: Chiemsee Man)*

der starren Hinterachse eingebaut war. Stoßdämpfer gab es keine, hinten fanden sich lediglich Schraubenfedern, vorne Querblattfedern. Das Gewicht des offenen Zweisitzers (der nur eine Tür hatte) lag bei 320 Kilogramm, die Spitze lag bei 60 km/h. Der Hanomag 2/10, wegen seiner Pontonform im Volksmund auch »Kommissbrot« genannt, war einfach, robust und mit 2175 Mark (1927) auch vergleichsweise günstig; knapp 16.000 Stück entstanden.

## Enttäuschende Nachfolger

Enttäuschend konventionell dagegen waren die Nachfolger des Kommissbrots, die zwischen 1929 und 1931 gebauten Hanomag 3/16 PS und 4/20 PS mit 751, 797 und 1100 Kubik großen Vierzylindermotoren und Differenzial, angeblocktem Dreiganggetriebe und verschiedenen Stahlblech-Aufbauten über einem Hartholzgerippe. Auch die rund 12.000 Mal gebauten Nachfolgetypen 3/17 PS und 4/23 PS (1931–1934) boten ebenso wie die Garant- und Kurier-Typen (1934–1938) lediglich solide Hausmannskost, waren aber Indiz dafür, dass die mit Finanznöten kämpfende Firma ihre Zukunft auf der Straße sah: Den Lokomotivbau stellte man 1931 ein und begann, in den Lastwagenbau zu investieren. Auch hier war es Cheftechniker Carl Pollich, der die Fäden in der Hand hielt. Personenwagen, Lastwagen, Schlepper und dann die Rüstungsproduktion bildeten das Kerngeschäft. Mit den Jahren entfernte sich Hanomag vom Kleinstwagen-Gedanken, den der 2/10 noch so vollendet verkörpert hatte. Der Hanomag 1,3 Liter von 1939 war eine moderne, stromlinienförmige Konstruktion, die das Zeug dazu gehabt hätte, dem Volkswagen den Rang abzulaufen; der Hanomag Sturm eine Sechszylinder-Limousine für die besseren Kreise und der Hanomag Rekord ein Pionier auf dem Gebiet des Diesel-Pkw. Technische Meisterleistung hin, ausgereifte Konstruktionen her: 1941 wurde die Serienfertigung von Personenwagen ein- und ganz auf eine Rüstungsproduktion umgestellt: Hanomag hatte ab 1935, nach Erlangung der »Wehrhoheit«, so nannte man die nunmehr offen betriebene Aufrüstung des Dritten Reichs, mit dem Bau von Geschützen und Munition genug zu tun.

## Kein Glück mehr mit Pkws

Nach dem Krieg hatte sich das mit den Haubitzen und Granaten erledigt. Jetzt waren wieder Schlepper angesagt und Lastwagen für den Wiederaufbau. Pollichs größter Wurf – er blieb bis 1962 Chefkonstrukteur von

Hanomag – war der Schnelllastwagen L 28; kein Glück hatte sein zur IAA 1951 präsentierter Personenwagen Hanomag Partner mit Dreizylinder-Zweitaktmotor (wiewohl er dafür auch einen Zweizylinder-Boxermotor in der Schublade gehabt hätte) und selbsttragender Ganzstahlkarosserie. Der Partner mit Einzelradaufhängung und fünf Sitzen (Dreierbank vorne) hatte eine amerikanischen Tendenzen nachempfundene Pontonkarosserie, fiel beim IAA-Publikum aber durch – und das wollte schon etwas heißen in einer Zeit, da jeder fahrbare Untersatz heiß begehrt wurde. Die Hannoveraner ließen daraufhin die Finger vom Personenwagengeschäft und widmeten sich den größeren Kalibern. Das Unternehmen ging 1952 in der neu gegründeten Rheinstahl-Union auf, nach einer Reihe von Namensänderungen und Umfirmierungen war die Rheinstahl-Hanomag AG dann bis 1971 im Schlepperbau tätig. Nach diversen Transaktionen, Kooperationen und Gemeinschaftsentwicklungen hatte der Mutterkonzern Rheinstahl bereits 1970 seine Nutzfahrzeugsparte (zu der auch Henschel gehörte) an Daimler-Benz abgetreten. Nach 1971 war Hanomag nur noch als Baumaschinenhersteller tätig; da das nicht genug Rendite abwarf, stieß Rheinstahl schließlich auch diese Sparte ab, die dann, auf verschiedenen Umwegen, im März 1984 in Konkurs ging. Aus den Resten entstand die Hanomag neu, die Ende 1989 vom zweitgrößten Baumaschinen-Hersteller der Welt übernommen wurde, der Komatsu Ltd. aus Tokio. In Hannover entstehen heute Radlader, aber eben nicht mehr unter dem Namen Hanomag.

>> *Der Hanomag 1,3 Liter von 1938 sah von hinten dem Käfer ziemlich ähnlich. Dabei hätte er womöglich sogar das Zeug dazu gehabt, diesem den Rang abzulaufen.* *(Foto: Dr. Paul Simsa)*

# HEINKEL

*Der eigenbrötlerische Flugzeugkonstrukteur Heinkel (1888–1958), ein sturer Schwabe aus dem Remstal, war einer der fähigsten deutschen Flugzeugkonstrukteure. Er hatte 1922 an der Ostsee die Ernst Heinkel Flugzeugwerke Warnemünde gegründet, die sich bis 1945 zum größten und wichtigsten Flugzeughersteller Deutschlands entwickelt hatten, mit sieben Werken und bis zu 55.000 Arbeitern.*

>> *Die Heinkel Kabine wurde von 1956 bis 1958 in Speyer gebaut. Anfangs besaß sie einen Motor mit 175 cm³, später waren es 204 bzw. 198 cm³.*

*(Foto: Stahlkocher, © GLFD)*

Nach dem Zusammenbruch wurde Heinkel zunächst interniert, erst 1950 durfte er sein Werk in Stuttgart-Zuffenhausen – das letzte ihm verbliebene Werk, dort waren Motoren gebaut worden – wieder betreten. Seine Heinkel AG entwickelte und fertigte im Fremdauftrag verschiedene Motoren und Getriebe, so für DKW, Saab, Veritas und Tempo – bevor man sich 1953 mit einer ganzen Palette an Rollern, Mopeds und Fahrrad-Hilfsmotoren als Fahrzeugproduzent vorstellte. Mit dem Großroller Tourist hatte das Unternehmen seine ersten großen Erfolge.

## Vom Flugzeugbau zur Asphaltblase

Als zehn Jahre nach Kriegsende in Deutschland der Flugzeugbau wieder erlaubt wurde, erwarb Heinkel in Speyer ein Werk. Dort lief dann auch Heinkels Beitrag zum Wirtschaftsaufschwung vom Band, sein Rollermobil. Diese Heinkel-Kabine stützte sich auf die Antriebstechnik des robusten Tourist-Rollers mit 175, später dann 198 beziehungsweise 204 Kubikzentimeter. Modern waren die OHC-Einzylinder-Viertaktmotoren auf jeden Fall. Die Kraftübertragung erfolgte über Viergangschaltung und Kette an das einzelne Hinterrad. Der Kettenkasten hielt das hintere Zehn-Zoll-Rad auf Kurs. Die Vorderräder wurden von Schubschwingen geführt. Alle drei Räder hatten Schraubenfedern. Die hydraulische Fußbremse wirkte nur auf die Vorderräder, die Handbremse mechanisch auf

alle Räder. Allerdings war die Kabine für Heinkel von Anfang an ein Zuschussgeschäft, nach Angaben eines Wirtschaftsprüfers verlor das Unternehmen des Klempnersohnes aus dem Remstal bei jedem produzierten Fahrzeug rund 400 Mark: Die Kabine war ein Verlustgeschäft, trotz aller Exporterfolge.

## Verschiedene Varianten, ein Konzept

Je nach Exportland und Steuergesetzgebung gab es Ausführungen mit drei und vier Rädern, in jedem Fall obligatorisch war der Fronteinstieg, weshalb man der Heinkel-Kabine immer wieder vorwarf, nur eine Isetta-Kopie zu sein. Damit allerdings täte man dem rastlosen Ingenieur Heinkel unrecht, seine Asphaltblase hatte eine selbsttragende Karosserie, von einem Isetta-Klon konnte schon deshalb keine Rede sein. Die Kabine – ein Prototyp war 1955 gezeigt worden – bot zwei Erwachsenen und zwei kleineren Kindern durchaus Platz, das Gepäck allerdings musste leider draußen bleiben. Das war aber bei den anderen auch nicht anders.

Neben dem 175-cm³-Modell kam zur IFMA noch ein 200-cm³-Modell heraus, der Typ 154. Durch dessen viertes Rad musste das Fahrzeugheck etwas breiter gehalten werden, wobei die beiden Hinterräder so nahe beieinander standen (Spurweite hinten 220 mm), dass man eigentlich von einem Zwillingsrad sprechen konnte. Das 10-PS-Modell kostete DM 2750,-, das war so viel, wie BMW für seine Isetta in der Export-Version aufrief. Ab Frühjahr 1957 wurde der Hubraum des Motors um 5 cm³ reduziert, um unter 200 cm³ zu kommen, was steuerliche Vorteile bot. 1957 wurde der Dreirad-Typ 153 nach 6438 Exemplaren eingestellt, 1958 auch der größere Typ 154 nach 5537 Exemplaren. Produktionsanlagen und -rechte an der Kabine wurden zunächst nach Irland verkauft; zwischen 1961 und 1964 fertigte schließlich die englische Firma Trojan in Croydon die Kabine.

>> *Die britische Firma Trojan hatte schließlich Produktionsanlagen und Rechte an der Kabine erworben. Von ihr stammte denn auch dieses Exemplar von 1962.*
*(Foto: Jonny Hansson, © CC)*

# HORCH

*Nobel, vornehm und von zuverlässiger Qualität – so könnte man das Prestige der Horch-Automobile zusammenfassen. Begonnen hatte alles mit einem Firmengründer, der, noch bevor er den Höhepunkt seines Unternehmens erleben konnte, aus diesem hinausgeworfen wurde – und anschließend mit »Audi« eine weitere Autolegende auf die Beine stellte.*

## Der Motor wandert nach vorne

August Horch war seit 1896 Betriebsleiter in der Mannheimer »Gasmotorenfabrik« von Carl Benz. Doch der junge Ingenieur, der vor Ideen sprühte, wurde von Benz ausgebremst, weil dieser letztlich nur seine eigenen Vorstellungen gelten ließ. So blieb Horch nichts anderes übrig,

» *Das erste Horch-Automobil, ein Horch »Phaeton« mit 5-PS-Motor: Anfang 1901 unternahm August Horch (vorne links) mit seiner Gattin Anneliese (vorne rechts), seinem Kompagnon Salli Herz (hinten rechts) und einem weiteren Freund eine Ausfahrt in den Gassen von Köln-Ehrenfeld.* (Foto: Audi AG)

» *Der Horch 8 Typ 303 von 1926/1927 war mit seinem 3,2-Liter-Motor Deutschlands erster serienmäßiger Achtzylinder.* (Foto: Audi AG)

als drei Jahre später in Köln seine eigene Firma zu gründen, um dort seinen Traum von großen, leistungsstarken Automobilen zu verwirklichen. Horchs erster selbstkonstruierter Wagen mit der Bezeichnung 4/5 PS wies gleich eine Innovation auf: Erstmals in einem deutschen Fahrzeug war der Motor vorne eingebaut, während der Antrieb hinten erfolgte. Die zweite Neuerung, die mithalf, Horchs Namen rasch zu verbreiten, fand sich in seinem zweiten Wagen: Der 10/16 PS von 1902 benutzte zur Kraftübertragung zum ersten Mal in einem deutschen Auto einen Kardanantrieb. Nach diesen beiden Zweiliter-Automobilen entstand 1903 in Zwickau, wohin er mittlerweile seinen Betrieb verlegt hatte, mit dem 22/30 PS ein Vierliter-Modell. Dieses bildete mit weiteren Vierliter-Modellen die Grundlage für Horchs weitere Konstruktionen und festigten seinen Ruf.

Um weiter wachsen zu können, wandelte Horch ein Jahr später seine Firma in ein Aktienunternehmen um, die »August Horch + Cie. Motorwagenwerke AG Zwickau«. Aus dieser Aktiengesellschaft sollte ihm noch Ärger erwachsen, denn jetzt hatte er einen kaufmännischen Vorstand mit Jacob Holler sowie einen Aufsichtsrat als Gegenspieler; er konnte nicht mehr allein die Richtung des Unternehmens bestimmen.

Horch mehrte das Ansehen seiner Automobile medienwirksam durch die erfolgreiche Teilnahme an Autorennen in den folgenden beiden Jahren. Weil er aber wenig auf Kosten achtete und andere Autos baute, als sie der Aufsichtsrat wünschte, eskalierte der Konflikt innerhalb der Firma. Als seine neu entwickelten Sechsliter-Autos bei Rennen nicht mehr erfolgreich liefen (beim Kaiserpreisrennen 1907 fielen sie bereits im Training aus) und sich auch nicht gut verkauften, schaffte es sein Gegner Holler 1909, den Aufsichtsrat davon zu überzeugen, dass August Horch gehen müsse.

Horch grämte sich nicht lange, sondern gründete flugs und ebenfalls in Zwickau die »Audi-Werke«, nachdem er den Rechtsstreit um seinen Namen »Horch« verloren hatte.

## Ohne Horch auf Erfolgskurs

Holler, nunmehr in den Aufsichtsrat aufgestiegen, hatte von nun an das Sagen. Profitierend von den Konstruktionen des Firmengründers, verfolgte er eine insgesamt konservative Produktpolitik mit maßvollen Weiterentwicklungen. Die Automobile wurden etwas leistungsstärker, es wurden neue Zwischenmodelle eingeführt sowie neue Einstiegsmodelle. Der Erfolg blieb nicht aus, das Unternehmen expandierte, nahm ab 1911 wieder erfolgreich an Automobilrennen teil (beispielsweise an

» *Die neuen Horch 8 13/65 PS (Typ 305) und 16/80 PS (Typ 380) Pullman-Limousinen des Jahrgangs 1928 waren den amerikanischen LaSalle-Typen des Vorjahres wie aus dem Gesicht geschnitten. Der Motor allerdings war eine Eigenentwicklung. Der Achtzylinder mit seinen zwei Nockenwellen war eine Konstruktion von Paul Daimler, dem Sohn von Gottlieb Daimler.* (Zeichnung: Carlo Demand)

» *Horch 8, Typ 350 Roadster Cabriolet, 3,9 l, 8 Zylinder, 80 PS, 1928–1931.* (Foto: Audi AG)

» *Gewann in den 1930er Jahren reihenweise Schönheitswettbewerbe: Der Horch 670 mit Zwölfzylindermotor von 1932.* (Foto: Audi AG)

Alpenrennen, oft mit dem neuen Konstruktionsleiter Georg Paulmann am Steuer) und fand so internationale Beachtung.

Einen wirklichen kommerziellen Coup landete das Unternehmen 1912 mit seinem Einstieg in den Nutzfahrzeugbau. Denn bereits im gleichen Jahr setzte das kaiserliche Heer auf Horchs neue Lkw-Palette, so etwa auf den 25/42 PS. Und das sollte auch während der ganzen folgenden Kriegsjahre so bleiben.

Nach Kriegsende konnten die »Horchwerke AG«, die den »August« unterdessen auch aus dem Firmennamen verbannt hatten, ihr Vorkriegsmodellprogramm erfolgreich neu auflegen – zunächst. Denn zu Beginn der 20er-Jahre wehte ein schärferer Wind auf dem Automarkt. Zum einen drängten verstärkt billige Automobile aus den USA auf den deutschen Markt. Zum anderen verschlechterte sich die Wirtschaftslage infolge der Inflation. Und nicht zuletzt wurde die Modellpalette von Horch mittlerweile als veraltet wahrgenommen. Hollers zurückhaltender Vorkriegskurs kehrte sich nun gegen ihn selbst.

## Ein Flugmotorenhersteller übernimmt das Steuer

Holler erfuhr dasselbe Schicksal wie August Horch – er wurde an die Luft gesetzt. Und zwar von Moritz Straus, der für den Berliner Flugmotorenhersteller Argus die Aktienmehrheit der Horchwerke AG erwarb. Grund für diesen Schritt war das Herstellungsverbot von Flugzeugmotoren aufgrund des Versailler Friedensvertrages.

Straus ersetzte das unübersichtliche Modellprogramm von Horch durch zeitgemäße Neukonstruktionen. Statt Typenvielfalt entstand mit dem 10/35 PS ein Einheitstyp, der sich auch in der Krise gut verkaufte. Leider war er noch nicht zuverlässig genug. 1924 überarbeitete ihn deshalb Paul Daimler, der Sohn des Stuttgarter Autokonstrukteurs, der 1922 als Technischer Direktor zu Horch gekommen war, zum Verkaufserfolg 10/50 PS.

>> *Typisches Vorkriegs-Design: Der exklusive Horch 855 Spezial Roadster von 1938.* (Foto: Audi AG)

>> *Macht und Pracht: Der Horch 400, hier im Audi museum mobile, diente seinerzeit nicht zuletzt als veritable Staatskarosse. Gebaut wurde der Wagen von 1928–1931.* (Foto: Audi AG)

>> *Bernd Rosemeyer und sein Horch 853 Coupé von 1937 mit Erdmann-&-Rossi-Karosserie.* (Foto: Audi AG)

Paul Daimler hatte dank dieses kommerziellen Erfolges nun den Rücken frei, um mit dem ersten deutschen Achtzylinder-Serienwagen 1927 nicht nur für eine Sensation auf der Berliner Automobilausstellung zu sorgen, sondern auch dem Unternehmen eine Quasi-Monopolstellung zu verschaffen. Der Typ 350 von 1928 wurde besonders erfolgreich, galt damals als schönster deutscher Serienwagen und außerdem als sehr zuverlässig. Nebenbei besaß dieser Wagen erstmals die neue Kühlerfigur – einen geflügelten Pfeil (später wurde daraus eine geflügelte Weltkugel).

## Vier ineinander verschlungene »Rettungsringe«

Nach Daimlers Weggang 1929 arbeitete sein Nachfolger Fritz Fiedler den Achtzylinder zwecks Kosteneinsparung zum Typ 400 um; auch für den Käufer wurde er preiswerter, zwar nicht im Kauf, aber im Verbrauch. Dank Einführung der Fließbandmontage war seit ein paar Jahren die Autofertigung pro Tag ebenso gestiegen wie die Mitarbeiterzahl, doch mit der hereinbrechenden Weltwirtschaftskrise wurde dies wieder in Frage gestellt.

Weil sich der Achtzylinder zudem saisonal unterschiedlich verkaufte, musste zu Beginn der 30er-Jahre ein neues Modell her. Doch statt in der Krise wie andere Autobauer auf billigere Fahrzeuge zu setzen, verfolgten die Horchwerke einen gegensätzlichen Kurs. Mit dem Horch 12 Typ 670 entstand ein protziger Luxuswagen mit zwölf Zylindern, 120 PS und einer Spitzengeschwindigkeit von 130 km/h. Obwohl wunderschön und technisch auf Spitzenleistung getrimmt (allerdings mit unausgereiftem Fahrverhalten), konnte sich dieser Koloss in den Jahren bis zu seiner Einstellung 1934 nicht auf breiterer Linie durchsetzen; gerade einmal 81 Stück wurden gebaut.

Dieser Misserfolg verschärfte die wirtschaftliche Situation von Horch und erhöhte die Abhängigkeit von den Banken. Argus verdiente mittlerweile wieder genug mit Flugmotoren und gab den Plänen der Banken nach, die Horchwerke AG in die Obhut eines 1932 neu zu gründenden Automobilkonzern namens »Auto Union« zu geben, unter dessen Signet – vier ineinander verschlungenen Ringen – weitere sächsische Autofirmen in der Krise zusammenkommen sollten: DKW, Wanderer und – August Horchs Nachfolgefirma »Audi«. Hier hatte sich der Kreis wieder geschlossen.

>> *Dank des Horch-Baukastensystems waren die Acht- und Zwölfzylindermodelle von außen praktisch nicht zu unterscheiden. Beim Cabriolet war das relativ einfach: Die vom Werk gebauten Wagen hatten eine dreiteilige Windschutzscheibe. Bei diesem Modell von 1934 handelt es sich daher um einen Achtzylinder.* (Zeichnung: Carlo Demand)

>> *Horch 830 BL (3,5 bzw. 3,8 Liter) als Pullman-Limousine mit abnehmbarem Reisekoffer am Heck, ca. 1935/36. Bis 1940 wurden rund 6200 dieser Luxuswagen gebaut, nicht wenige als Einzelstücke mit Fremdaufbau. Horch verfügte seit 1931 über einen eigenen Karosseriebau.* (Zeichnung: Carlo Demand)

» *Horch Typ 853 A von 1939 mit 5,0 Liter großem Achtzylinder-Motor.* (Foto: Audi AG)

» *Autobahn-Tankstelle in Deutschland Ende der 30er-Jahre: Ein Horch 853 Sport-Cabriolet (1935–1940) tankt gerade das damals übliche Benzin-Benzol-Gemisch.* (Foto: Audi AG)

» *Ministerpräsident Horst Seehofer mit Gattin Karin im Horch 830 BL von 1939 beim Start zur Donau Classic 2009 am Audi Forum in Ingolstadt.* (Foto: Audi AG)

» *Der letzte Horch 1953: Einzelstück für Geschäftsführer Dr. Bruhn.* (Foto: Audi AG)

# ISDERA

*Er schuf das berühmte Pirelli-Rad und die bb-Turbo-Felge, das Experimentalmotorrad BMW Futuro und die Verkleidung für die 1981er Kreidler-Rennmaschine, die Buchmann 928-Cabrios, den Bitter Roadster auf Manta-Basis und für Baur den TC03: Eberhard Schulz, als Designer und Aerodynamik-experte ebenso bekannt wie als Schöpfer extremer Hochleistungs-Sportwagen. Als seine bekannteste Kreation gilt der CW 311 auf Mercedes-Basis von 1978, der einzige Mercedes, der nicht vom Werk stammt und dennoch den Stern tragen darf: Der Ritterschlag für jeden Automobil- ja was eigentlich: Ingenieur, Konstrukteur, Enthusiast?*

## Tagsüber Porsche, abends Mercedes

Als Schulz den Mercedes baute, arbeitete er tagsüber bei Porsche, der Flügeltürer, der in eine Linie mit den C111-Studien passte, entstand in fünfjähriger Abend-, Nacht- und Wochenendfreizeit. »Ich war Porsche-Mann durch und durch«, erklärt Schulz auf seiner Website, »Mercedes war aber immer das Größte.«. Und er wollte einen eigenen Mercedes, eine Hommage an den 300 SL. Sein Ehrgeiz war kein geringerer als der, einen Supersportwagen zu bauen, wie ihn auch das Werk nicht besser hätte erstellen können. Die Flügeltüren waren ihm »heilig«, wie er sagt, der Mittelmotor eine logische Folge und eine Spitzengeschwindigkeit von 300 km/h Pflicht. Für Vortrieb sorgte der Motor aus dem Mercedes 600, von AMG auf knapp 400 PS gebracht. Dazu kamen Gitterrohrrahmen, eine Fiberglaskarosserie und ein Chassis nach damaligen F1-Standards. Das alles war sauber und solide durchkonstruiert – »und selbst der Au-ßenspiegel auf dem Dach erfüllte die StVZO«.

Der CW 311 war allerdings nicht das erste Auto, das er gebaut hatte. Die erste aufsehende Eigenkreation (seine vierte insgesamt) von 1968 hatte ihm einen Job bei Porsche verschafft: Der Erator GT, ein Mittelmotor-Zweisitzer mit Flügeltüren und einer GFK-Karosserie über einem Git-terrohrrahmen. Anfänglich mit dem 54-PS-Motor aus dem VW 1600L bestückt, wurde später der 2,3-Liter-Ford-V6 und schließlich eine AMG-V8-Motor implantiert. Der Wagen blieb ein Einzelstück.

## Vom Spyder zum Commendatore

Anfang der Achtziger machte sich Schulz dann selbstständig, er gründete sein eigenes Konstruktionsbüro. »Isdera« steht für »Ingenieurbüro für Styling, Design und Racing«, als Wappentier führte die Firma den her-abstoßenden Adler. Seinen ersten Serienwagen, den Isdera-Spyder 033i, stellte Schulz 1982 vor. Hier kam ein auf 136 PS getunter 1,8-Liter-Motor aus dem Golf GTI zum Einsatz. Der Entwurf des rund vier Meter langen und 1,13 m hohen Mittelmotorsportwagens stammte von seinem Zei-chenbrett, und für die Technik kamen nur bewährte Großserienaggrega-te infrage. Und da Schulz mit seiner 1983 gegründeten Isdera GmbH in Leonberg vor den Toren Stuttgarts Domizil bezogen hatte, musste er nach geeigneten Komponenten nicht lange suchen: Die Motoren vom 033i-16 (ab 1985, 185 PS) und vom Nachfolger 036i (ab 1987 188, ab 1991 220 PS) steuerte Mercedes bei, ebenso die Raumlenker-Hinterachse. Die Vorder-

radaufhängungen stammten aus dem Porsche-Vierzylinder-Regal, das Fünfganggetriebe kam von ZF. Diese Bauteile kombinierte Schulz mit einer kompromisslos offenen GfK-Karosserie mit Flügeltüren. In seiner letzten Ausbaustufe beschleunigte der nur 970 kg schwere Spyder von 0 auf 100 km/h in 6,4 Sekunden, die Höchstgeschwindigkeit lag bei 262 km/h. Insgesamt wurden 17 Mittelmotor-Fahrmaschinen gebaut; der Stückpreis lag Anfang der Neunziger bei DM 199.500,-.

Der 1984 vorgestellte Imperator 108i war quasi die Serienausführung

» *Als bekannteste Kreation des Isdera-Gründers gilt der CW 311 auf Mercedes-Basis von 1978, der einzige Mercedes, der nicht vom Werk stammt und dennoch den Stern tragen darf.* (Foto: Hweihe, © GLFD)

» *Der 1984 vorgestellte Imperator 108i war quasi die Serienausführung des CW 311, der damit zum langstreckentauglichen GT-Sportwagen mutierte – mit Klimaanlage, Reserverad, Ledergestühl, einem Kofferraum mit 320 Litern Fas-sungsvermögen und Staufach für einen Aktenkoffer.* (Foto: Silosarg, © CC)

des CW 311, der damit zum langstreckentauglichen GT-Sportwagen mutierte – mit Klimaanlage, Reserverad, Ledergestühl, einem Kofferraum mit 320 Litern Fassungsvermögen und Staufach für einen Aktenkoffer. An Motoren wurden stets die aktuellen Achtzylinder aus dem Hause Mercedes-Benz 8 verbaut, je nach AMG-Tuningstufe und Motorengeneration mit bis zu 420 PS. Nach 17 Fahrzeugen folgte 1991 dann die zweite, verbesserte Imperator-Serie, die im Prinzip heute noch angeboten wird. Ebenfalls noch angeboten wird der 1993 vorgestellte Isdera Commendatore 112i. Die Konstruktionsnummer verrät auch hier die Anzahl der Zylinder, hier kommt der 6,0-Liter-V12 von Mercedes-Benz zum Einbau. Auch fanden (und finden sich noch) die typischen Flügeltüren oder der Dachspiegel. Neu waren die Formgebung mit langgezogener Heckpartie, der sich aufstellende Heckspoiler und das elektronische Aktivfahrwerk.

»» *Der Isdera Spyder war ein offener Sportwagen mit Flügeltüren.*

*(Foto: Isdera)*

Die 620 PS des Zwölfzylinders haben mit den 1575 Kilogramm Isdera (inklusive ABS, Klimaanlage, Ersatzrad und weiteren Serienfeatures) verständlicherweise wenig Mühe, der Vortrieb endet erst bei rund 370 km/h – wobei natürlich bedacht werden muss, dass diese Fahrwerte zum Zeitpunkt der Premiere des Isdera absolut sensationell waren. Seit 2005 befindet sich der Firmensitz in Hildesheim, und dort wurde auch der bislang letzte der insgesamt 74 gebauten Isdera fertiggestellt, der 2006 gezeigte Isdera Autobahnkurier 116i.

## Der Autobahnkurier

»Von diesem Auto träume ich seit über 20 Jahren«, berichtete Eberhard Schulz einem Motorjournalisten. 1984, mit zahlreichen Unterbrechungen, begann die Schöpfung dieses Traumwagens im Stil der Dreißigerjahre. Die Hinwendung an die Vergangenheit hat ganz profane Gründe. Ursprünglich, so Schulz, sei es ihm nur darum gegangen, zwei Motoren in einem Automobil zu einem überzeugenden, funktionierenden Gesamtpaket zusammenzuschnüren, etwas, das in der Automobilgeschichte noch von niemandem so richtig gelöst wurde. Das aber erforderte viel Platz unter der Motorhaube – und nie waren die Motorabteile geräumiger gewesen als in den Zwischenkriegsjahren. Die Basis bildete dabei die damalige S-Klasse der Baureihe W 126; Schulz koppelte zwei Fünfliter-V8-Motoren zusammen, wobei der eine die Hinter- und der andere die Vorderräder antrieb. Die Gesamtleistung liegt bei 600 PS, genug, um die rund 2,3 Tonnen schwere und 5,65 Meter lange Hightech-Limousine auf eine Höchstgeschwindigkeit von 240 km/h zu treiben. Der imposante Riese ist unverkäuflich, er soll ein Einzelstück bleiben.

»» *»Von diesem Auto träume ich seit über 20 Jahren«: Eberhard Schulz baute in den Autobahnkurier zwei Fünfliter-V8-Motoren von Mercedes ein.* *(Foto: Isdera)*

# KARMANN

Im Jahre 1874 gründete der Stellmacher Christian Klages in Osnabrück eine Sattlerei und Wagenfabrik, aus der später die Firma Karmann hervorging. Klages und seine Nachfolger lieferten Qualität, sie überstanden die Wirtschaftskrisen des neu gegründeten Kaiserreiches, ebenso die Währungsreformen, Weltkriege und Systemwechsel – nur nicht die Krisen des 21. Jahrhunderts.

》 Mit dem 1949 vorgestellten viersitzigen Käfer-Cabriolet von Karmann begann eine äußerst erfolgreiche Zusammenarbeit mit VW. Karmann produzierte aber auch weiterhin für andere Hersteller, so zum Beispiel Cabrios für Ford und Renault. (Foto: Volkswagen AG)

## Karosserien für Adler

Nach dem Tode des Gründers verkaufte die Witwe 1901 die Sattlerei und Wagenfabrik (nach Eigenwerbung die »größte und älteste am Platze«) an Wilhelm Karmann, einen gelernten Wagenbauer, der sehr schnell auf den Bau von Automobilkarosserien umstellte. 1902 entstand die erste Karosserie für die Bielefelder Dürkopp-Werke, weitere folgten und verdrängten nach und nach den Kutschenbau. Die Automobilfabriken lieferten damals die mit Motorhaube und Spritzwand ausgerüsteten Fahrgestelle an und bestellten nach entsprechenden Musterzeichnungen oder eigenen Angaben die dazu passenden Karosserien. Im Ersten Weltkrieg baute Karmann aber für das Militär Pferdewagen, keine Automobil-Aufbauten, und danach war auch kaum daran zu denken – es hatte ja kaum jemand Geld, um Neuwagen anzuschaffen, und wer einen Wagen haben wollte, der konnte billig an das ausgemusterte Militärmaterial kommen. Insofern kein Wunder, dass auch die Osnabrücker jedem Auftrag hinterherliefen. Und wenn tatsächlich Kutschen, Wagen oder Karosserien

gebaut werden konnten, dann entstanden diese aus Holz – ein Werkstoff, der günstig und in nahezu unbegrenzter Menge zur Verfügung stand. Immerhin: 1921 kamen wieder die ersten Auto-Aufträge ins Haus; Auftraggeber waren Automobilhersteller wie AGA, NAG, Protos, Hansa und sogar Opel. Arbeitstäglich wurde eine Karosserie gebaut, den Durchbruch brachte die Zusammenarbeit mit den Frankfurter Adler-Werken, zu deren Haus- und Hof-Lieferanten man avancierte.

Inzwischen war man von der Holz- auf die Gemischbauweise umgestiegen, wobei das Karosseriegerippe als tragender Unterbau nach wie vor aus Holz, die Außenhaut aber – bis auf das Dach – aus Blech bestand. Mitte der dreißiger Jahre wurden die ersten Tiefziehpressen angeschafft, im Zweiten Weltkrieg fertigte der auf 800 Mann angewachsene Betrieb dann Flugzeugteile und, natürlich, Wagen und Anhänger.

## Wachstum mit VW

Nach 1945 kam die Produktion nur schleppend wieder in Gang. Auf der

Basis des Humber Snipe, eines damals auch bei den Besatzungsbehörden beliebten englischen Personenwagens, entstanden die ersten Nachkriegs-Karosserien. Dafür nutzte man die noch vorhandenen Werkzeuge des Adlers 2 Liter, die allerdings für den Snipe ein wenig zu groß waren. Abgesehen davon wurde in der Zeit alles Mögliche hergestellt, Besteck und Schuhlöffel inklusive. Und für die Hamburger Tempo-Werke Vidal & Sohn erzeugte man zehntausend Blechwannen für Schubkarren. Erste Aufträge für Adler (die dann doch keine Personenwagen mehr bauten), Ford (deren Karosseriewerk lag in Ostberlin), DKW (im Westen neu gegründet und daher ohne jegliche Infrastruktur) und VW (angeblich war es der 10.000 gebaute Käfer, aus dem das erste viersitzige VW-Cabriolet entstand) brachten die »Karmänner« wieder ins Auto-Geschäft. Und mit dem Aufstieg der Wolfsburger wurde auch Karmann groß.

1955 kam als erste und bekannteste Eigenentwicklung der von Luigi Segre gezeichnete VW Karmann-Ghia (Typ 14) heraus. Dieser basierte auf Technik und Bodengruppe des Käfer, wies aber eine Karosserie des italienischen Designstudios Ghia in Turin auf. Der Anstoß dazu kam von Firmenchef Wilhelm Karmann, der 1952 die väterliche Karosseriefirma in Osnabrück übernommen hatte. Das Projekt, ohne Wissen und Unterstützung von VW-Chef Nordhoff begonnen, wurde von der Wolfsburger Chefetage begeistert aufgenommen, von Coupé und Cabriolet wurden bis 1973 zusammen über 360.000 Exemplare gebaut. Wesentlich kurzlebiger war der »Große Karmann-Ghia« Typ 34, der Versuch, den Erfolg des Käfer-Coupés auf Basis des VW 1500/1600 Typ 3 zu wiederholen. Auch weitere Volkswagen wie der Scirocco, Golf-Cabriolet oder der Corrado liefen später bei Karmann vom Band.

Karmann war allerdings trotz seiner geschäftlichen Verbindungen zu Volkswagen nie auf Volkswagen festgelegt, auch andere Hersteller ließen bei Karmann produzieren: Ford das Escort Cabriolet und den Sierra XR4i für den US-Markt, Renault das R19-Cabriolet ... Mercedes, Audi und BMW – mit allen, die Rang und Namen hatten in der Branche, arbeiteten die Klappdach-Spezialisten zusammen.

## Das Ende im neuen Jahrtausend

Im neuen Jahrtausend allerdings verschlechterte sich die Lage für die Karmänner zusehends. Das Unternehmen, das zu seinen besten Zeiten mit etwa 10.000 Mitarbeitern an verschiedenen Standorten (Osnabrück, Rheine – dort vor allem Wohnmobile – und Sao Bernardo do Campo / Brasilien; es gab auch Tochtergesellschaften in Japan, Nordamerika und Mexiko) alljährlich etwa 100.000 Fahrzeuge von den Bändern rollen ließ, geriet in schwere Turbulenzen: Nach dem Auslaufen des Golf Cabriolets gelang es nicht, Produktionsaufträge in ähnlicher Größenordnung an Land zu ziehen: Die CKD-Montage des Kia Sportage war ebenso wenig von Erfolg gekrönt wie die Produktion des Chrysler Crossfire mit der Technik der ersten Mercedes-Benz-SLK-Generation. Alle Versuche, das Unternehmen wetterfest zu machen, scheiterten. 2002 begann man, einzelne Unternehmensteile zu veräußern, so etwa den Wohnmobilbau, 2008 musste die brasilianische Tochter verkauft werden. Das war aber nicht genug, zu viele Kunden begannen den Cabriobau in Eigenregie: Audi ließ das neue A5-Cabriolet ebenso wenig bei Karmann fertigen wie Ford den Focus CC oder Volkswagen den Eos. Ende 2009 schließlich übernahm Volkswagen Teile des sich in vorläufiger Insolvenz befindlichen Unternehmens. Das Herzstück des ehemaligen Karmann-Imperiums heißt heute Volkwagen Osnabrück GmbH und produziert seit April 2011 wieder Cabriolets – wie das neue Golf-Cabriolet.

❯❯ *Exoten unter sich: Der Karmann-Ghia Typ 34, die Sportversion des VW Typ 3. Links im Bild das TL-Fließheck-Einzelstück von 1965, in der Mitte das Coupé (1961-1969), das es in die Serie schaffte und rechts das Cabriolet (1961), dem dies verwehrt blieb.* (Foto: Volkswagen AG)

❯❯ *Der VW Karmann Ghia war die erste Eigenkonstruktion von Karmann. Er wurde rund 360.000 Mal gebaut.* (Foto: Volkswagen AG)

# KLEINSCHNITTGER

*Kabinenroller, Isettas und Goggomobile gehörten in den Fünfzigern zum Straßenbild, auch Eigenbauten waren reichlich vertreten. Doch aus der Masse dieser Skurrilitäten stach ein Wägelchen hervor, das noch kleiner und bemerkenswerter als all die anderen Fahrzeuge war, die ein Autofahren zum Motorradpreis ermöglichen sollten.*

Der Kleinstwagen war nach seinem Erbauer benannt. Paul Kleinschnittger, Jahrgang 1909, war Modellbauer und Spritzgusstechniker und hatte bereits 1939 mit der Entwicklung eines Kleinwagens begonnen. Nach dem Krieg griff Kleinschnittger, der inzwischen Landmaschinen reparierte, diese Idee wieder auf und stellte einen Heckmotor-Prototypen fertig, mit Motorrad-Kotflügeln und einer Windschutzscheibe aus Plexiglas. Der fahrbare Untersatz hatte zwar nur einen Scheinwerfer und keine Winker, wirkte aber so interessant, dass sich ein Finanzier fand. Das neue Unternehmen siedelte sich auf einem ehemaligen Wehrmachtsgelände im sauerländischen Arnsberg an. Freudig begrüßt von der örtlichen Presse, die schon von einem »Volkswagen aus dem Sauerland« träumte, begann er im September 1949 mit den Vorbereitungen zum Fahrzeugbau. Sein 50-Mann-Betrieb produzierte zwischen 1950 und 1954 einen sehr kleinen, sehr offenen Zweisitzer mit Notverdeck und Frontantrieb.

Anders als beim Prototyp mit Stahlkarosserie, bei dem sich noch ein DWW-Motor im Heck befand, saß beim Kleinschnittger ein Einbaumotor der Pinneberger Firma Ilo mit 125 Kubik vor der Vorderachse. Gestartet wurde von Hand, ein Scheibenwischer wurde als ebenso überflüssig erachtet wie ein Rückwärtsgang; wer wenden wollte, stieg aus, hob den Wagen hinten einfach hoch und drehte ihn in die gewünschte Richtung. Der 70 km/h schnelle Zweisitzer mit den tiefen Türeinschnitten hatte eine Aluminiumkarosserie und bot tatsächlich zwei Personen Platz. Mit einem Gewicht von 170 Kilogramm war dieser »fahrende Regenschirm«, so ein damaliger Spitzname, durchaus ein ernstzunehmender Kleinstwagen-Entwurf.

Auf der Internationalen Fahrrad- und Motorradausstellung 1956 – solche Kleinstfahrzeuge wurden unter dem Sammelbegriff »Mobile« der Zweirad-fraktion zugeordnet – kündigte Kleinschnittger eine neue Fahrzeugfamilie an, nunmehr mit selbsttragender Stahlkarosserie und Rückwärtsgang. Noch für den Dezember versprach man die Produktionsaufnahme der dreisitzigen Coupéausführung F 250 S, für den März 1957 dann die des Cabriolets F 250 Super, und im Herbst 1957 sollte dann eine kleine Limousine F 250 C als Zweisitzer mit hinteren Notsitzen das Modellprogramm ergänzen. Allen diesen Vierrad-Mobilen gemeinsam war der in Gummi gelagerte 250-Kubik-Zweitakttwin aus dem Hause Ilo mit einer Leistung von 14,8 PS. Die neuen Zweizylinder-Kleinschnittger brachten rund 300 Kilogramm auf die Waage und schafften eine Spitzengeschwindigkeit von 100 km/h.

Allerdings war längst klar, dass diese Pläne nur mit viel Optimismus umzusetzen waren: Die Produktion des F 125 war 1954 praktisch aus-, die Zeit der Kleinstwagen -abgelaufen: bei Volkswagen purzelten die Käfer

im Minutentakt vom Band, und die Preise sanken stetig. Aus der groß angekündigten Serienproduktion des F 250 wurde deshalb nichts, und die Firma im Sauerland, die zu Hochzeiten 120 Mitarbeiter beschäftigt hatte, musste im August 1957 Konkurs anmelden: Nach knapp 3000 Exemplaren des F 125 – anderen Quellen zufolge wurden kaum mehr als 2000 Kleinschnittger gebaut – war Schluss. Das Ende hatte auch der F250 nicht mehr aufhalten können, von dem lediglich rund 25 Exemplare gebaut wurden.

» *Sehr klein, sehr offen, aber immerhin mit einem Notverdeck ausgestattet: Der Kleinschnittger F 125, ein »fahrender Regenschirm« ohne Scheibenwischer, schaffte 70 km/h.* *(Foto: Softeis, © GLFD)*

» *Der Kleinschnittger F 250 S wurde auf der IAA im Herbst 1955 vorgestellt. Der dreisitzige Kleinstwagen mit 250er Ilo-Motor und 15 PS sollte eine Spitzengeschwindigkeit von 100 km/h erreichen. Die rechte Tür war nur von innen zu öffnen. Er sollte 2985 Mark kosten.* *(Foto: Archiv Verlagsarchiv)*

# LLOYD

*»Wer den Tod nicht scheut, fährt Lloyd«, reimte der Volksmund in der Nachkriegszeit und dachte dabei an einen nicht unmodern gezeichneten Kleinwagen der Bremer Borgward-Werke mit seiner kunststoffbezogenen Sperrholz-Karosserie.*

Die Firma Lloyd geht zurück auf die »Norddeutsche Automobil- & Motoren AG«, gegründet von einem Direktor der Norddeutschen Lloyd, der führenden Seereederei des Deutschen Reiches. Die »Namag« baute zunächst Elektrowagen nach französischer Lizenz, dann auch Last- und Personenwagen, die zwar einen guten Ruf besaßen, aber dennoch kein Geld brachten. Die Firma wurde daraufhin im Mai 1914 mit den Hansa-Werken zusammengelegt. Die »Hansa-Lloyd-Werke AG« hatte ihren Sitz in Bremen. Während des 1. Weltkriegs baute man dort vor allem Militärlastwagen. Nach dem Krieg ging es mit beiden Partnern – die sich 1921 wieder trennten – ziemlich bergab, sowohl Hansa als auch Hansa-Lloyd agierten glücklos. Hansa-Lloyd baute fast ausschließlich Nutzfahrzeuge und überlebte die frühen Zwanziger dank seiner Elektrolastwagen; Hansa baute Personenwagen. Zum Ende des Jahrzehnts waren beide am Ende und wurden von Borgward übernommen. Von den Bändern – man hatte 1925 eine Fließbandfertigung eingerichtet – liefen jetzt die Personenwagen- und Kleintransportermodelle der Marken »Hansa« und »Goliath«, daneben gab es die Hansa-Lloyd-Nutzfahrzeuge. 1938 erfolgte die Umbenennung des Unternehmens in »Carl F. W. Borgward«, die Bezeichnung »Lloyd« tauchte erst wieder an den Elektrolastwagen der Nachkriegszeit auf – und am Kleinwagen LP 300.

## Vom Leukoplastbomber zum Alexander

Dieser Lloyd, 1950 gezeigt, war der erste vollwertige Kleinwagen aus einer großen Automobilfabrik, wesentlich alltagstauglicher als alles, was in dieser Größenordnung sonst so auf den Straßen unterwegs war. Gewiss, auch er war ein Kind des Nachkriegs-Mangels, besaß keine Stoßdämpfer und hatte nur ein asthmatisches Zweitakt-Motörchen unter der runden Haube. Aber er bot vier Sitze, eine pontonförmige Karosserie, einen kleinen, von innen zugänglichen Kofferraum – und er war billig, auch im Unterhalt: Ein Austauschmotor kostete 98 Mark, der Ein- und Ausbau in der Werkstatt acht Mark fünfzig. Im Januar 1952 erschien eine verbesserte Version mit breiterer Motorhaube mit Zierleiste und zwei Scheibenwischern, und gegen Aufpreis war der Lloyd jetzt sogar mit Stoßdämpfern zu bekommen.

Ein echter Kassenschlager war die zweite Generation vom Januar 1953 mit neuer, größerer Karosserie; dieser LP 400 hievte die Borgward-Gruppe zeitweise auf Platz drei der deutschen Zulassungscharts. Mit dem neuen Modell erfolgte auch die allmähliche Umstellung von der Sperrholz- auf eine Stahlkarosserie, ab Januar 1954 bestand der Wagen, abgesehen vom Dach, aus Stahl. Gleichzeitig erhielt er hydraulische Bremsen, ein neues Zweispeichen-Lenkrad, eine verbesserte Defroster-

» *Vorgestellt 1953, geriet die zweite Generation des Lloyd-Kleinwagens zum Kassenschlager. Jetzt unter der Bezeichnung LP 400 angeboten, verfügte sie über eine neue, etwas größere Karosserie.*
*(Zeichnung: Carlo Demand)*

Die Arabella kam im Juni 1959 zu früh auf den Markt, weil sie helfen sollte, die akute finanzielle Schieflage zu beseitigen. Doch das unausgereifte Modell beschleunigte stattdessen den Untergang des Bremer Herstellers. *(Foto: Lothar Spurzem, © CC)*

anlage und verstellbare Vordersitze. Im Oktober 1954 bestand auch das Dach aus Stahlblech: der nunmehrige LP 400 S war zu einem erwachsenen Auto gereift. Das Heckfenster war vergrößert und gewölbt, die Türscharniere lagen verdeckt. Lloyd war die einzige Automobilfabrik der Welt, die die Schalenbauweise in Großserie anwendete. Nachdem dem »Leukoplast-Bomber« aber durch das Goggomobil erstmals eine ernsthafte Konkurrenz erwachsen war, geriet die Borgward-Gruppe ins Straucheln. Abhilfe sollte die Weiterentwicklung zum LP 600 mit Zweizylinder-Viertakt-Reihenmotor und 19 PS bringen. Die Atempause war nur von kurzer Dauer. Mit 3580 Mark war der LP 600 Standard der preisgünstigste Viersitzer auf dem deutschen Markt, nur Pech, dass Volkswagen ständig die Schlagzahl erhöhte und die Preise senkte; außerdem erwies sich der Zweitaktmotor mehr und mehr als Verkaufshemmnis. Der Lloyd Alexander von 1958 schließlich war ein aufgehübschter 600er mit einem von außen zugänglichen Kofferraum. Als Luxusvariante erschien der um sechs PS stärkere Alexander TS.

## Das Ende kam mit der Arabella

Das Ende kam mit der Arabella, die im Juni 1959 debütierte und dem DKW Junior Paroli bieten sollte. Durchaus gefällig und mit ihrem Boxermotor (der für den Goliath entwickelt worden war) eine zeitgemäße Konstruktion, wurde der Wagen wegen der finanziellen Schwierigkeiten der Borgward-Gruppe unausgereift auf den Markt geworfen. Das allerdings beschleunigte den Niedergang des Bremer Herstellers nur noch, Nachrichtenmagazine wussten zu berichten, dass alleine die Be-

seitigung der Getriebeschäden an Kundenfahrzeugen Kosten von über einer Million Mark verursacht hätten. Ob das nun wahr ist oder nicht: Der Ruf der Konstruktion war hin. Der Name Lloyd wurde nur noch für die Basisversion verwendet, die Luxusausführung erschien mit dem Borgward-Rhombus am Grill. Zuletzt 45 PS stark, lief die Produktion des inzwischen richtig soliden Kleinwagens 1963 aus: Borgward, und damit auch Lloyd, war Geschichte.

1958 erschien der Lloyd Alexander, ein technisch verbesserter und aufgehübschter LP 600. *(Foto: Lothar Sparzem, © cc)*

# MAYBACH

*Der Prophet gilt nichts im eigenen Lande – so in etwa ließe sich wohl auch die Erfahrung beschreiben, die Wilhelm Maybach machen musste, der engste Mitarbeiter des im April 1900 verstorbenen Gottlieb Daimlers, als in der Daimler Motoren Gesellschaft DMG neue Teilhaber das Regiment übernahmen. Die wussten nämlich alles besser. Maybach, der »König der Konstrukteure«, verließ das Unternehmen und folgte damit dem Beispiel seines Sohnes Karl.*

## Mit Zeppelinen zur Legende

Wilhelm warf im April 1907 entnervt das Handtuch. Sein Ältester, Karl, war schon im Vorjahr gegangen und hatte für ein französisches Unternehmen einen 150-PS-Rennmotor entwickelt. Vater und Sohn machten dann gemeinsam weiter, konstruierten aber nicht, wie ursprünglich geplant, Autos für Opel, sondern zuverlässige Sechszylinder-Motoren für den Antrieb von Luftschiffen. Karl, Wilhelm und Graf Zeppelin gründeten 1909 gemeinsam eine »Luftfahrzeug-Motorenbau GmbH« mit Karl Maybach als technischem Direktor. Im Mai 1910 fand die Jungfernfahrt des ersten mit einem Maybach-Motor ausgerüsteten Zeppelins statt, den Reihensechszylinder hatte Karl selbst konstruiert. Seit 1912 am Bodensee beheimatet, wandte man sich nach dem Ersten Weltkrieg dem Motorenbau für Lokomotiven und Automobile zu.

## Erster Luxusliner

1919 stellte Karl Maybach dann ein vollständiges Automobil auf die Räder, den Prototyp W 1, der auf einem viersitzigen Mercedes-Chassis basierte. An eine Serienfertigung dachte er nicht, Maybach sah sich als Motorenlieferant. Doch es kam anders.

Der niederländische Hersteller Spyker bestellte bei Maybach gleich 1000 seitengesteuerte Sechszylindermotoren für seine C4-Luxuslimousine. Allerdings ging Spyker die Luft aus, mehr als 150 Motoren übernahm er nicht, und noch nicht einmal die bezahlte er alle. Jetzt standen die Friedrichshafener vor der Notwendigkeit, für die überschüssigen Kapazitäten irgendeine Verwendung zu finden. Und wenn ein Maybach etwas konnte, dann war es der Bau von Automobilen: Im Februar 1921, bei der ersten großen Autoschau nach dem Krieg, rollte der erste Wagen mit dem doppelten M in die Halle am Kaiserdamm. Die Konkurrenz war beeindruckt – Maybach: »Ich werde den teuersten Wagen bauen!« – von diesem Luxusliner Typ W 3 mit seinem 70 PS starken 5,8-Liter-Sechszylinder und angeblocktem Planetengetriebe.

## Getriebe überflüssig

Der Hubraum machte es möglich: Der Maybach war unglaublich elastisch und drehmomentstark. Im Grunde genommen war ein Getriebe überflüssig. Maybachs Planetengetriebe wies nur zwei Fahrstufen auf, wobei die erste eigentlich nur in Extremsituationen gebraucht wurde. Die Fahrgestelle baute Maybach selbst – stabil für die Ewigkeit –, die Aufbau-

» *Maybach Zeppelin mit Stromlinienkarosserie der Firma Spohn (1933/34).*　　　　　　　　*(Foto: Daimler AG)*

>> *Maybach Zeppelin: Modellskizzen aus dem Prospekt der Firma Maybach-Motorenbau in den Dreißigerjahren.* (Foto: Daimler AG)

>> *Der König der Automobilkonstrukteure, Wilhelm Maybach. (Foto: Daimler AG)*

>> *Karl Maybach, sein ältester Sohn.* (Foto: Daimler AG)

ten lieferten Karosseriebauer wie Spohn, Erdmann & Rossi und andere. Bei einem Radstand von 3660 mm und einer Spurbreite von 1480 mm war der Maybach der erste Traumwagen der Weimarer Republik, auch das Gewicht war eine klare Ansage: Das Chassis wog rund 1,7 Tonnen – mindestens. Komplett montiert, fahrfertig mit Rahmen, Fahrwerk, Motor, Getriebe, Kühler, Spritzwand und sonstigen Aggregaten. Dafür wurden rund 24.000 Mark fällig, eine Karosserie kostete noch einmal fünf- bis achttausend Mark. Man musste sich sehr anstrengen, um so viel Geld beim Mercedes-Händler loszuwerden. In den folgenden Jahren wurden die Maybachs immer leistungsstärker, größer und teurer, die Krönung stellte die Zeppelin-Baureihe des Jahres 1930 dar.

## Maybach DS Zeppelin

Die Zeppelin-DS-Modelle, von Karl Maybach 1930 erstmals offeriert und ab 1931 geliefert, gab es als Typen DS 7 und DS 8. Es waren die ersten Modelle von Maybach mit einem V12-Motor. DS 7 bedeutet Doppel-Sechs-7-Liter, DS 8 dann 8-Liter. Der DS 7 leistete 150, der DS 8 200 PS. Er war mit einem 7922 Kubikzentimeter großen Motor ausgerüstet, allein die Karosserie dafür kostete 33.200 Reichsmark.

Die Zeppeline entstanden in Handarbeit, die Karosserieaufbauten dann nach Kundenwünschen. Jeder Maybach war ein Einzelstück, geliefert wurde, was der Kunde mochte. Der teuerste Maybach war allerdings kein Zeppelin, glänzte dafür aber mit Juwelen und Brillanten (und hatte die Kleinigkeit von 186.000 Reichsmark gekostet).

Zum Anfahren wurde zwar noch die Kupplung benötigt, ansonsten bediente der Fahrer aber nur zwei kleine Hebel in der Lenkradmitte, um die vier Gänge des Planetenradgetriebes zu schalten – ohne zu kuppeln. Leerlauf, 1a-Gang oder Rückwärtsgang wurden mit dem Vorwahl-Handhebel in der Wagenmitte eingelegt.

Das Kernstück des Maybach Zeppelins war der von einem Luftschiffmotor inspirierte Zwölfzylinder. Es gab ihn mit 6922 sowie mit 7922 Kubikzentimeter Hubraum, und er hatte 150 bis 200 PS bei 2800 beziehungsweise 3200 Umdrehungen. Wilhelm Maybach hatte die Entstehung des legendären Spitzenmodells Zeppelin noch verfolgen können, seine Markteinführung erlebte er allerdings nicht mehr. Er starb im Dezember 1929.

## Exklusivität serienmäßig

Kaum einer der feinen Maybach-Besitzer mochte sich die Finger schmutzig machen, dafür hatte man ja seinen Chauffeur. Für den wurde dann bei der Auslieferung ein umfangreiches Ersatzteil- und Werkzeugset in den Kofferraum gepackt, ein Händlernetz oder eine wie auch immer geartete Infrastruktur gab es für diese Fahrzeuge nämlich nicht. Dazu waren die Absatzzahlen ja viel zu gering: Nach einer Statistik vom 1. Mai 1931 waren unter den 56.039 neuen Personenwagen, die 1930 in Deutschland zugelassen worden waren, nur 66 Maybach-Modelle. Vom legendären Zeppelin in der DS 7- und in der DS 8-Ausführung (DS steht für Doppel-Sechs, also zweimal sechs Zylinder) wurden insgesamt nur 183 Exempla-

» *Maybach Zeppelin DS-8.* *(Foto: Stefan XP, © GLRD)*

» *Blick auf das Armaturenbrett eines Maybach. Das Lenkrad ist hier noch rechts angeordnet.* *(Foto: Daimler AG)*

» *Werbeplakat: Die Schnellgang-Getriebe von Maybach waren allen Konkurrenten überlegen.* *(Foto: Daimler AG)*

» *Auferstehung im neuen Gewand: Wie sein Namensvetter aus den 30er Jahren verfügt auch der moderne Maybach Zeppelin über einen Zwölfzylinder-Motor, diesmal jedoch über einen 6,0-Liter-V12-Biturbo mit 640 PS.* (Foto: Daimler AG)

re verkauft. Rund 1800 Maybach wurden gebaut, 152 Automobile haben die Zeitläufe überdauert. Der Automobilbau bei Maybach endete 1941.

## Monopol auf Panzermotoren

Maybach erlangte während des Zweiten Weltkriegs quasi das Monopol auf Panzer-Motoren: Die deutsche Panzerwaffe war praktisch ausschließlich mit den durstigen Benzin-Motoren vom Bodensee bestückt. Die Maybach-Panzermotoren der HL-Serie umfassten Sechs-, Acht- und Zwölfzylinder mit Hubräumen von 4,2 bis 23 Litern und Motorleistungen von 100 bis 800 PS beim E-100-Panzerprojekt.

## Neustart ohne Fortune

1960 übernahm Daimler-Benz mit der Maybach-Motorenbau GmbH auch die Markenrechte. Um angesichts der bereits erfolgten Übernahme von Bentley durch Volkswagen 1998 und der bevorstehenden von Rolls Royce durch BMW (Markenrechte 2003) bei den Luxuslimousinen noch eine eigene Nische besetzen zu können, brachte Daimler 2002 unter dem

Namen Maybach die Modelle 57 und 62 auf den Markt. Diese oberhalb der Mercedes-Benz S-Klasse angesiedelten Luxusfahrzeuge und ihre Nachfolgemodelle verkauften sich allerdings nicht so gut wie erhofft, brachten Verluste und konnten so die Erwartungen ihres Herstellers nicht erfüllen.

» *Das Maybach-Logo ziert wie ehedem den Kühler.* (Foto: Daimler AG)

» *Auch der SW 42 aus dem Jahr 1939 gehörte mit seinem 4,2-Liter-Reihen-Sechszylinder mit 140 PS und einem Kaufpreis von ca. 20.000 RM immer noch zu den hochwertigen Maybachs und genügte höchsten Ansprüchen.*
(Foto: Wilfried Wittkowsky, © GLFD)

» *Moderne Luxuslimousine mit legendärem Namen: Der Maybach 62 besitzt einen 5,5-Liter-Mercedes-Benz-V12-Motor mit Biturbo-Aufladung, der 550 PS leistet und eine (abgeregelte) Höchstgeschwindigkeit von 250 km/h ermöglicht.*
(Foto: Daimler AG)

# MELKUS

*Melkus RS 1000 – ein Wagen, den es so im Arbeiter- und Bauernstaat eigentlich gar nicht hätte geben dürfen. Obwohl aus geradezu bodenständigen Einzelteilen zusammengebaut, versprühte der schicke Rennsportwagen – der einzige, der in der DDR in Serie gebaut wurde – zu viel elitären, westlichen Glamour, als dass er deutlich über die Zahl von 101 gebauten Modellen hätte hinauskommen können.*

## Der private Rennwagenbauer

Verantwortlich dafür, dass ein solcher Wagen in der DDR überhaupt in (Klein-)Serie hergestellt werden konnte, war Heinz Melkus. In den Nachkriegsjahren hatte er das Rennfahren begonnen und galt als hoffnungsvolles Nachwuchstalent. Diese Einschätzung bestätigte er durch zahlreiche Rennpreise, die er einheimste. Seine Haupteinnahmequelle war jedoch seit Beginn der 50er-Jahre eine private Fahrschule, die er gegründet hatte.

Diese Unabhängigkeit von staatlichen Organisationen bewahrte er sich auch bei der Realisierung seiner Rennleidenschaft, denn weil er nicht in die Staatspartei eintreten wollte, musste er ohne staatliche Förderung auskommen und sich seine Rennfahrzeuge selber bauen und finanzieren. Gebaut wurde nicht nur allein, sondern auch in einem Dresdener Rennwagenbau-Kollektiv. Dies entwickelte sich bald zu einem Zentrum des DDR-Rennwagenbaus und belieferte zunächst einheimische Fahrer mit den begehrten Autos. Aufgrund der Nachfrage wurden diese schließlich sogar in die Ostblockstaaten exportiert; besonderes Interesse zeigte dabei auch die UdSSR.

So war aus der Feierabendbeschäftigung ab 1959 ein eigener Betrieb geworden, der bis Ende der 80er-Jahre bestehen sollte. Versorgt wurden die kleinen Formeln, u. a. die Formel Junior (später C9) mit Rennwagen (Monopostos) auf Wartburg-Basis.

## Mit Improvisationstalent zum DDR-Rennsportwagen

Weil die Zweitakter-Wagen aus Ostdeutschland im Laufe der Zeit ihre Konkurrenzfähigkeit bei Autorennen verloren, verabschiedete sich die DDR gegen Ende der 60er-Jahre aus dem internationalen Rennsport und beteiligte sich nur noch an Wettbewerben innerhalb des sozialistischen Lagers. Um diesem Zustand entgegenzuwirken, bekam Heinz Melkus Unterstützung von offizieller Seite bei seinem Vorhaben, einen Rennsportwagen vollständig in der DDR zu bauen. Trotzdem bedurfte es von Seiten Melkus vieler Überredungskünste und enormer Überzeugungsarbeit, um als nicht-staatlicher Betrieb den Behörden die notwendigen Materialzuwendungen abzuluchsen.

Eine Voraussetzung für die Realisierung des geplanten Projekts war die

» *Ausgestattet mit der Technik des Wartburg 353, war der RS 1000 der einzige echte Rennsportwagen der ehemaligen DDR. Sein Dreizylinder-Reihenmotor leistete 70 PS und ermöglichte eine Höchstgeschwindigkeit von 110 km/h.*

*(Foto: Ralf Roletschek, © GLFD)*

Straßenzulassung des Autos, von der man sich Einspareffekte erhoffte. Auch durfte der Sportwagen nicht einfach an irgendwelche (betuchte) Privatleute verkauft werden, notwendig waren vielmehr die Mitgliedschaft im DDR-Motorsportverband »ADMV«, eine Fahrerlizenz sowie eine vom Verband ausgestellte Freigabebescheinigung. Außerdem musste sich der Käufer zur Teilnahme an Autorennen verpflichten. So überrascht es auch nicht, dass der RS 1000 (RS für Rennsportwagen), wie das Fahrzeug schließlich getauft wurde, nur direkt vom Werk gekauft werden konnte.

Um den Wagen bauen zu können, wurden Kooperationsabkommen mit verschiedenen Industriepartnern geschlossen. Das Design des Sportautos beispielsweise stammte von der Hochschule für bildende Künste, die Karosserie aus glasfaserverstärktem Kunststoff steuerten die Robur-Werke in Zittau bei, das Getriebe lieferte die Dresdner Firma »Manfred König«, der Rahmen sowie der Zweitaktmotor stammte vom Wartburg 335 aus Eisenach. Chassisbau und Endmontage übernahm Melkus selbst. Auch die übrigen Teile (Scheinwerfer, Entlüftungsgitter, Bremsen, Instrumente u. a.) mussten aufgrund der Materialknappheit in der DDR von eigenen sowie von Ostblock-Pkw und aus Nutzfahrzeugen beschafft werden. Jeder Wagen wurde so zwangsläufig zum Unikat, weil die Verwendung aller Materialien von ihrer augenblicklichen Verfügbarkeit abhing.

Ende der 60er-Jahre war es dann so weit: Nach dreijähriger Entwicklungszeit präsentierte Melkus den RS 1000. Sein Preis betrug stolze 28.600 Ostmark, seinen ersten Renneinsatz hatte er beim Dresdner Autobahnspinne-Rennen im Jahr 1969.

Der RS 1000 bestach durch sein elegantes Design und seine spektakulären Flügeltüren. Sein leistungsgesteigerter Zweitakt-Motor (70 PS, 110 km/h) vom Wartburg 335 saß direkt vor der Hinterachse, was das Steuern des Fahrzeuges zu einer anspruchsvolleren Aufgabe werden ließ. Der kleine Kofferraum befand sich unter der Vorderhaube.

Genehmigt war der Bau von genau 101 Rennwagen. Das Haupteinsatzgebiet des Zweisitzers waren Berg- und Straßenrennen. Die Wartezeit betrug erfreulicherweise nur zwei Jahre. Mitte der 70er-Jahre, als ungefähr die Hälfte davon produziert war, konnte der RS 1000 aufgrund von Reglementänderungen mit der internationalen Konkurrenz nicht mehr mithalten. Deshalb fanden die Fahrzeuge ab 1974 nur noch im normalen Straßenverkehr Verwendung. Im Jahr 1979 wurden die letzten Vertreter des RS 1000 hergestellt.

Heinz Melkus hatte über die Jahre hinweg noch weitere Rennwagen gebaut, einige davon lediglich als Prototyp, die letzten in Kooperation mit BMW, bevor er sich Ende der 80er Jahre vom Rennwagenbau zurückzog.

## Die Rückkehr des Melkus-Traumsportwagens

Nach der Wende hatte Heinz Melkus den ersten BMW-Händlerbetrieb in Ostdeutschland aufgezogen. Im Jahr 2005 verstarb er. Seine Söhne wollten die Tradition der Melkus-Rennsportwagen jedoch wieder aufleben lassen und gründeten 2006 die »Melkus Sportwagen KG«. In den nächsten beiden Jahren entstanden so fünfzehn originalgetreue Nachbauten des RS 1000.

Doch dabei wollten es die Brüder nicht bewenden lassen. Ein neuer RS schwebte ihnen vor, einer mit moderner Technik – natürlich auch mit Viertakt-Motor –, doch wie ehedem in kleiner Serie handgefertigt. Aus diesen Überlegungen heraus entstand der RS 2000 mit einem Motor von Toyota. Vorgestellt wurde er 2009 auf der IAA. Seine Spitzengeschwindigkeit beträgt 260 km/h, seine Leistung 270 PS. Ihm vorausgegangen

» *Weiterentwicklung mit moderner Technik: Der RS 2000 führt seit 2010 die Geschichte des legendären Rennsportwagens fort.* (Foto: Melkus)

» *Wie seine Vorgänger ist auch der RS 2000 mit Flügeltüren versehen.*
(Foto: Melkus)

war mit nur fünf produzierten Autos der RS 1600 als Übergangsmodell. Zu kaufen gibt es den neuen RS 2000 seit 2010 direkt bei der Melkus Sportwagen KG. Gebaut wird allerdings nur nach Vorbestellung. Mehr als 25 Wagen pro Jahr verlassen bei Melkus nicht den Betrieb, das entspricht der Philosophie des Unternehmens, das mit gerade einmal fünfzehn Mitarbeitern in acht Wochen ein Unikat herzustellen verspricht. So bleibt der Melkus RS auch nach der Wende das, was er vorher schon war: eines der am seltensten auf den Straßen anzutreffenden Automobile.

» *Aufgelegt im Jahr 2008, stellte der RS 1600 lediglich ein Übergangsmodell zum nachfolgenden RS 2000 dar. Sein Vierzylinder-Reihenmotor verfügt über 1600 ccm Hubraum und eine Leistung von 102 PS.* (Foto: Stanislav Kozlovskiy)

# MERCEDES-BENZ

*Mit dem Zusammenschluss von Daimler und Benz 1926 begann der steile Aufstieg der Nobelwagen-Marke mit dem Stern. Auch Turbulenzen wie die kurze Liaison des Mutterkonzerns Daimler Benz mit Chrysler hat Mercedes-Benz unbeschadet überstanden. Die Marke stand dabei von Anfang an nicht nur für höchste Qualität der Autos, sondern auch für zahlreiche Innovationen, gerade auch im Bereich Sicherheit, in dem Mercedes bis heute Schrittmacher ist.*

## Aufstieg zur Weltmarke

Ferdinand Porsche hatte bereits 1924 die Nachfolge von Paul Daimler in der damaligen Daimler-Motoren-Gesellschaft übernommen. Im Jahr des Zusammenschlusses mit Benz entwickelte er eine elegante Sportwagen-baureihe mit Kompressor-Motoren, die »weißen Elefanten«, mit denen später u. a. der Rennfahrer Caracciola Siege feierte. Eher widerwillig kümmerte Porsche sich auch um den Bau von preiswerten Gebrauchswagen, die das Unternehmen noch dringend benötigen sollte, weil sie mithalfen, die Weltwirtschaftskrise zu meistern. Diese Alltagswagen vom Typ 170 V wurden die meistverkauften vor dem Zweiten Weltkrieg, doch Mercedes-Benz hatte sich lange vorher bereits wegen Unstimmigkeiten von Porsche getrennt.

Vor seinem Abgang hatte Porsche jedoch noch mit dem Mercedes-Benz »Nürburg« auf die unerwartete Konkurrenz in Form eines Achtzylinder-Horchs aus der Feder von Paul Daimler reagiert. Der Nachfolger mit der Bezeichnung Typ 500 wurde in drei gepanzerten Versionen auch an Hitler geliefert.

Als eines der ersten serienmäßigen Diesel-Autos wurde 1936 der Mercedes-Benz Typ 260 D vorgestellt. Er sollte nicht das letzte Vorpreschen Daimlers im Bereich der Dieseltechnologie markieren.

In den 30er-Jahren untermauerte der Autohersteller seinen Anspruch auf einen Platz in der automobilen Oberklasse auch mit dem Modell Mercedes-Benz Typ 770. Dieser war wegen seiner imposanten Größe bei Staatslenkern in der ganzen Welt als Repräsentationswagen gefragt, natürlich auch bei der NS-Prominenz.

Zu einem besonderen Imagegewinn für die Marke Mercedes-Benz wurde der Rennsport. Mit den berühmten »Silberpfeilen« lieferte sich Daimler Benz ein Prestige-»Wettrüsten« mit der Auto Union. Fahrer wie Carracciola, Rosemeyer, Fangio und Lang zeigten in ihren silbernen Mercedes-Rennern der Konkurrenz meist die lange Nase. Selbst Änderungen im Reglement, die natürlich auch dazu dienen sollten, Mercedes-Benz auszubremsen, vermochten bis zum Kriegsbeginn nicht, die Silberpfeile von ihrer Erfolgsspur abzubringen. Die Konkurrenz zwischen Mercedes und Auto Union brachte abseits der Rennpiste auch faszinierend-groteske Geschwindigkeitsrekord-Fahrzeuge hervor.

Die Erfolgserie im Motorsport setzte sich nach Ende des Zweiten Weltkriegs in den 50er-Jahren fort, bis schließlich ein Mercedes 300 SLR in einem folgenschweren Unfall bei den 24 Stunden von Le Mans 84 Menschen mit in den Tod riss, woraufhin sich Mercedes aus Formel 1 und von Sportwagenrennen zurückzog.

Daimler Benz hatte nach Überwindung der mauen Jahre zu Beginn der Dreißiger einen rasanten Aufstieg hingelegt. Preispolitik und Vorkriegs-konjunktur hatten dem Unternehmen Gewinne beschert, die es auch die Zerstörungen des Zweiten Weltkriegs überstehen ließ. Im Krieg selber

*» Typ 8/38, auch bekannt als Typ Stuttgart, war 1931 der erste preiswerte Mercedes-Benz. In seiner Zwei- und Dreiliter-Ausführung wurde das Fahrzeug zu einem Verkaufserfolg. Die Variante V folgte ab 1936 nach. (Foto: Daimler AG)*

*» Das Sportcabrio Mercedes-Benz Mannheim Typ 370 S kam 1930 ausschließlich als Zweisitzer auf den Markt. Sein Motor leistete 1933 – im letzten Herstellungsjahr – 78 PS.*

*(Foto: MartinHansV, © GLFD)*

fungierte Daimler – wie andere deutsche Automobilhersteller auch – als Rüstungszulieferer.

## Etablierung in der Oberklasse

Trotz Kriegsschäden und trotz des Verlusts von Niederlassungen in der sowjetischen Besatzungszone und von ausländischen Tochtergesellschaften lief in Stuttgart bereits 1946 wieder ein erster Mercedes-Benz vom Band, es war das Vorkriegsmodell 170 V. Drei Jahre später erschien mit dem 170 D der erste Nachkriegsdiesel, und die Version 170 S wies den Weg in die Oberklasse.

Nach mageren Anfängen sprangen mit Beginn der 50er-Jahre die Verkaufszahlen wie auch die Exporte in die Höhe. Das Typenspektrum von Mercedes-Benz war jetzt gegenüber der Vorkriegszeit eingeschränkter und wurde erst im Laufe der kommenden Jahre und Jahrzehnte wieder ausgeweitet.

1951 erschien der große Typ 300, besser bekannt als »Adenauer«-Wagen, der außer vom ersten deutschen Bundeskanzler auch von zahlreichen anderen Staatsmännern weltweit als Repräsentationsauto geschätzt wurde. Für Aufsehen sorgte 1953 der erste Nachkriegssportwagen von Mercedes, der 300 SL mit seinen Flügeltüren. Diese faszinierende Türenkonstruktion wurde später nochmals aufgegriffen. Alltagstauglicher und vom Design her dennoch ebenfalls überraschend waren die »Ponton«-Mercedes, beginnend 1954 mit Typ 180. Dessen Äußeres war zwar nicht sehr elegant, dafür aber luftwiderstandsärmer als das der Vorgänger, und das, obwohl der Wagen gleichzeitig geräumiger war. Vom US-amerikanischen Zeitgeschmack angeregt zeigten sich zu Beginn der 60er-Jahre die »Heckflossen«-Mercedes (Typ 220 Sb), deren Design sich auf dem deutschen Markt länger hielt als bei den amerikanischen Vorbildern in den USA.

Mit Beginn der 80er-Jahre bekam die längst in der Oberklasse verankerte Marke zunehmend Konkurrenz durch BMW und Audi. Als »Mercedes-Benz AG« von Ende des Jahrzehnts bis 1997 als eigenständiges Unternehmen innerhalb der Daimler AG fungierend, versuchte Mercedes deshalb

zu Beginn der 90er-Jahre, den mit dem »Baby-Benz« Typ 190 Jahre zuvor begonnenen Ansatz, Autos für ein jüngeres Publikum anzubieten, mit der A-Klasse wieder aufzugreifen. Der Schritt zum Vollsortimenter bedingte neben dem Ausbau aller Klassen auch den Einstieg in den vor allem in den USA beliebten Geländewagen-Bereich. Die faszinierende Geschichte von Mercedes-Benz lässt sich in dem beeindruckenden, 2006 neu eröffneten Museum hautnah nacherleben.

Auch in der Formel 1 begann sich Mercedes-Benz wieder zu engagieren. 1993/94 lieferte man Motoren an Sauber, danach an McLaren. Gekrönt wurde die Neuauflage der »Silberpfeile« 1998 und 1999 mit dem Gewinn der Weltmeisterschaft durch Mika Häkkinen. Mittlerweile tritt Mercedes in der Formel 1 auch wieder mit einem komplett eigenen Rennteam an.

» *Mercedes-Benz Typ SSKL 27/240/300 PS Sportwagen der Baureihe W 06 von 1931. Bei den Fahrzeugen der S-Serie handelte es sich ausnahmslos um Hochleistungs-Kompressorfahrzeuge mit hoher PS-Zahl. Sie leiteten sich vom K-Modell ab, das noch von Ferdinand Porsche konstruiert worden war.*

*(Fotos: Daimler AG)*

### Einige technische Innovationen von Mercedes-Benz

| | |
|---|---|
| 1954: | Benzineinspritzung statt Kompressor-Motor (300 SL) |
| 1958: | Keilzapfentürschloss: Türen bleiben bei Unfall zu, Insassen werden nicht herausgeschleudert |
| 60er: | Knautschzonenpatent: Stabile Fahrgastzelle |
| 1961: | Sicherheitsgurte serienmäßig |
| 1973: | Kopfstützen serienmäßig |
| 1976: | Sicherheitslenksystem |
| 1978: | ABS (Antiblockiersystem) |
| 80er: | Serienreife von Airbags; erster Beifahrer-Airbag |
| 1985: | ASD (Automatisches Sperrdifferenzial); ASR (Antischlupfregelung) |
| 1995: | ESP (Elektronisches Stabilitätsprogramm) |

Außerdem: Fahrerassistenzsysteme wie Abstandsregler, Parkassistent, Nachtsichtassistent, Bremsassistent u. a.

» *Abgeleitet vom Typ 710 SS, wurde der Mercedes-Benz 720 SSK von 1928 bis 1943 hergestellt. Die Motoren leisteten bis zu 250 PS.* *(Foto: Daimler AG)*

» Der erste Achtzylinder von Mercedes-Benz aus der Konstruktion von Ferdinand Porsche: die Pullman-Limousine »Nürburg Typ 460«, gefertigt von 1928 bis 1934. Der Nachfolger Typ 500 schloss sich bis zum Jahr 1939 an. (Fotos: Daimler AG)

» Der »Große Mercedes« Typ 770, gebaut in den Jahren 1930 bis 1938. Zur damaligen Zeit stellte das Fahrzeug leistungs- und preismäßig die Spitze im Mercedes-Modellprogramm dar. Zu sehen ist sowohl die Limousine als auch die Cabrio-Version. (Fotos: Daimler AG)

» Ein großer Verkaufserfolg in den Jahren 1931 bis 1936: der Typ 170 mit Sechszylinder-Motor, der aufgrund seines vergleichsweise geringen Preises für breitere Bevölkerungsschichten erschwinglich war. (Foto: Daimler AG)

» Mercedes-Benz Typ 200 1933-1936. 1933 wurde der erste Mercedes-Benz Wagen nach der Fusion der Firmen Daimler-Motoren-Gesellschaft und Benz & Cie., der Stuttgart 200, durch den MB-Typ 200 abgelöst. (Foto: Daimler AG)

» Mercedes-Benz 290 Spezialroadster von 1936.

(Foto: Norbert Schnitzler, © GLFD)

» Mercedes-Benz Typ 380. Anlässlich der Berliner Automobil-Ausstellung im Februar 1933 konnte die Öffentlichkeit zum ersten Mal die ästhetischen Formen dieses Wagens bewundern. Als Antriebsquelle diente ein 8-Zylinder-Reihenmotor, der mit eingeschaltetem Kompressor über 140 PS leistete. 1934 wurde der Typ 380 vom Typ 500 K abgelöst.

» Mercedes-Benz 130 Limousine (Baureihe W 23, Bauzeit: 1934 bis 1936). Im Foto ein Fahrzeug nach der Modellpflege des Jahres 1935. Das kleine Fahrzeug zeigte jedoch aufgrund seiner Hecklastigkeit ein problematisches Fahrverhalten und verschwand deshalb bald wieder aus dem Modellprogramm. (Foto: Daimler AG)

» 1936 kam mit dem Typ 170 V der Nachfolger des erfolgreichen Typ 170 auf den Markt. »V« stand für »vorne«, weil sein Motor im Gegensatz zum zeitgleich eingeführten Typ 170 H vorne untergebracht war.    (Foto: Daimler AG)

» Der Typ 170 H aus dem Jahr 1936 hatte seinen Motor an der Hinterachse installiert. Gegenüber dem zeitgleich herausgebrachten 170 V blieb der Wagen allerdings chancenlos.    (Foto: Daimler AG)

» Der Nachfolger des Typs 200 bekam die Bezeichnung Typ 230. Er knüpfte ab 1937 an den Verkaufserfolg der 170er an. *(Foto: Huhu Uet, © GLFD)*

» Der erste serienmäßige Diesel von Mercedes-Benz: die Pullman-Limousine Typ 260D von 1936. *(Foto: Daimler AG)*

» Eleganz in Bestform: die Karosserieform des Mercedes-Benz »Autobahnkurier« aus den 1930er Jahren. Hier der Typ 320 (1937–1938). *(Foto: Daimler AG)*

» Fortsetzung des »Großen Mercedes« Typ 770 von 1938 bis 1943. Er war der letzte deutsche Luxuswagen, der noch bis in den Krieg hinein gebaut wurde. *(Foto: Daimler AG)*

» Der Mercedes-Benz Typ 600 (Baureihe W 148) entstand bereits während der ersten Kriegsjahre: Die Baureihe W 148 folgte der Baureihe W 150 nach, ging aber nie in Serie. *(Foto: Daimler AG)*

## A- und B-Klasse

Der Einstieg von Mercedes-Benz in seine bis dahin kleinste Automobilklasse erfolgte 1997 mit den Modellen A 170 und A 140. Durch den »Elchtest« in die Schlagzeilen geraten, erhielt die A-Klasse als erstes Fahrzeug der Kompaktklasse serienmäßig ESP. Neben weiteren Motorisierungen (A 190, A 210), darunter auch die Diesel-Versionen mit dem Namenszusatz CDI, wurde die Reihe ab 2001 durch verlängerte Modelle ergänzt.

Die zweite Generation der A-Klasse erschien 2004 und gab die Langversion wieder auf. Stattdessen kam mit dem C 169 ein Dreitürer auf den Markt. Der schräg eingebaute Motor blieb erhalten. Es gab ihn in Leistungsvarianten von 95 bis 193 PS bei den Benzinern und von 82 bis 140 PS bei den Dieselmodellen.

Nach dem Erfolg der A-Klasse folgte ab 2005 mit der B-Klasse eine neue Modellreihe, die auf dem gleichen technischen Konzept basierte: Sandwich-Boden, quer eingebauter Motor, Frontantrieb. Darüber hinaus waren die B-Klasse-Modelle mit einem selektiven Dämpfungssystem ausgerüstet.

Mit der Baureihe W 246 wurde 2011 die zweite Generation der B-Klasse eingeführt. Zwei 1,6-Liter-Benzinmotoren (turbogeladen mit Direkteinspritzung) sowie zwei 1,8-Liter-Dieselmotoren mit Common-Rail-Direkteinspritzung standen zunächst zur Wahl. Neu war auch das serienmäßige Sechsgang-Getriebe.

» *1997 wurde die A-Klasse vorgestellt: hier das Modell A 170 CDI aus der Baureihe 168.* (Foto: Daimler AG)

» *2004 löste die Baureihe 169 die erste Generation der A-Klasse ab. Im Bild der A 160 CDI Blue Efficiency.* (Foto: Daimler AG)

» *Das Modell 170 NGT aus der ersten Generation der B-Klasse, die von 2005 bis 2011 lief.* (Foto: Daimler AG)

» *2011 wurde die erste Generation der B-Klasse durch die Reihe W 246 ersetzt. Zu sehen ist hier das Modell B 200 CDI.* (Foto: Daimler AG)

## C-Klasse

Mit dem 190 E aus der Baureihe W 201 stand ab 1982 der vor Einführung der A-Klasse kompakteste Mercedes zum Kauf. Dies brachte ihm den Spitznamen »Baby-Benz« ein. Es gab ihn nur viertürig. Trotz heftiger Kontroversen bei der Markteinführung lief die Reihe zehn Jahre lang erfolgreich.

Der eigentliche Beginn der C-Klasse fand 1993 mit der Vorstellung des 190-E-Nachfolgers statt, der Baureihe W 202. Dieser kam zu Beginn mit einem neuen 1,8-Liter-Vierventiler, der 122 PS leistete. Außer als Stufenheck-Limousine stand auch ein sogenanntes T-Modell (Kombi) mit großem Ladevolumen zur Wahl.

Im Jahr 2000 wurde die Reihe 203 vorgestellt. Zu ihren Merkmalen zählten eine umfangreichere Serienausstattung sowie Ähnlichkeiten zur S-Klasse aufgrund der Doppelscheinwerfer vorne, der dreieckigen Heckscheinwerfer und der Blinker in den Außenspiegeln. Die Leistung der Motoren reichte von 102 bis 367 PS (in der AMG-Version mit V8-Motor).

Die Baureihe W 204 der C-Klasse erschien 2007 als viertürige Stufenhecklimousine, als fünftüriger Kombi und als zweitüriges Coupé (C 204). Zur Ausstattung gehörten ein umfangreiches Sicherheitspaket und zahlreiche Fahrassistenten. Eine umfangreiche Modellpflege wurde der Baureihe 204 im Frühjahr 2011 zuteil.

》 Mercedes-Benz 190 E, Baureihe W 201; der Baby-Benz von 1983.

(Zeichnung: Carlo Demand)

》 1993 löste die Baureihe W 202, als C-Klasse bezeichnet, den erfolgreichen 190er ab.

(Foto: Daimler AG)

》 Das T-Modell (Baureihe S 202) der C-Klasse kam erst 1996 auf den Markt.

(Foto: Daimler AG)

》 Im Jahr 200 kam die neue C-Klasse der Baureihe W 203 mit typischem Vieraugen-Gesicht.

(Foto: Daimler AG)

》 C 250 CDI Blue Efficiency Avantgarde der Baureihe 204, die im März 2007 zu den Händlern kam.

(Foto: Daimler AG)

» *Mercedes-Benz C-Klasse Sportcoupé der Baureihe CL 203, gebaut von 2000 bis 2008.*                    *(Foto: Daimler AG)*

» *Mit der gesamten C-Klasse erhielt auch das Sportcoupé 2004 ein Facelift.*
*(Foto: Daimler AG)*

» *Karosserie, Innenraum und Technik waren im Rahmen des Facelifts verbessert worden.*                    *(Foto: Daimler AG)*

» *2008 erhielt das Sporcoupé, das von nun an unter der Bezeichnung CLC-Klasse rangierte, ein weiteres Facelift.*                    *(Foto: S 400 Hybrid)*

» *Das C-Klasse-Coupé der Baureihe C 204 löste 2011 die CLC-Klasse ab. Im Bild ein C 350.*                    *(Foto: Daimler AG)*

## CLK-Klasse

Auf der C-Klasse basierend, kam 1997 die Baureihe 208 als neue CLK-Klasse auf den Markt. Diese gab es in einer Coupé- (Baureihe C 208) und einer Cabrioversion (Baureihe A 208). Beide Karosserievarianten waren mit Vier-, Sechs- und Achtzylinder-Motoren mit 136 bis 249 PS Leistung erhältlich.

2002 folgte die Baureihe 209 nach. Diesmal standen nicht mehr alle Motorversionen beiden Karosserievarianten – Coupé und Cabrio – zur Verfügung. Der CLK 500 schaffte die höchste Leistung, 388 PS, übertroffen nur von den AMG-Modellen der Reihe (481 bis 582 PS).

2009 schließlich wurde das Coupé (Baureihe C 209) vom neuen E-Klasse-Coupé der Baureihe C 207, 2010 das Cabrio (Baureihe A 209) vom neuen offenen Viersitzer der E-Klasse (Baureihe A 207) abgelöst. Nach wie vor aber basierte auch die Baureihe 207 auf der C-Klasse.

》 *Erbe der offenen E-Klasse: Mercedes-Benz CLK Cabriolet der Baureihe A 208.* (Foto: Daimler AG)

》 *Mit Vieraugengesicht: Mercedes-Benz CLK Coupé der Baureihe C 208 aus dem Jahr 1997.* (Foto: Daimler AG)

》 *Dynamischer Diesel: Mercedes-Benz CLK 270 CDI (Baureihe C 209) mit Dieselmotor, 2002.* (Foto: Daimler AG)

》 *Offenes Verdeck vor stimmungsvoller Kulisse: Das Cabriolet des Mercedes-Benz CLK (Baureihe A 209) auf der Auto Mobil International in Leipzig.*

(Foto: Daimler AG)

# E-Klasse

Mit dem Vorkriegsfahrzeug 170 V nahm Mercedes-Benz ab 1947 seine Pkw-Produktion wieder auf. Zunächst nur als Viertürer-Limousine angeboten, gab es von den weiteren Modellen der W-136-Baureihe auch Zweitürer und Kombis. Lag die Motorleistung beim 170 V noch bei lediglich 38 PS, schaffte das Modell 170 S (Bauzeit 1950–1952) immerhin schon 52 PS.

Von 1953 bis 1957 wurde die Baureihe W 120 gebaut. Mit dem Modell 180 führte Mercedes-Benz seine neue Pontonkarosserie ein. Ebenfalls neu war die selbsttragende Bauweise. Die Reihe W 121 setzte die Pontonbauweise mit Vierzylindermotoren bis zum Ende des Jahrzehnts fort. Die »Heckflossen«-Modelle der Baureihe W 110 lösten ihre Ponton-Vorgänger mit Beginn der 60er-Jahre ab. Ihre Sechszylinder-Motoren leisteten zwischen 80 und 120 PS, die Dieselmotoren 55 PS. Herausragend war auch die neue Sicherheitsausstattung mit Knautschzonen, einer steifen Fahrgastzelle und Keilzapfentürschlössern.

1967 kamen die Baureihen W 114/115 auf den Markt, besser bekannt als »Strich-Achter«. Die Benzinmotoren leisteten zwischen 95 und 185 PS, die Dieselmotoren zwischen 55 und 80 PS. 1973 erfuhr der Strich-Achter eine Überarbeitung und wurde anschließend noch bis 1976 hergestellt. 1976 vorgestellt und danach bis 1985 produziert wurde die seinerzeit technisch überlegene Reihe W 123. Obwohl die Strich-Achter sehr beliebt waren, wurde W 123 zur bislang erfolgreichsten Baureihe. Sie glänzte mit neuen Sicherheitsfeatures und bereitete dem Turbodiesel in Mercedes-Pkws den Weg.

>> Der Mercedes 190 der Baureihe 121, besser bekannt als »Ponton«-Mercedes.
(Foto: Daimler AG)

>> Nicht zuletzt im Hinblick auf neue Sicherheitsfeatures übernahm der W 123 seinerzeit eine Vorreiterrolle. (Foto: Daimler AG)

>> Mercedes-Benz 170 S Cabrio A, gebaut in den Jahren 1949 bis 1951.

>> Der Nachfolger des Ponton-Mercedes der Fünfziger: die Heckflosse der Baureihe W 110, gebaut zwischen 1961 und 1967.

>> Ein »Strich-Achter«: Die Baureihen W 114/115 wurden von 1967 bis 1976 gebaut. (Zeichnungen: Carlo Demand)

Namensbegründer der E-Klasse war schließlich ab 1993 die Reihe W 124. Eingeführt wurde sie schon 1984. An Diesel-Motoren standen Vier-, Fünf- und Sechszylinder zur Wahl, Benziner gab es als Vier- und Sechszylinder. Neben der vier- und sechstürigen Limousine standen bis 1997 auch noch fünftürige Kombis und zweitürige Coupés und Cabrios zum Kauf.

Mit »Vieraugengesicht« und Einarmwischer überraschte 1995 die neue Reihe W 210. Weitere Ausstattungsmerkmale waren u. a. Längsverstellbarkeit des Lenkrads, eine digitale Tachometeranzeige, Sidebags, Bremsassistent sowie später auch ESP. Ein neu eingeführter Dieselmotor (2,9 Liter) verfügte erstmals bei Mercedes-Benz über Direkteinspritzung. Produziert von 2002 bis 2009 wurde die Nachfolgereihe W 211. Für Ärger sorgten in den ersten Jahren häufig auftretende technische Probleme. Trotzdem wurde die Reihe ein großer Verkaufserfolg. Die Limousinen waren vier-, die Kombis fünftürig. Die Leistung der Motorenpalette reichte von 102 bis 514 PS.

Seit 2009 ist die Baureihe 212 der E-Klasse zu haben. Auch sie erscheint in den Karosserieversionen Limousine (viertürig) und Kombi (fünftürig). Neu entwickelt worden sind u. a. Lenkung und Fahrwerkstechnik. Optional erhältlich ist eine Komfortklimaanlage, welche den Innenraum in drei Raumzonen teilt und diese mit unterschiedlichen Klimastilen versieht.

E-Klasse-Coupé und -Cabriolet, angeboten seit 2009 bzw. 2010, stammen aus einer eigenen Baureihe 207.

》 *Schöne Silhouette: Das viersitzige Mercedes-Benz Cabriolet der ersten E-Klasse (Baureihe A 124).* (Foto: Daimler AG)

》 *Charakteristisch für die 1995 auf den Markt gebrachte E-Klasse der Baureihe W 210 sind die vier runden Scheinwerfer auf der Frontseite, auch »Vieraugengesicht« genannt.* (Foto: Daimler AG)

》 *Die Mercedes-Benz E-Klasse der Baureihe 211 gab es von 2002 bis 2009 als Limousine und als »T-Modell« genannten Kombi.* (Foto: Daimler AG)

》 *Mercedes-Benz E 350 CGI Avantgarde. 2009 löste die Baureihe W 212 ihren Vorgänger ab. Die vier Frontscheinwerfer waren nun eckig ausgeführt. Als Retro-Stilelement lassen sich die an den Ponton-Mercedes von 1953 erinnernden Radkästen interpretieren.* (Foto: Daimler AG)

》 *Für die 1984 eingeführte Baureihe W 124 wurde nach der Modellpflege von 1993 erstmals der Begriff E-Klasse eingeführt und nachträglich auch auf die vorangegangenen Modelle angewendet.* (Foto: Daimler AG)

》 *Die Mercedes-Benz Baureihe S 210 von 1995 setzte die Erfolgsgeschichte der E-Klasse T-Modelle fort.* (Foto: Daimler AG)

》 *Unter der Bezeichnung »E-Guard« war die E-Klasse der Baureihe 211 auch in einer gepanzerten Version erhältlich.* (Foto: Daimler AG)

》 *Die neue E-Klasse gab es ab 2009 auch in einer Coupé-Version (Baureihe C 207), 2010 trat dann auch die E-Klasse wieder mit einem offenen Viersitzer an. Im Bild das Cabriolet der Baureihe A 207 vom Typ E 250 CDI Blue Efficiency mit Dieselmotor.* (Foto: Daimler AG)

## R-Klasse

Die Großraumlimousine W 251 begründete 2005 die neue R-Klasse. Technisch auf der M-Klasse basierend, finden bis zu sechs Personen in dem Fahrzeug Platz. Bei heruntergeklappter Rückbank erhöht sich das Ladevolumen auf ca. 2436 Liter (Langversion). Die Motoren gab es in den Leistungsstufen 190 bis 510 PS.

》 *Die Großraumlimousine R 350 BlueTEC aus der 2005 vorgestellten R-Klasse. Im Innenraum fanden sechs Personen Platz. Klappte man die Rückbank herunter, erhöhte sich das Ladevolumen auf ca. 2436 Liter bei der Langversion.*

*(Foto: Daimler AG)*

》 *Auch auf Schnee und Eis sicher unterwegs: Mercedes-Benz R 350 der Baureihe 251 mit dem Vierradantrieb 4Matic.* *(Foto: Daimler AG)*

## CLS-Klasse

2004 erschien mit der C-219-Reihe das erste Modell der neuen CLS-Klasse. Das auf der E-Klasse basierende »viertürige Coupé« (O-Ton Daimler) besaß Sechs- und Achtzylindermotoren mit 224 bis 514 PS. 2010 endete die Herstellung der Baureihe.

2011 folgte die Baureihe C 218 nach. Auch sie besaß vier Türen und gleichzeitig ein coupéartig abgeflachtes Dach. Alle Modelle sind hinterradgetrieben und besitzen serienmäßig das Siebengang-Automatikgetriebe 7G-Tronic Plus. Zur weiteren Serienausstattung zählen auch ABS, ESP, ASR und BAS.

》 *Vom Hersteller als »erstes viertüriges Premium-Coupé« bezeichnet: Mercedes-Benz CLS (Baureihe 219), hier aus dem Premierenjahr 2004.*

*(Foto: Daimler AG)*

》 *Die zweite Generation der CLS-Klasse kam als Baureihe C 218 Ende Januar 2011 auf den Markt.* *(Foto: Daimler AG)*

>> *Die Cabrio-Version A des Mercedes-Benz 220 von 1951, die länger gebaut wurde als die Limousine. Letztere gehörte zu den ersten Sechszylinder-Pkw von Mercedes nach dem Krieg. Der Motor leistete 80 PS bei einer Höchstgeschwindigkeit von 140 km/h (145 km/h beim Cabrio A).* (Foto: Daimler AG)

## S-Klasse

Auf der Plattform des 170 S kam 1951 als Vorläufer der später so bezeichneten S-Klasse der Mercedes-Benz 220 der Baureihe W 187 auf den Markt. Im Gegensatz zum 170 S waren seine Scheinwerfer in die Karosserie integriert, und statt eines Vierzylinder-Motors saß ein Sechszylinder mit 80 PS unter der Haube.

Der große Ponton-Mercedes, Baureihe 180, wurde von 1954 bis 1959 gebaut und verfügte über einen 2,2-Liter-Sechszylinder-Motor, der 85 PS leistete. Die Reihe 180 stand auch als Cabrio und Coupé zum Verkauf.

Auch bei den Oberklasse-Fahrzeugen folgten den Ponton-Modellen die Heckflossen nach. Von 1959 bis 1968 wurden die Baureihen 111/112 produziert. Die Coupéausführung 220 SE besaß die erste Sicherheitskarosserie nach dem Patent von Béla Barényi. Die 2,2- und 2,3-Liter-Sechszylindermotoren leisteten 95 bzw. 120 PS.

Mitte der 60er-Jahre wurde mit der Baureihe 108 das Heckflossen-Design wieder verworfen. Der neue Karosserieentwurf stammte von Paul Bracq und verzichtete auf modische Kinkerlitzchen. Die ausschließlich viertürige Limousine gab es auch in einer Langform, SEL genannt. Die Leistung der Motoren reichte von 130 PS im 250 S mit sechs Zylindern bis zu 250 PS im 300 SEL 6.3.

>> *Ein Jahr nach Vorstellung der Vierzylinder-Pontons erschienen 1954 die großen Ponton-Mercedes der Baureihe W 180 mit Sechszylinder-Motor. Im Bild die Coupé-Version, die bis 1960 gebaut wurde.* (Foto: Daimler AG)

>> *Der Mercedes-Benz 220 SE (W 111/112) von 1961 war das weltweit erste Coupé mit Sicherheitskarosserie nach dem Patent von Béla Barényi.*
(Foto: Daimler AG)

>> *Die in Ausstattung und Technik aufwendigste Heckflossenversion: Mercedes-Benz 300 SE aus der Baureihe W 112, gebaut zwischen 1961 und 1965.*
(Foto: Daimler AG)

>> *Mercedes-Benz 280 SE. Die Baureihen W 108/109 traten ab 1965 die Nachfolge der Heckflossen-Mercedes an und verzichteten fortan auf deren namensgebendes Design-Element.* (Foto: Daimler AG)

Mit der Nachfolgereihe W 116 wurde 1972 der Begriff »S-Klasse« eingeführt. Gestalterisch wurde mit der Reihe ein neuer Glanzpunkt gesetzt, und auch technisch stand sie Pate für viele Nachfolgemodelle.

Noch zeitloser im Design, aber auch schmuckloser und eher funktioneller erschien ab 1979 der Nachfolger W 126. Erstmals wurde in einem Serien-Pkw ein Airbag verbaut – wenn auch nur optional. Produziert wurde die Baureihe ganze zwölf Jahre, nämlich bis 1991.

Die Baureihe W 140, eingeführt 1991, war anfangs wegen ihrer gewaltigen Ausmaße sehr umstritten. Technisch brillierte sie durch eine Reihe von Innovationen, darunter eine Einparkhilfe, ESP, Vernetzung von Steuergeräten und optionale Sprachsteuerung. Neben Sechs- und Achtzylindermotoren kam sogar ein Zwölfzylindermotor zur Anwendung, und zwar in den Modellen 600 SE (408 PS) und S 600 (394 PS).

Kleiner und leichtgewichtiger kam 1998 die W-220-Reihe in den Handel. Die Reduzierung der Ausmaße und die Verbesserung der Luftwiderstandwerte bescherten ihr wesentlich bessere Verbrauchswerte als der Vorgängerreihe. Zur Ausstattung gehörten Innovationen wie ein Abstandsregler oder eine Klimatisierungsautomatik.

Seit 2005 befindet sich die Baureihe W 221 auf dem Markt. Optisch erscheint sie wieder größer als die Reihe W 220, was ihr zu größeren Verkaufserfolgen in den USA verhilft. Zur Ausstattung gehören ein Infrarot-Nachtsichtassistent, Xenon- und Infrarotscheinwerfer, ein adaptives Bremslicht sowie das Nahbereichsradar Distronic Plus. An Dieselmotoren stehen Vier-, Sechs- und Achtzylinder zur Auswahl mit Leistungen von 204 bis 320 PS, bei den Benzinern gibt es Sechs-, Acht- und Zwölfzylinder, welche zwischen 340 und 517 PS hervorbringen.

》 Die S-Klasse W 116. Mit dieser Baureihe wurde 1972 der Begriff »S-Klasse« eingeführt. Gebaut wurden diese Fahrzeuge bis 1980.

(Zeichnung: Carlo Demand)

》 Die Fahrzeuge der Mercedes-Benz S-Klasse der Modellreihe W 126 waren im Dezember 1980 die ersten Automobile mit Fahrer-Airbag und Gurtstraffer für den Beifahrer.　(Foto: Daimler AG)

》 Gebaut von 1991 bis 1998, enthielten die S-Klasse-Modelle der Baureihe W 140 Innovationen wie eine Einparkhilfe oder das elektronische Stabilitätsprogramm ESP.　(Foto: Daimler AG)

》 Die Modellreihe W 220 fiel äußerlich kleiner aus als die Vorgängerserie. Im Verbund mit weiteren Optimierungen fielen die Verbrauchswerte dadurch deutlich. Herstellungszeitraum: von 1998 bis 2005.　(Foto: Daimler AG)

》 Die 2005 vorgestellte Baureihe W 221 wurde 2010 überarbeitet. Der abgebildete S 350 BlueTEC von 2011 besitzt bereits einen neuen Sechszylinder-Dieselmotor, der die Euro-6-Norm erfüllte.　(Foto: Daimler AG)

## CL-Klasse

In der CL-Klasse erschienen seit 1951 Coupés und Cabriolets, den Anfang machte die Baureihe W 188, abgeleitet vom Limousinen-Modell 300. Das Modell 300 S existierte als Coupé und Cabrio jeweils als Kurz- und Langversion. Die beiden zur Verfügung stehenden Sechszylinder-Motoren leisteten 150 und 175 PS. Zu den Besitzern zählten viele Prominente aus Film und Politik. Die Reihe lief Ende der 50er Jahre aus. Von 1981 bis 1991 produziert wurde die Reihe C 126. Das war die Coupé-Version der Reihe W 126. Die Leistungen der Motoren betrugen zwischen 204 und 300 PS.

Unter der Bezeichnung »S-Klasse-Einspritzmotor-Coupé (SEC)« wurde 1992 die Reihe C 140 vorgestellt. Die Modelle S 420 Coupé und CL 420 kamen mit einem 279 PS starken V8-Motor, derjenige der Modelle 500 SEC, S 500 Coupé und CL 500 leistete 320 PS. Die leistungsstärksten Modelle – 600 SEC, S 600 Coupé und CL 600 – besaßen einen V12-Motor, der es auf 394 PS brachte.

Erstmals mit einem aktiven Fahrwerk ausgerüstet war die Baureihe W 215, die von 1999 bis 2006 gebaut wurde. Das Modell CL 500 verfügte über einen V8-Benzinmotor mit 306 PS, der größere CL 600 hatte einen V12-Motor mit 500 PS an Bord. Die Coupés kamen mit umfangreicher elektronischer Ausstattung.

Seit 2006 ersetzt die Baureihe C 216 ihren Vorgänger. Sie basiert auf der modifizierten Plattform der Reihe W 221. Den Coupés dieser Reihe stehen wiederum Achtzylinder-Motoren mit diesmal bis zu 435 PS sowie ein Zwölfzylinder-Motor mit 517 PS zur Verfügung. Die technische Ausstattung umfasst u. a. einen Nachtsichtassistenten, schlüsselloser Zugang und Motorstart, ein automatisches Notruf- und ein adaptives Scheinwerfersystem.

⟫ *Der Mercedes-Benz 300 Sc (W 188) wurde 1952 bis 1958 produziert.*

*(Foto: Daimler AG)*

⟫ *Die S-Klasse-Modelle der Baureihe C 126 waren ausgestattet mit V8-Motoren mit bis zu 300 PS. Sie wurden von 1981 bis 1991 produziert.*

*(Foto: Daimler AG)*

⟫ *Die Modellreihe C 140 (1992 bis 1998) gab es als 600 SEC auch mit Zwölfzylindermotor. Ab 1996 firmierten die Coupés unter der Bezeichnung CL-Klasse.*

*(Foto: Daimler AG)*

⟫ *CL-Klasse (C 215) des Jahres 1999: Technologieträger mit neuartigen Systemen wie Active Body Control.* *(Foto: Daimler AG)*

⟫ *Der Mercedes-Benz CL 500 4Matic ist mit Allradantrieb ausgerüstet. Die Reihe C 216 löste 2006 ihre Vorgängerserie ab.* *(Foto: Daimler AG)*

## Repräsentationslimousinen

Als Dienstwagen des ersten Bundeskanzlers der Bundesrepublik Deutschland wurde er bekannt: der Mercedes-Benz 300 aus der Baureihe W 186. Auch andere Regierungen in der Welt schätzten dieses erste Repräsentationsfahrzeug Westdeutschlands nach dem Krieg. Seine Dreiliter-Sechszylinder-Reihenmotoren leisteten zwischen 115 und 160 PS.

Im Jahr 1964 kam mit dem Mercedes-Benz 600 aus der Baureihe W 100 die Ablösung. Verwendet wurde er von Politikern und Showgrößen aus aller Welt, sogar von Papst Paul VI. Zu den exklusiven technischen Ausstattungen zählten Luftfederung, Automatikgetriebe und Servolenkung. Genauso exklusiv war der 6,3-Liter-V8-Einspritzmotor mit einer Leistung von 250 PS, der den 600er zu einem der schnellsten Serienfahrzeuge machte.

»> *Die 1951 eingeführte Baureihe W 186 gehörte zu den ersten Repräsentationslimousinen von Mercedes nach dem Zweiten Weltkrieg. Auch der Dienstwagen von Bundeskanzler Adenauer war ein solches Fahrzeug. Im Bild ein Mercedes-Benz 300.* (Foto: Daimler AG)

»> *In vielen Staaten als Repräsentationsfahrzeug beliebt war der Mercedes-Benz 600 aus der Reihe W 100, die zwischen 1964 und 1981 produziert wurde.*

*(Foto: Daimler AG)*

## SLK-Klasse

Im Jahr 1994 überraschte Daimler mit der Präsentation des zweisitzigen Roadsters SLK 200, zwei Jahre später ging er in Serie. Sein klappbares, zweiteiliges Stahldach konnte vollständig im Kofferraum versenkt werden. Bis 2004 wurde die Baureihe R 170 der neuen SLK-Klasse gebaut, in dieser Zeit fanden Vierzylinder-Motoren mit Leistungen von 136 bis 197 PS Verwendung, das Modell SLK 320 besaß sogar einen Sechszylinder-Motor mit 218 PS.

Mit der Nackenheizung Airscarf, einem leicht modifizierten Klappdach, einer markanteren Front und einer Motorenpalette von Vier-, Sechs- und Achtzylindern mit 163 bis 305 PS Leistung präsentierte sich ab 2004 die Nachfolgereihe R 171.

2011 wurde mit dem R 172 die dritte Generation der SLK-Klasse vorgestellt. Serienmäßig ist der Roadster mit ASR, ABS, BAS, ESP und Sechs- bzw. Siebengang-Automatikschaltung ausgestattet. Mit Magic Sky Control soll das neue Glasdach Sonnenstrahlen und Wärme aus dem Innenraum fernhalten.

>> *Mit dem SLK der Baureihe R 170 präsentierte Mercedes 1996 ein Roadster-Coupé mit Stahlklappdach, das Furore machen sollte.* (Foto: Daimler AG)

>> *Die zweite SLK-Generation der Baureihe R 171, die 2004 auf den Markt kam, verfügte als erster Mercedes mit dem Airscarf über eine Kopfraumheizung.* (Foto: Daimler AG)

>> *Die dritte Generation der SLK-Reihe wurde 2011 vorgestellt. Der Roadster SLK 350 leistet 306 PS und erreicht 243 km/h.* (Foto: Daimler AG)

# SL-Klasse

Vom Ponton 180 abgeleitet war der Roadster 190 SL, der von 1955 bis 1963 hergestellt wurde. Als Motor stand lediglich ein neuer 1,9-Liter-OHC-Vierzylinder zur Verfügung mit 105 PS.

Die drei Modelle 230 SL, 250 SL und 280 SL der Baureihe W 113 ersetzten ab 1963 den 190 SL. Mit 150 und 170 PS übertrafen die Sechszylinder-Reihenmotoren die Leistung des 190 SL, jedoch schossen auch Verkaufspreis und Betriebskosten in die Höhe. Sein optional erhältliches, nach innen gewölbtes Hardtop brachte ihm den Spitznamen »Pagode« ein.

Bemerkenswert an der folgenden Baureihe R 107 war ihre lange Bauzeit, die von 1971 bis 1989 währte. Mitte der 80er-Jahre erschien mit dem 500 SL das Spitzenmodell der Reihe, zur gleichen Zeit wurde diese einem Facelift unterzogen.

Mit einem sich elektrohydraulisch öffnenden Dach und erstmals mit Windschott trat die Baureihe R 129 ab 1989 die Nachfolge an. Die Reihensechszylinder-Motoren wurden gegen Ende der 90er-Jahre durch V6-Motoren ersetzt. Auch die R-129-Reihe wurde immerhin zwölf Jahre lang produziert.

Seit 2001 zu haben ist die Baureihe R 230. Neu ist das Active-Body-Control-Fahrwerk, welches Wank- und Nickbewegungen des Fahrzeugs ausgleicht. Das Spitzenmodell 600 SL (die AMG-Modelle sind hier nicht berücksichtigt) verfügt über einen Sechsliter-Zwölfzylinder mit 349 PS.

》 Der technisch auf der Ponton-Reihe basierende Roadster 190 SL kam 1955 in die Läden. *(Foto: Daimler AG)*

》 230 SL der Baureihe W 113 (1963–1971). Wegen der Form seines optional erhältlichen Hardtops erhielt der Zweisitzer mit Faltdach den Spitznamen »Pagode«. *(Foto: Daimler AG)*

》 Die Pagoden-Nachfolger der Baureihe R 107 wurden von 1971 bis 1989 hergestellt. Im Bild ein 350 SL von 1985. *(Foto: Daimler AG)*

》 Der SL der Baureihe 129, von 1989 bis 2001 gebaut, war das erste Serienfahrzeug der Marke, für das eine in mehreren Stufen justierbare elektronische Dämpferverstellung erhältlich war. *(Foto: Daimler AG)*

》 Der SL der Baureihe R 230 (ab 2001) kam mit dem schon beim SLK bewährten Variodach. Das Bild aus dem Jahr 2001 zeigt einen Typ SL 500. *(Foto: Daimler AG)*

》 2008 debütierte die modellgepflegte SL-Klasse der Baureihe R 230. Ihre Frontpartie war an das aktuelle Mercedes-Benz-Design anpasst. Im Bild ein SL 280. *(Foto: Daimler AG)*

## Supersportwagen

Besonders populär wurde der »Flügeltürer« 300 SL, der nach der Anregung des Mercedes-Benz-US-Importeurs Maxie Hoffman von 1954 bis 1957 gebaut wurde. Von 1958 bis 1963 kam der 300 SL mit neuentwickeltem Karosseriegerüst als Roadster-Version auf den Markt.

Der Mercedes-Benz CLK-GTR wurde 1997 vorgestellt. Der Supersportwagen hatte einen V12-Mittelmotor mit 612 PS und wurde in einer Kleinserie von 25 Stück bis 1999 von AMG gebaut. Charakteristisch waren seine »Schmetterlingstüren«.

Ebenfalls auf die Idee der Schmetterlingstüren setzte der SLR McLaren zwischen 2004 und 2009. Die Karosserie mit Entlüftungsöffnungen an den Seiten bestand aus kohlefaserverstärktem Kunststoff. Stolze 680 PS leistete der kompressoraufgeladene 5,4-Liter-Achtzylinder-Motor, der hinter der Vorderachse verbaut war.

» *Wohl das berühmteste Modell von Mercedes: der Flügeltürer 300 SL. Hergestellt wurde er von 1954 bis 1957.* (Foto: Daimler AG)

» *Der CLK-GTR von 1997 hatte einen V12 mit 612 PS und wurde in einer Kleinserie von 25 Stück gebaut.* (Foto: Daimler AG)

» *Nach dem Flügeltürer gab es den 300 SL der Baureihe W 198 von 1957 bis 1963 als Roadster.* (Foto: Daimler AG)

» *Der Supersportwagen SLR McLaren wurde von Mercedes und McLaren gemeinsam entwickelt und griff das Element der »Schmetterlingstüren« auf. Das von 2004 bis 2009 gebaute Fahrzeug leistete 680 PS.* (Foto: Daimler AG)

## G-, M-, GL-, und GLK-Klasse

Mercedes-Benz und der österreichische Hersteller Magna Steyr (ehemals Steyr-Daimler-Puch) vereinbarten in den 70er-Jahren die Herstellung eines Geländewagens. Seit 1979 wird die daraus resultierende G-Klasse bereits gefertigt, bis 1990 die Modelle der Baureihe W 460. Die Nachfolger W 461 und W 463 liefen ab 1990 vom Band. W 461 stellte das Sparmodell mit reduzierter Ausstattung dar. Es gab ihn drei- und fünftürig mit Steilheck, als zweitüriges Coupé und als ebenfalls zweitürigen Kastenwagen. Die Produktion dieser Reihe endete im Jahr 2000. Der besser ausgestattete W 463 (permanenter Allradantrieb, ABS) wird zum Zeitpunkt, da diese Zeilen geschrieben werden, immer noch gebaut. Die Karosserieversionen entsprechen denen des Vorgängers.

Die M-Klasse debütierte 1997 und stellte den Einstand von Mercedes-Benz in den SUV-Markt dar. Die Baureihe W 163 fungierte hierbei mit als Trendsetter. Ausschließlich als Fünftürer erhältlich, standen Motoren mit Leistungen von 150 bis 292 PS zur Verfügung.

Von 2005 bis 2011 gefertigt wurde die Reihe W 164. Neuerungen im Bereich der passiven Sicherheit zollten dem Umstand Rechnung, dass die meisten SUVs auf Straßen und weniger im Gelände eingesetzt werden. Mit dem W 166 erschien im Jahr 2011 die dritte Generation der M-Klasse. Alle Modelle verfügen u. a. über den permanenten Allradan-

trieb 4MATIC, einen Tempomat, die Bergabfahrhilfe DSR sowie über eine umfangreiche Sicherheitsausstattung.

Seit 2006 wird in den USA der »Full-Size«-SUV X 164 der GL-Klasse hergestellt. 2009 wurden alle Modelle einem Facelift unterzogen und auch technisch überarbeitet. Serienmäßiger Allradantrieb ist selbstverständlich, das Leistungsspektrum der Motoren reicht von 224 bis 388 PS.

Seit 2008 zu haben ist der Kompaktgeländewagen GLK (X 204). Zu seiner Serienausstattung gehören u. a. Allradantrieb, ASR, ABS, BAS, ESP sowie wahlweise Sechsgang-Handschaltung oder Siebengang-Automatikgetriebe. Optional steht auch die Bergabfahrhilfe PRE SAFE zur Verfügung.

» *Mitbegründer des SUV-Trends war 1997 die M-Klasse der Baureihe W 163.*
(Foto: Daimler AG)

» *Die 1990 erschienene Baureihe 463 stellte bereits die zweite Generation der G-Klasse dar.*
(Foto: Daimler AG)

» *Seit 2006 wird die GL-Klasse als »Full-Size«-SUV der Baureihe X 164 in den USA hergestellt. 2009 wurden alle Modelle einem Facelift unterzogen.*
(Foto: Daimler AG)

» *Seit 2008 zu haben ist der Kompaktgeländewagen GLK der Baureihe X 204.*
(Foto: Daimler AG)

» *Mit dem W 166 erschien im Jahr 2011 die dritte Generation der M-Klasse.*
(Foto: Daimler AG)

# MESSERSCHMITT

*Im April 1947 eröffnete der Flugzeugingenieur Fritz M. Fend im bayerischen Rosenheim eine technische Fertigungsstätte, nach dem großen Krieg wie alle Beschäftigten in der Luftfahrtindustrie zunächst auf sich allein gestellt. Er arbeitete im elterlichen Lebensmittelgeschäft und hatte dort die Idee, die ihn bekannt machen sollte: Neben mancherlei kleinen Lohnaufträgen bastelte Fend – auch darin unterschied er sich nicht von anderen Tüftlern, Enthusiasten und Ingenieuren mit dünner Auftragslage, aber dem unbändigen Wunsch nach einem fahrbaren Untersatz – ein dreirädriges Versehrtenmobil für einen beinamputierten Kunden seines Vaters, mit Handhebelantrieb, dem sogenannten Holländer-System.*

Mit geringer Armkraft war das rund 55 Kilogramm schwere Gefährt auf 15 km/h zu bringen, das galt als sehr ordentlich. Um das Ein- und Aussteigen zu erleichtern – Fends erste Kunden waren Versehrte mit Prothesen und/oder Krücken – war das gesamte Verdeck abzuheben. Das funktionierte so gut, dass im Arbeitsministerium in München, Abteilung »Versehrtenbetreuung«, entsprechende Materialkontingente zugeteilt wurden, und der Versehrtenverband bestellte gleich 50 Stück von diesem Typ. Daneben gab es auch welche mit Pedalantrieb, und den Einbau eine Kleinmotors hatte Fend auch bereits vorgesehen.

Als nach der Währungsreform 1948 die Schaufenster plötzlich wieder voll waren und Fahrradhilfsmotoren zur Verfügung standen, investierte er in den Ankauf eines solchen Aggregats und setzte es in das Heck seines Versehrten-Dreirads. Dem Vehikel mit dem Victoria-Hilfsmotor folgte ein Ausführung mit 100er-Sachs-Motor, bei dem waren die beiden spindeldürren und wenig stabilen Fahrrad-Speichenräder durch robuste Schubkarren-Stahlscheibenräder ersetzt worden, nur hinten blieb es bei der Fahrradfelge. Der Einsitzer mit der Bezeichnung »Flitzer 100« war ein erster Erfolg, der große Durchbruch glückte Fend mit dem im April 1949 gezeigten Flitzer mit dem 4,5 PS starken Zweitaktmotor von Motorfahrrad-Hersteller Riedel und drei gleichgroßen Acht-Zoll-Rädern.

## Vom Flitzer zum Kabinenroller

Die Nachfrage war für ihn aber nicht zu bewältigen, es fehlte der Platz ebenso wie das Geld: Für den Mittdreißiger war Klinkenputzen angesagt, er klopfte bei den Messerschmittwerken in Regensburg an. Dort war man nicht auf Anhieb begeistert, wünschte eine zweite Sitzgelegenheit, eine anständige Optik und noch weitere Verbesserungen, die die Konstruktion zu einem vollwertigen Autoersatz machen sollten. Das Ergebnis aller Bemühungen wurde dann als »Kabinenroller« bezeichnet und im Februar 1953 ausgeliefert. Der »Messerschmitt KR 175« hatte einen 175 Kubikzentimeter großen Einzylinder-Zweitaktmotor von Fichtel & Sachs mit einer Leistung von neun PS und einer seitlich wegklappenden Einstiegshaube, angeblich die Cockpithaube des Jagdflugzeugs Me 109 – »Menschen in Aspik« spottete damals der Volksmund. Die Fertigungstiefe war übrigens relativ gering, Messerschmitt montierte in erster Linie zugelieferte Baugruppen.

Auch wenn der Tagesausstoß des Zweisitzers mit dem Klappdach alsbald auf über 20 Fahrzeuge anstieg: Ausgereift waren die Kabinenroller nicht. Da bog sich schon mal die Bodenplatte durch, vibrierten die Schrauben lose oder drang Wasser in den Fahrgastraum; von dem schier unerträglichen Geräuschpegel oder der nur in Ansätzen vorhandenen Federung an der Vorderachse ganz zu schweigen. Dennoch: »Die Grundidee des Kabinenrollers ist goldrichtig«, lobte die ADAC Motorwelt im Juli 1954, die auch Straßenlage, Wendigkeit und Beschleunigung als vorbildlich bezeichnete. Die Schwachstellen der Konstruktion wurden in der laufenden Serie behoben, der Monatsausstoß stieg zeitweise auf 1200 Exemplare an.

Im März 1955 erschien das Nachfolgemodell KR 200; zu den großen Fortschritten gehörten das verbesserte Platzangebot für den Beifahrer, der stärkere Motor, die Verbesserungen am Fahrwerk und hier insbesondere der Einbau von Stoßdämpfern, die Innenraumheizung – und der Scheibenwischer mit Elektroantrieb. Die Spitze stieg auf 95 km/h, gutgehende Karos knackten auch die 100-km/h-Marke. Dazu kam eine gefälligere Optik. Dennoch hatte der Karo seinen Zenit überschritten, trotz aller Versuche, das Konzept noch am Leben zu erhalten: Zur IFMA 1956 war der FMR KR 201 Roadster (laut Messebericht auch als Me 201 bezeichnet) erschienen, ein preisgünstiges Einstiegsmodell, das

» *Die letzte Generation des Messerschmidt-Kabinenrollers: der TG 500.* (Foto: Dr. Paul Simsa)

keine 2000 Mark kostete. Klappverdeck und Seitenscheiben kosteten extra, die Schlangenleder-Ausstattung war allerdings nur beim Ausstellungsstück zu sehen.

## Kleiner Tiger: der FMR Tg 500

Die Messerschmitt-Werke hatten sich zu dem Zeitpunkt allerdings bereits wieder dem Flugzeugbau zugewandt, nachdem die Bundesrepublik 1955 ihre volle Souveränität wiedererlangt hatte und die Bundeswehr sich in der Neuaufstellung befand. Messerschmitt trennte sich von seiner Kabinenrollerproduktion; Fend und ein Zuliefererbetrieb übernahmen Rechte und Anlagen, um gemeinsam ab Januar 1957 die Produktion unter der Bezeichnung »Fahrzeug- und Maschinenbau GmbH Regensburg« (FMR) weiterlaufen zu lassen. Im September 1957 brachte Fend mit dem vierrädrigen »Tiger« einen Kabinenroller mit 400- oder 500-Kubik-Motor zur Frankfurter Automobilausstellung IAA. Das vierte Rad am Wagen hatte erhebliche Änderungen an der Hinterachskonstruktion mit sich gebracht, Fend entwickelte dafür eine Dreiecklenker-Konstruktion, die unglaubliche Kurvengeschwindigkeiten erlaubte. Im Heck kreischte ein Zweizylinder von Fichtel & Sachs, der dem rund 300 Kilogramm schweren Tiger ein Spitze von knapp 140 km/h ermöglichte. Sein hitziges Temperament bescherte ihm allerdings ständig thermische Probleme und viele Motorschäden. Auch ansonsten lief es nicht rund, Lastwagenhersteller Krupp hatte sich den Namen Tiger für seine Hauber schützen lassen, aus dem Fend Tiger wurde der Tg 500. Geholfen hat es ihm nicht, ebenso wenig wie 1961 die Anhebung der Garantiezeit auf ein Jahr: 1964 endete die Karo-Geschichte nach rund 30.000 gebauten Fahrzeugen. Der Versuch, den Schritt vom Roller- zum vollwertigen Automobil zu vollziehen, war gescheitert.

» *Der KR 200, das verbesserte Nachfolgemodell des KR175, verfügte u. a. über Stoßdämpfer und Innenraumheizung.* (Foto: Akela NDE, © CC)

» *Der TG 500 hatte vier Räder – eins mehr als seine Vorgänger.*

(Foto: everyfoto.com, © CC)

# NAG

*Möglicherweise würde man heute NAG, so sie denn noch existieren würden, im gleichen Atemzug mit Mercedes, Volkswagen und ähnlichen Kalibern der Automobilindustrie nennen. Doch das Unternehmen, das glanzvoll und mit breit angelegter, ausgereifter Produktpalette gestartet war, hatte nach dem Ersten Weltkrieg den Pfad des Erfolges verlassen und sich durch eine verfehlte Modellpolitik selbst ins vermeidbare Abseits befördert.*

## Ein Elektrokonzern baut Autos

Zu den weitsichtigen Leuten, welche die große Zukunft der neuen Erfindung »Automobil« schon frühzeitig richtig einschätzten, gehörte auch der Generaldirektor des Elektrounternehmens »AEG«, Emil Rathenau. Sein Einstieg in die Automobilherstellung bestand in der Übernahme des sogenannten »Klingenberg«-Wagens samt zugehöriger Firma »A.A.G.« im Jahr 1901. Letztere wurde anschließend umbenannt in »NAG – Neue Automobil-Gesellschaft« und der AEG angegliedert.

Zwei Jahre später begann dann mit der Produktion eigener Konstruktionen, für die anfangs der Ingenieur Joseph Vollmer verantwortlich war, der eigentliche Aufstieg des neuen Autoherstellers aus Berlin. Bei NAG entstand in den folgenden Jahren ein breites Angebot an Fahrzeugen, darunter nicht nur Pkw – u. a. auch Taxis für Berlin, teilweise mit Elektroantrieb versehen –, sondern auch Lastkraftwagen, Elektrodroschken und Omnibusse.

Alle NAG-Fahrzeuge zeichneten sich von Anfang an durch ausgereifte Technik und Zuverlässigkeit aus. Weil seine Fahrzeuge nicht nur in Deutschland gefragt waren, verfügte der Berliner Autohersteller bald schon über ein weit verzweigtes Auslandsnetz, das entscheidend zu seinem großen Erfolg beitrug. Auch in höchsten politischen Kreisen, etwa beim deutschen Kaiser, wurde man auf NAG aufmerksam und orderte Fahrzeuge mit dem auffälligen Kühler.

Mit dem NAG Puck 1908, gefolgt vom NAG Darling 1911, versuchten sich die Berliner bis zum Kriegsausbruch auch erfolgreich an ersten Kleinwagen. Wegen wachsender Absatzzahlen erfolgte 1912 die Umwandlung

des Unternehmens in eine Aktiengesellschaft. Diese Glanzzeit von NAG wurde auch nicht durch den Kriegsbeginn unterbrochen – im Gegenteil. Die Berliner lieferten nun u. a. Lastwagen und Flugmotoren ans Militär und waren dadurch weiter groß im Geschäft. Im patriotischen Übermut des ersten Kriegsjahres nannten sie sich sogar um in »Nationale Automobil-Gesellschaft«.

## Ein-Modell-Politik statt Vielfalt

Die neue Friedenszeit beendete den bisherigen kometenhaften Aufstieg der Firma. Unter den schwierigen Nachkriegsbedingungen konnte NAG erst ab 1920 mit der Produktion neuer Fahrzeuge beginnen. Und hier zeigte sich, dass die Unternehmensführung ihr bislang glückliches Händchen verloren hatte.

Statt zu versuchen, möglichst schnell ein neues Programm an vielfältigen und vor allem modernen Typen zu entwickeln, griff NAG auf ein veraltetes Vorkriegsmodell zurück, das zudem nur in kleiner Serie hergestellt werden konnte, obwohl das in den prosperierenden Vorkriegsjahren stark gewachsene Unternehmen dringend einen in hoher Zahl zu produzierenden preiswerten Kleinwagen gebraucht hätte.

Dieser NAG Typ C 10/30 PS stand dennoch in gutem Ruf, weil seine Rennvariante Typ C4b mit Motorsporterfolgen glänzen konnte. NAG hatte vor dem Krieg branchenuntypisch auf Autorennen und Zuverlässigkeitsfahrten weitestgehend verzichtet und verdiente sich auf diesem Feld erst jetzt seine Meriten. An diesem einen Modell hielt man die kommenden Jahre fest. Zu einem ersten großen Imageschaden für

» *Dieser NAG aus dem Jahr 1900 war eines der ersten Automobile. Hier wird er 1930 beim Sommerfest der Sport-Presse in Berlin-Ruhleben präsentiert.*
(Foto: Bundesarchiv, Bild 102-09961 / unbekannt / CC-BY-SA)

» *NAG-Doppelphaeton von 1908, zu sehen im EFA-Museum für Deutsche Automobilgeschichte.*
(Foto: Softeis, © GLFD)

>> *NAG-Rennwagen von 1913.* (Foto: Damors, © CC)

die Firma geriet allerdings der Versuch, genau dieses Rennmodell C4b als Straßenversion herauszubringen. Durch nicht zueinander passende Karosserien und Fahrgestelle waren für NAG-Autos ungewohnt häufige Reparaturen die Folge.

Seit 1920 befand sich NAG zusammen mit den Automobilherstellern Brennabor, Hansa und Hansa-Lloyd in der »GDA« (»Gemeinschaft Deutscher Automobilfabriken«), einer Organisation, die mit Hilfe der Abstimmung der Modellpolitik untereinander den Absatzerfolg hätte steigern sollen. Das Erreichen dieses Ziels scheiterte jedoch an den unterschiedlichen Zielen und Egoismen der beteiligten Firmen.

## Luxusautomobile oder doch lieber Kleinwagen?

Mit Übernahme der »Presto-« und der »Protos«-Werke 1926/27 ergab sich für NAG die Chance, bereits entwickelte, moderne Autos zu verkaufen. Doch die Berliner setzten lieber auf ihre eigenen Schöpfungen und stellten den Bau der Presto- und Protos-Automobile bald ein. Aus der Chance wurde so eine finanzielle Belastung, denn die Absatzzahlen gingen immer weiter in den Keller.

Einen Ausweg aus der Krise versprach sich NAG von der Herstellung hochwertiger Luxusautomobile. Deshalb entstanden in den Jahren von 1926 bis 1933 unter sehr hohen Entwicklungskosten mit dem NAG Protos Sechszylinder und später mit dem NAG V8 (mit erstem deutschen Achtzylinder-Serienmotor) erstmals wieder erstklassige Automobile mit modernster Technik und ausgereiften Fahreigenschaften. Doch der Zeitgeist schien um die Jahrzehntwende an hochpreisigen Luxusfahrzeugen nicht interessiert. So wurden vom Prestigemodell V8 in seinen beiden Ausführungen 218 und 219 gerade einmal 50 (!) Modelle verkauft.

Jetzt endlich schien man bei NAG zu begreifen, dass nur ein schon mehrfach angedachter kostengünstiger Kleinwagen aus der Krise führen konnte. Doch einen solchen aus dem Hut zu zaubern, erwies sich als nicht einfach. Als man 1933 schließlich mit dem NAG Voran Typ 220 einen solchen in aller Eile vorstellte, endete dessen Präsentation in einem Desaster. Bei Fahrtests zeigte sich der Kleinwagen völlig unausgereift und mit vielen technischen Mängeln behaftet. Ein weiterer Schlag ins Gesicht des ehemals für seine zuverlässigen und hochwertigen Fahrzeuge bekannten Autobauers.

Weil mittlerweile kein Geld mehr da war, um weitere Fahrzeuge zu entwickeln, zog der Mutterkonzern AEG die Notbremse und stellte 1934 den Pkw-Bau bei NAG ein.

## Gnadenfrist für Nutzfahrzeuge

Auch die Nutzfahrzeugsparte war zuvor bereits so in die Krise geraten, dass sie ab 1931 in einem Gemeinschaftsunternehmen mit dem Lkw- und Omnibus-Hersteller »Büssing« bis zum Ausbruch des Zweiten Weltkriegs unter dem Namen »Büssing-NAG« aufging. Während des Krieges stellte das Gemeinschaftswerk für die Wehrmacht Sonderfahrzeuge her.

Als der Betrieb gegen Ende des Krieges von den Russen besetzt wurde, war mit dem nunmehrigen Ende des Nutzfahrzeugbaus auch das endgültige Aus für NAG gekommen: 1950 wurde das Werk in Berlin-Oberschönweide enteignet und demontiert.

>> *Ein NAG C4 Phaeton als Taxi in Finnland, 1923. Zur Mitte des Jahrzehnts setzte der Niedergang des Werkes ein, das Modellprogramm der AEG-Tochter beruhte im Grunde lediglich auf einem Grundmuster.*
*(Foto: Archiv MBV)*

# NSU

Vor allem erfolgreiche Kleinwagen prägten im Automobilbereich von Anfang an die Geschichte der Neckarsulmer Firma – erfolgreich auf der Straße wie im Motorsport. Unvergessen geblieben ist der »Prinz« im »Badewannen«-Design. Noch in den letzten dreizehn Jahren ihres Bestehens machte NSU mit Innovationen von sich reden: aus Neckarsulm kamen die ersten Personenwagen mit Wankel-Motor.

» Ganz offensichtlich traf der NSU 6/18 PS von 1913 den Geschmack der weiblichen Kundschaft.　　　　　　　　　　　　　　(Foto: Audi AG)

## Lizenz zum Autobau

Strickmaschinen waren es, die in dem 1873 von Christian Schmidt und Heinrich Stoll in Riedlingen gegründeten Werk hergestellt wurden. Auch nach dem Umzug nach Neckarsulm 1880 dauerte es noch einige Jahre, bis das Unternehmen auf den Zug der beginnenden Mobilisierung aufsprang und zuerst Fahrräder, ab 1901 dann auch erfindungs-

reich und mit zunehmendem Erfolg Motorräder herzustellen begann. Ermutigt durch den Erfolg, wollte die Firma unter dem nach ihrem Standort Neckarsulm als »NSU« benannten Markennamen auch im lukrativ werdenden Markt der Automobile mitmischen. Um nicht ins kalte Wasser zu springen, erwarb sie 1905 die Lizenz zum Bau der bewährten belgischen Pipe-Automobile. Leider verkauften sich diese teuren Luxusautos nicht wie erhofft. Deshalb versuchten die Neckarsulmer parallel dazu, sich mit vollwertigen Vierzylinder-Autos aus eigener Konstruktion bei Klein- und unteren Mittelklassewagen von der Konkurrenz abzuheben. 1905 entstand so zuerst als Versuch das Dreirad Sulmobil und ein Jahr später dann die vierrädrigen Motorwagen NSU 6/8 PS bzw. 6/10 PS.

Die nächsten drei Jahre bauten die »Neckarsulmer Fahrradwerke«, wie sie immer noch hießen, ihre Modellpalette mit leistungsstärkeren Automobilen aus. Um für ihre Autos zu werben und deren technische Leistungsfähigkeit unter Beweis zu stellen, beteiligte sich die Firma 1909 am »Prinz-Heinrich-Rennen« mit dem neuen NSU 10/20 PS. Zwar ohne Siegchancen, vermehrte sie dennoch gewaltig ihr Ansehen, weil alle drei NSU-Wagen ohne Strafpunkte die gesamte Strecke geschafft hatten. Während bis zum Kriegsausbruch immer noch Pipe-Autos in Lizenz gebaut wurden, kreierten die Neckarsulmer 1910 mit dem NSU 5/10 PS ihren ersten Kleinwagen, dessen Nachfolger 5/15 PS zum beliebtesten Kleinwagen der 20er-Jahre werden sollte. Weil die Neckarsulmer mitt-

» NSU-Kompressor-Rennwagen 6/60 PS von 1926.　　(Foto: Audi AG)

» NSU 6/30 PS von 1928.　　(Foto: Joachim Köhler, © GLFD)

Der NSU 7/34 PS (1928–1931) bei der Fließband-Montage im Werk Heilbronn, hier die »Hochzeit« (Fahrwerk und Antrieb werden zusammen gefügt).

(Foto: Audi AG)

lerweile auch im Automobilbau sehr erfolgreich waren, änderten sie ihren unpassend gewordenen Namen 1914 in »Neckarsulmer Fahrzeugwerke AG«. An den Autos prangten ab jetzt die Buchstaben »N.S.U.« Auch während des Ersten Weltkriegs baute der Fahrzeughersteller für den Militärbedarf weiterhin Automobile, Motorräder und sogar Lkws.

## Mit Fiat durch die Krise

Nach dem Krieg bediente man mit Vorkriegsmodellen die wieder steigende Nachfrage nach Automobilen. Auch im Motorsport schlugen sich die NSU-Fahrzeuge in der eigenen Klasse mit Bravour. 1925 gelang auf der AVUS sogar der Sieg gegen die starke Konkurrenz von Mercedes, Bugatti und NAG. Doch mit der Umstellung vom Erfolgsmodell 5/15 PS auf ein wenig rentables 6-PS-Nachfolgemodell sowie dem Bau eines zweiten Werkes in Heilbronn übernahm sich der Fahrzeughersteller. Dazu kam 1926 der notwendig gewordene Aufkauf des vor dem Bankrott stehenden Karosseriebauunternehmens Schebera, das bisher die von den Neckarsulmer gelieferten Motoren und Fahrgestelle mit ihren Karosserien zu Autos zusammengebaut hatte. Um die hieraus entstehenden heftigen Verluste auffangen zu können, beschloss der Vorstand 1928 die Sanierung. Diese sah vor, dass Fiat das Heilbronner Werk samt

Der NSU Prinz 4 (1961–1973) auf einem Pressefoto jener Zeit.

(Foto: Audi AG)

Für den Sport-Prinz (1959–1967) versprach NSU unter anderem gute Wintereigenschaften dank des Heckmotors.

(Foto: Audi AG)

>> *NSU Wankel-Spider 1964 auf dem Kurfürstendamm in Berlin. Heute, fast 50 Jahre später, scheint die Zeit des Wankelmotors im Automobilbau endgültig vorbei zu sein.* (Foto: Audi AG)

Markenname »NSU« übernahm und dort weiterhin NSU-Autos baute, während in Neckarsulm hauptsächlich die Fertigung von Fahr- und Motorrädern verblieb. Weil sich die Modelle jedoch nicht verkauften, endete 1931 mit der Produktionseinstellung des 7/34 PS durch Fiat vorerst der Autobau des inzwischen als »NSU Vereinigte Fahrzeugwerke AG« firmierenden Unternehmens.

Einen Nachschlag gab es noch: Bevor sich die Neckarsulmer ganz auf ihre Zweiräder konzentrierten, bauten sie 1933/34 für Ferdinand Porsche unter dem Namen Porsche Typ 32 nichts weniger als den Prototypen des späteren Volkswagens. Wegen Geldmangels kam es aber zu keiner Serienproduktion.

## Vom Zweitakt-»Prinz« zum »Wankel-Spider«

Nach dem Zweiten Weltkrieg, in dem die »NSU Werke AG« für die Wehrmacht das Kettenkrad Hk 101 produziert hatte, entwickelten sich die Neckarsulmer bis Mitte der 50er-Jahre zum größten Motorradhersteller der Welt. Als sich dieser Boom jedoch dem Ende zuneigte, weil die Menschen, in den Wirtschaftswunderzeiten wohlhabender und anspruchsvoller geworden, von zwei auf vier Räder umsteigen wollten, besann sich NSU auf seine Automobilvergangenheit und beschloss, die Tradition seiner Kleinwagen wieder aufleben zu lassen.

>> *Der NSU Prinz II wurde von 1957 bis 1960 gebaut. Der Kleinwagen besaß einen Zweitaktmotor, die Prinz-Reihe wurde recht erfolgreich.* (Foto: Audi AG)

Mit dem NSU Prinz, der aus einer Dreiradstudie hervorgegangen war, griff die Firma die zeittypische Mode der Zweitakter-Kleinwagen auf. Das sparsame und gutgängige Auto hatte wie der VW Käfer den Motor im Heck sitzen und entwickelte sich trotz häufiger Modelländerungen zu einem Erfolg. Das noch nicht so gelungene Äußere überwand NSU beim Prinz 4 durch dessen markantes »Badewannendesign«. Zur selben Zeit lebte auch die Motorsporttradition der Firma wieder auf. Durch Erfolge bei Rallyes und Tourenwagenrennen vermochte NSU auf sein neues Autoprogramm aufmerksam zu machen.

1964 wechselte das im Aufwärtstrend liegende Unternehmen auf Viertakt-Motoren. Prinz 1000 hieß die damit ausgestattete letzte Prinz-Reihe. Die eigentliche Innovation bestand aber in der weltweit ersten Ausrüstung eines Pkw mit dem aus eigener Entwicklung stammenden neuen »Wankel-Kreiskolbenmotor« im NSU Wankel-Spider.

## Aufgabe der Selbständigkeit

Drei Jahre später brachten die »NSU-Motorenwerke« mit dem technisch innovativen, richtungsweisenden und ungewöhnlich gestylten Ro 80 ihre erste hochpreisige Limousine auf den Markt, die mit Vorderradantrieb und Wankelmotor ausgestattet war, prompt für Aufsehen sorgte und als erster deutscher Wagen zum »Auto des Jahres« gewählt wurde. Die Folge waren viele Lizenzvergaben in alle Welt, obwohl der Motor nicht unumstritten blieb.

Trotz dieses erfolgreichen Neueinstiegs in das Automobilgeschäft spürten die Neckarsulmer, dass sie zu klein waren, um auf Dauer bestehen zu können. Deshalb begaben sie sich auf die Suche nach einem starken Partner und wurden bei Volkswagen fündig.

1969 kam es zur Fusion zwischen NSU und der zur Volkswagen AG gehörenden Auto Union. VW wollte den von NSU für die Mittelklasse bestimmten K 70 selbst herausbringen, ein Projekt, das aber zu teuer geriet. Mittlerweile hatte der Ro 80 wegen sich häufender technischer Mängel mit großen Imageverlusten zu kämpfen, die Verkaufszahlen gingen zurück. Um jedoch die Lizenznehmer des Wankelmotors bei der Stange zu halten, behielt man die teure Limousine trotz der Verluste, die sie einfuhr, im Programm. Als aber immer mehr Lizenznehmer schließlich doch absprangen, kam 1977 das Ende für den Ro 80. Und nur wenige Jahre später, 1984, wurde der Name »NSU« auch noch aus der gemeinsamen Firmenbezeichnung mit Audi gestrichen. NSU als Autobauer war endgültig Geschichte.

>> Die Modellpalette der Audi NSU Auto Union AG im Jahre 1971 (im Uhrzeigersinn, unten links beginnend): NSU Ro 80, NSU Prinz 1000 TT, NSU Prinz 4, Audi 75 Variant, NSU 1200, Audi 60 L, Audi 100 LS. In der Mitte steht ein Audi 100 Coupé S. (Foto: Audi AG)

>> Der NSU TT litt unter chronischer Motorüberhitzung. Deshalb sah man ihn bald fast nur noch mit etwas aufgestellter Motorhaube. (Foto: Audi AG)

>> Heute ein Klassiker: Der technisch innovative NSU Ro 80 kam 1967 mit Wankelmotor und Vorderradantrieb auf den Markt. (Foto: Audi AG)

>> Der K70 war noch von NSU entwickelt worden, doch produziert wurde er ab 1970 als Volkswagen. (Foto: Audi AG)

# OPEL

*Der Namensgeber der Adam Opel AG hat sie nicht mehr erlebt: die Wandlung vom bedeutenden Näh-maschinenhersteller zum zeitweise größten Automobilproduzenten Europas. Allerdings ist ihm auch die Kehrseite erspart geblieben: die schlimme Krise, in die das Unternehmen nach seinen großen Erfolgen im 20. Jahrhundert gegen Ende des Jahrtausends geraten ist.*

## Motorwagen statt Nähmaschinen

Der Ehrgeiz des 1837 in Rüsselsheim geborenen Adam Opel galt dem Aufbau einer eigenen Nähmaschinenproduktion. In den 60er-Jahren des 19. Jahrhunderts machte er sich selbständig und stellte erfolgreich eigene Nähmaschinenmodelle in Serie her. Absatzschwierigkeiten führten schließlich zur Schaffung weiterer Standbeine des Unternehmens, nämlich zur Herstellung von Fahrrädern und, nachdem auch hier die Nachfrage erlahmte, zum Bau von Automobilen. Der Firmengründer jedoch war zu diesem Zeitpunkt bereits verstorben.

1899 kauften seine Söhne die Anhaltische Motorwagenfabrik des Mechanikers Friedrich Lutzmann samt Konstruktionsrechten und stellten ihren ersten Motorwagen unter dem Namen »Opel Patent-Motorwagen System Lutzmann« her. Lutzmanns Konstruktion erwies sich jedoch als Sackgasse, da sie mit den moderneren französischen Motorwagen, die den Antrieb bereits vorne eingebaut hatten, nicht mithalten konnte.

 » *Opels Einstieg in die Automobilwelt 1899: der Patentmotorwagen des Kon-strukteurs Lutzmann mit 4 PS.* (Foto: © GM Corp.)

 » *Opel-Darracq 9 PS, gebaut in den Jahren 1902 bis 1903.(Foto: © GM Corp.)*

Ihren nächsten Anlauf unternahmen die Opel-Brüder 1902. Sie gingen mit dem französischen Motorwagen-Produzenten Darracq ein Kooperationsverhältnis ein und bauten die nächsten fünf Jahre in Lizenz dessen Automobile unter dem Namen »Opel-Darracq« nach. Gleichzeitig entstand mit dem Modell 10/12 PS bereits die erste selbständige Opel-Konstruktion. Der Verkauf sowohl der Lizenz- wie auch der ständig ausgeweiteten eigenen Modelle lief so gut, dass Opel nun auch auf dem Automobilsektor einen Namen hatte und sich von Darracq trennen konnte.

## Auf dem Weg zum amerikanisch-deutschen Aktienunternehmen

Bereits 1907 hatte Opel erfolgreich am Kaiserpreisrennen in Deutschland teilgenommen. Dieser »Kaiserpreis-Wagen« war anschließend zum Tourenwagen weiterentwickelt worden; Qualität und Rennerfolge trugen maßgeblich zu Opels Weltruf bei.

Als normaler Gebrauchswagen für den Alltag entstand 1908 der 4/8 PS »Doktorwagen«, dessen Verkaufserfolg Opel an die Grenze seiner Fertigungskapazität brachte. Die Zerstörung des Opelwerks in einem Großbrand 1911 nahm das Unternehmen daraufhin zum Anlass, in Anlehnung an Ford seinen Maschinenpark und den Herstellungsprozess vollständig zu modernisieren.

Ein weiteres Highlight folgte 1912 mit dem Opel 5/14 »Puppchen«, der nicht zuletzt auch wegen seines günstigen Preises mithalf, die Motorisierung in Deutschland anzukurbeln.

Während des Ersten Weltkriegs lieferte Opel vorwiegend Lastwagen und Flugmotoren für die deutsche Armee, ab 1919 wurde die normale Automobilproduktion fortgesetzt. Die Inflation der Nachkriegsjahre führte 1923 bei Opel zur vorübergehenden Werksschließung. Um noch günstiger produzieren und die Krisenjahre überstehen zu können, führte Opel 1924 mit dem ersten Fließband in Deutschland die rationale Serienfertigung ein und entwickelte seine Modellpalette von Grund auf neu. Der erste Bestseller von Opel, der auf dem Fließband in Großserie hergestellt wurde, hörte auf den Namen 4 PS »Laubfrosch«. Opel, nunmehr größter Fahrzeughersteller Deutschlands, erfuhr 1928 seine Umwandlung zur Aktiengesellschaft.

Die Modernisierungsmaßnahmen, so wichtig sie für den weiteren Erfolg des Unternehmens waren, hatten so große Schulden aufgehäuft, dass Opel die nächste große Krise – die Weltwirtschaftskrise 1929 – nicht mehr aus eigener Kraft überstehen zu können glaubte. Deshalb erfolgte in den folgenden Jahren bis 1931 unter Beibehaltung des Namens der sukzessive Verkauf des Unternehmens an den US-amerikanischen Autobauer General Motors.

» *Opel-Darracq 16/18 PS, der von 1904 bis 1906 gefertigt wurde.* (Foto: © GM Corp.)

## Devisen für das Dritte Reich vom größten Autohersteller Europas

Mit Hilfe von GM überstand Opel die schwierigen Jahre. Die Machtübernahme des Autofans Hitler bescherte den Autobauern zunächst prosperierende Zeiten. Mit dem P4 und dem im neuen brandenburgischen Werk hergestellten Blitz-Lkw entstanden Mitte der 30er-Jahre wieder große Opel-Verkaufserfolge. Opel stieg in diesen Jahren zeitweise zum größten Autohersteller Europas auf. Durch die vielen Exporte ins Ausland wurde das Rüsselsheimer Unternehmen außerdem der größte Devisenbeschaffer im Dritten Reich.

Bevor der Ausbruch des Zweiten Weltkriegs der Produktion von Privatautos einen Riegel vorschob, schuf Opel mit den Vierzylinderwagen Kadett und Olympia sowie den sechszylindrigen Kapitän und Admiral Modellklassiker, die der Hersteller nach dem Krieg wieder aufleben lassen konnte.

Den Zweiten Weltkrieg über produzierte Opel, ähnlich wie im Ersten Weltkrieg, Lastkraftwagen, Motoren und weitere Rüstungsgüter, so lange jedenfalls, wie die gegen Ende des Krieges stark beschädigten Fertigungswerke in Rüsselsheim und Brandenburg dies zuließen.

## Der erfolgreiche »ewige Zweite« rutscht in die Krise

Nach dem Krieg verblieb dem alsbald wieder von GM geleiteten Autohersteller nur das Rüsselsheimer Werk – das Brandenburger war von den Sowjets demontiert worden und diente ihnen zum Bau des Vorkriegs-Kadetts. In dem rasch wieder aufgebauten Rüsselsheimer Werk produzierte Opel die Vorkriegsmodelle Kapitän, Blitz und Olympia (später Rekord), zunächst nur für die US-Armee, später auch erfolgreich für Privatkunden. Die erste eigene Opelkonstruktion ohne GM war zu Beginn der 60er-Jahre der Kadett im neuen Bochumer Werk, der sich sehr erfolgreich gegen seinen direkten Konkurrenten behauptete, den VW Käfer, ohne allerdings diesen und seinen Hersteller Volkswagen, die neue Nr. 1 in Deutschland, vom Thron stoßen zu können.

Opel schwamm in den 60er- und 70er-Jahren auf einer neuen Erfolgswelle, musste sich aber im Vergleich mit direkten Konkurrenten wie dem Käfer oder dem Golf meist mit dem 2. Platz zufrieden geben. Ähnlich

» *Von 1902 bis 1906 stellte Opel ihre erste eigene Konstruktion her, den Motorwagen 10/12 PS Tonneau (Bild von 1930).* (Foto: © GM Corp.)

erging es dem Manta als Konkurrenten des Ford Capri, nur hatte der Manta beziehungsweise hatten dessen Fahrer zudem noch mit einem Negativ-Image zu kämpfen, das in Form der »Manta-Witze« weite Verbreitung fand.

Gegen Ende der 70er-Jahre verloren die bisherigen Oberklassewagen Kapitän, Admiral und Diplomat den Anschluss an die Konkurrenz. Anfang der 90er-Jahre gab Opel dieses Marktsegment auf. In der Mittelklasse ließ eine etwas unglückliche Modellpolitik den Omega B, Nachfolger des Rekord, in die nächste Klasse aufrücken, ohne hier aber mit Mercedes und Co. konkurrieren zu können. So wurde auch die obere Mittelklasse aufgegeben.

In ernste Schwierigkeiten geriet Opel in den 90er-Jahren. Qualitätsprobleme aufgrund von Sparmaßnahmen des damaligen Managers López und schon seit Jahren sinkende Absatzzahlen trieben die Rüsselsheimer ins Minus und bescherten ihnen ein schlechtes Image. Die Folge waren Milliardenverluste und massiver Stellenabbau. Die Lage eskalierte 2008 in Folge der internationalen Finanzkrise. Im Gespräch war die Loslösung Opels von General Motors, die selber vor der Pleite standen. Doch obwohl bei gleichzeitiger Kreditbürgschaft der Bundesregierung mit Magna und Sberbank Investoren gefunden worden waren, distanzierte sich der mittlerweile wieder gesundete Mutterkonzern GM 2009 vom Verkauf und behielt Opel.

» *Opel 6/14 PS HP Touring aus dem Jahr 1910.*     (Foto: Alfvan Beem, © CC)

» *Opel-Modell 6/12 aus dem Jahr 1908.*     (Foto: Rudolf Stricker, © GLFD)

» *Der Opel 4 PS »Laubfrosch« von 1924 verkaufte sich sehr gut und wurde erstmals in Großserie auf dem Laufband produziert.*     (Foto: © GM Corp.)

» *Die Dame und der Herr posieren in einem 6/16 PS Torpedo Doppelphaeton von 1911 vor der Kamera.*     (Foto: © GM Corp.)

» *Von 1931 bis 1937 gefertigt wurde der Opel P4. Mit ihm gelang den Rüsselsheimer wieder ein großer Wurf. In der zweiten Hälfte der 30er Jahre war er das meist-verkaufte Auto in Deutschland.*     (Foto: © GM Corp.)

» 24/110 PS Opel Regent Sechsliter-Achtzylinder-Pullman-Limousine aus den Jahren 1928 bis 1929. Opels neuer Eigentümer General Motors setzte durch, dass alle 25 ausgelieferten Fahrzeuge zurückgekauft und verschrottet wurden! So sollte eine deutsche Konkurrenz zum amerikanischen Cadillac verhindert werden. (Foto: © GM Corp.)

» Der Opel Olympia, gebaut von 1935 bis 1940, war das erste in Massenproduktion hergestellte Automobil mit selbsttragender Ganzstahlkarosserie.
(Foto: © GM Corp.)

» Der Opel Admiral übernahm 1937 aus Opels Lastwagenserie den 3,5-Liter-Sechszylinder-Reihenmotor. Das war auch der Grund, weshalb seine Herstellung bei Kriegsbeginn eingestellt werden musste; die großen 3,5-Liter-Motoren wurden nun für Militär-Lastwagen benötigt. (Foto: © GM Corp.)

» Der Opel Kapitän löste 1938 den Super 6 ab. Dennoch war auch er noch mit dem 2,5-Liter-Sechszylinder-Motor seines Vorgängers ausgestattet. Bis 1940 hergestellt, kam der Kapitän als zwei- und viertürige Limousine sowie als zweitüriges Cabrio. (Foto: © GM Corp.)

» Opel 1,3- beziehungsweise 2-Liter, zwischen 1934 und 1937 gebaut. In Aufbau und Technik praktisch identisch, hatte der 1,3-Liter einen Vierzylinder-Motor unter der Haube, der 2-Liter dagegen einen Sechszylinder. Während der 1,3-Liter bereits im Oktober 1935 auslief, blieb der Sechszylinder bis Juni 1937 im Programm.
(Zeichnung: Carlo Demand)

>> *Ebenfalls mit selbstragender Karosserie ausgestattet, folgte der Opel Kadett 1936 dem Olympia nach.* (Foto: © GM Corp.)

## Opel Olympia

Mit dem Namen »Olympia« bezeichnete Opel verschiedene Modelle in verschiedenen Epochen. Der erste Opel Olympia, gebaut zwischen 1935 und 1940, war das erste Großserien-Automobil mit selbsttragendem Aufbau. Dieser Typ wurde unter identischer Bezeichnung und auch sonst kaum verändert, zwischen 1947 und 1953 wieder aufgelegt. Zu dem Zeitpunkt erfolgte die Ablösung durch den Typ Olympia Rekord mit neuer Ponton-Karosserie im US-Stil. Dieser wurde, trotz nahezu jährlicher Modellwechsel (die sich vor allem an der Kühlergestaltung bemerkbar machten) nur bis 1957 gebaut. Die Ablösung hieß dann Rekord P1; die Bezeichnung kennzeichnete dort den zweitürigen Basis-Rekord. Der Opel Olympia A (1967-1970) war dagegen keine abgespeckte Rekord-Variante mehr, sondern eine Luxusausgabe des zeitgenössischen B-Kadett und schloss die Lücke zwischen Kadett und Rekord. Seine Position in der Modellpalette nahm nach 1970 der Ascona ein.

>> *Frontseitig an den US-amerikanischen Geschmack angelehnt, erschien der Olympia ´50 im Jahr 1949. War sein Vorgänger von 1947 noch eine lediglich leicht überarbeitete Version des Vorkriegs-Olympia gewesen, unterschied sich die neue Version deutlicher.* (Foto: © GM Corp.)

>> *Die dritte Reihe des Corsa wurde nicht nur äußerlich, sondern auch technisch überarbeitet, was seiner Qualität zugute kam. Den Corsa C gab es wiederum wahlweise als Drei- oder Fünftürer. Als Motoren standen zur Verfügung Benziner mit 58 bis 90 PS und Diesel mit 65 oder 75 PS.* (Foto: © GM Corp.)

>> *Seit 2006 erhältlich ist der Corsa D. Mit pfiffigerem Design als sein verkaufsmäßig leicht schwächelnder Vorgänger und auch in der Größe wiederum gewachsen, setzte der Corsa D die Erfolgsserie der Reihe fort.* (Foto: © GM Corp.)

## Kleinwagen nach Maß: Vom Corsa zum Tigra

In dem Maße, in dem der Kadett in die nächst größere Fahrzeugkategorie wuchs, öffnete sich eine Lücke im Modellprogramm, die Platz ließ für ein neues Kleinwagen-Programm. Zu Beginn der 80er Jahre startete Opel mit dem Corsa A seine Kleinwagenserie. Diesen modern konzipierte Kleinwagen mit Quermotor, Frontantrieb und Schrägheck-Karosserie hatte GM als Weltauto angelegt und verkaufte ihn unter verschiedenen Namen. Der rund 3,62 m lange Wagen entstand für den europäischen Markt im spanischen GM-Werk und konkurrierte mit dem VW Polo und dem Ford Fiesta. Seine Vierzylinder-Motoren leisteten zwischen 45 und 70 PS. Den Corsa gab es hierzulande mit zwei und vier Türen, dazu kam zwischen 1983 und 1987 eine Stufenheck-Variante, die in Deutschland nicht sonderlich erfolgreich war. Eine solche Ausführung wurde in Deutschland vom Corsa B (1993) gar nicht mehr angeboten. Den jetzt auch im neuen Opel-Werk Eisenach gebauten Fronttriebler gab es sowohl drei- als auch fünftürig; seine neue gefälligere Linienführung gefiel vor allem weiblichen Fahrern. Die erste Ausführung gab es mit 1,2-Liter- und 1,4-Liter-Benziner aus dem Corsa A; zum Topmodell avancierte der mit markantem Spoilerwerk versehene GSi mit 80 kW (109 PS). 1997 bekam der Wagen neben einem Facelift einen 1,0-Liter-Ecotec-Dreizylinder-Motor spendiert. Auf dieser Basis entstand ein Coupémodell namens Tigra. Als nicht ganz so erfolgreich erwies sich die dritte Generation des Corsa, obwohl diese nicht nur optisch, sondern auch technisch weiterentwickelt wurde und zudem in der Größe auf 3,83 m zulegte. Wiederum als Drei- und Fünftürer erhältlich, wurde der Corsa C von 2000 bis 2006 mit verschiedenen Motorisierungen gebaut, darunter auch mit einem 1,7-Liter-Diesel der japanischen GM-Marke Isuzu. Auch wenn der Corsa C vielleicht nicht so gut ankam wie erhofft, seine Technik wurde für weitere Fahrzeuge genutzt: Tigra Twintop, Opel Meriva und Opel Combo nutzen die technische Basis der Gamma-C-Plattform von GM. Ihm folgte der Corsa D auf Fiat-Plattform (auch der Grande Punto nutzt diese) nach und setzte sowohl vom Design als auch von den Verkaufszahlen wieder die Tugenden der zweiten Generation fort. Diesmal wurde die Dreitürer-Version auf sportlich getrimmt, während die fünftürige Ausführung als Familienwagen gedacht war.

>> *Der Tigra war die Coupé-Variante des Corsa B. Gebaut zwischen 1995 und 2000, sorgten hier der 1,4 Liter mit 66 kW (90 PS) und der 1,6 Liter mit 78 kW (106 PS) für Vortrieb.* (Foto: © GM Corp.)

» *Völlig neu und ein komplett bei Opel in Deutschland entwickelter Wagen war der Kadett A, der von 1962 bis 1965 produziert wurde. Moderner als sein Konkurrent, der VW Käfer, verhinderte jedoch seine Rostanfälligkeit eine längere Präsenz auf deutschen Straßen.*

*(Foto: © GM Corp.)*

» *Die zweite Inkarnation des Kadett wurde eines der erfolgreichsten Opel-Modelle. Bis zur Produktionseinstellung 1973 erschienen vom Kadett B so viele Karosserievarianten wie noch nie zuvor bei Opel, hier als Rallye-Kadett*

*(Foto: © GM Corp.)*

# Kompakte Kadetten

1962 erschien der Kadett A als Vertreter der Kompaktklasse von Opel. Erstmals ausschließlich in Deutschland konstruiert, waren sowohl Technik wie auch Design völlig neu. Vorgesehen war er von vornherein als Konkurrent zum VW Käfer. Mit einem Vierzylinder-Reihenmotor und einer Leistung von 40 PS lief er bis 1965 vom Band.

Der Opel Kadett B hatte von allem mehr: mehr Karosserievarianten als zuvor, höhere Verkaufszahlen als zuvor und mehr Motoren im Angebot als sein Vorgänger, mit Leistungen von 45 bis 60 PS. Tatsächlich gehörte er zu den erfolgreichsten Opel-Modellen.

Wieder als Zwei- und Viertürer erhältlich war der Kadett C, der von 1973 bis 1979 hergestellt wurde. Dieses erste »Weltauto« des US-Konzerns wurde in zahlreichen Werken produziert, lief in Japan als Isuzu, in den USA als Buick und in Australien als Holden vom Band. Neben der zweitürigen Stufenheck-Limousine gab es eine Coupé-Ausführung, eine Schrägheck-Variante (Kadett »City«), eine Kombiausführung wie auch ein Targa-Cabriolet-Limousine (»Aero«), die bei Baur (Stuttgart) entstand. Zur Wahl standen Motoren mit 1,0-Liter und 40 bzw. 52 PS, mit 1,2-Liter und 60 PS, ergänzt um einen 1,6-Liter-Motor mit 75 PS im Jahr 1977.

Die vierte Serie, Kadett D, unterschied sich schon äußerlich deutlich von seinen Vorgängern und besaß einen quer eingebauten Motor sowie Frontantrieb (was für Opel eine vollständige Abkehr mit dem bisherigen technischen Konzept des Kadett bedeutete). Der D-Kadett avancierte zum härtesten Rivalen des VW Golf. Die Schrägheckausführung des Kadett D gab es sowohl mit großer als auch mit kleiner Heckklappe, im ersteren Fall war er drei- oder fünftürig, im zweiteren zwei- oder viertürig. Topmodell war der GTE mit 1,8 Liter Hubraum, 85 kW/ 115 PS. Erstmals angeboten wurde im Kadett ein Diesel-Triebwerk.

1984 erschien das letzte Modell der Kadett-Reihe auf dem Markt. Der Kadett E wurde bis 1991 sowohl als drei- und fünftürige Schrägheck-limousine wie auch als zwei- und viertüriger Caravan produziert. Außerdem waren für ihn neue Motoren mit Katalysator im Angebot. Der Leistungsbereich der Motoren insgesamt reichte von 55 bis 150 PS. Von

ihm gab es auch ein bei Bertone gebautes Cabriolet mit Überrollbügel. 1991 kam der Nachfolger mit neuem Namen auf den Markt, der Astra F. Der Buchstabe »F« zeigte die Kontinuität zum vorangegangenen Kadett E auf, auf dem er auch basierte und dessen Karosserievarianten er fortsetzte. Ausgestattet war er u.a. mit serienmäßigen Gurtschloss-straffern und höhenverstellbaren Sicherheitsgurten. Als Vorbeugung gegen Halsverletzungen im Falle eines Aufpralls dienten Rahmenkopf-stützen an den Frontsitzen. Die Motorenpalette war breit gefächert; die Cabrio-Ausführung basierte, anders als beim Vormodell, auf der Stufenheck-Ausführung. Die Astra der ersten Generation schädigten das Opel-Image als Hersteller von guten, haltbaren und zuverlässigen Autos nachhaltig; bei der Produktion hatte offensichtlich zu sehr der Rotstift diktiert.

Von 1998 bis 2004 wurde der qualitativ bessere Astra G gebaut, dessen Motoren zwischen 65 und 200 PS hervorbrachten. 1999 erschien auch eine Coupé-Version, die jedoch nur zu Anfang den Namen Astra trug. Gedacht als Calibra-Nachfolger, hieß diese danach nur noch »Coupé«. Astra H hieß die dritte Generation des Astra und kam 2004 auf den Markt. Neben der Sechsgang-Schaltung der Dieselvarianten standen für die Benziner eine Fünfgang-Schaltung, eine Viergang-Automatik oder Easytronic zur Wahl, eine Kombination zwischen manueller und automatischer Schaltung.

Seit 2009 gibt es den Astra J zu kaufen. Die fünftürige Schrägheck-Version wurde ein Jahr später um den Sports Tourer und 2011 um eine GTC-Version mit drei Türen ergänzt. Die Leistung der R4-Benzinmotoren mit Multi-Point-Einspritzung reicht von 87 bis 180 PS, diejenige der Diesel-motoren mit Common-Rail-Einspritzung von 95 bis 160 PS.

Ebenfalls in der Kompaktklasse angesiedelt ist das innovative Elektro-fahrzeug Ampera. Ab 2011 in Deutschland zu haben (wenn auch ein US-Produkt), schlagen unter seiner Brust zwei Motoren; sein Elektromotor wird von einem Verbrennungsmotor unterstützt, der den Ladezustand der Batterie stabilisiert. Die Leistung des E-Motors liegt bei 111 kW, die des 1,8-Liter-Benziners bei 140 PS.

*Mit quer eingebautem Motor und Frontantrieb erschien 1979 der Kadett D. Seine Verkaufszahlen schlossen zu denen des VW Golf auf. (Foto: © GM Corp.)*

*Von 1973 bis 1979 setzte der Kadett C die Erfolgsserie der Reihe fort. Technisch unterschied er sich nicht allzu sehr vom Vorgänger. Bei Baur entstand auch ein Cabrio, der »Aero«. (Foto: © GM Corp.)*

>> Der Astra F ersetzte ab 1991 die erfolgreiche Kadett-Reihe. Der Buchstabe »F« setzte da an, wo der Kadett-Vorgänger mit dem »E« aufgehört hatte. Verarbeitungsmängel am Astra in der übertrieben sparsamen Lopez-Ära in den Neunzigern ramponierten aber zunächst das Image von Opel. (Foto: © GM Corp.)

>> Von 1998 bis 2004 wurde der Astra G in allen möglichen Variationen verkauft, als drei-/fünftürige Schräghecklimousine, fünftüriges Kombi, viertüriges Stufenheck und auch als Cabrio. (Foto: Thomas Dörfer, © GLFD)

>> Auf Wunsch mit bis weit ins Dach reichender Windschutzscheibe zu haben war der Astra H. Seine Produktion dauerte von 2004 bis 2009.

(Foto: © GM Corp.)

>> Seit 2009 gebaut: der Astra J mit neuen Motoren, neuem Design und revidiertem Fahrwerk. Er verkörpert bereits die vierte Generation des Kadett-Nachfolgers. (Foto: © GM Corp.)

>> Mit kombiniertem Elektro- und Benzinmotor soll der Ampera dem E-Antrieb ab 2011 auf breiter Front zum Durchbruch verhelfen. Der Elektromotor allein reicht bis zu ca. 60 km. Fällt die Batterieladung unter 30 Prozent, schaltet sich der 1,4-Liter-Vierzylinder-Benzinmotor hinzu und stabilisiert den Ladezustand der Batterie.

(Foto: © GM Corp.)

>> *Der Olympia Rekord löste 1953 den bisherigen Olympia ab. Der Ponton-Opel wurde mehreren Facelifts unterzogen, hier zu sehen das Modell 1954/55.*

*(Foto: © GM Corp.)*

## Mittelklasse-Rekorde

Noch aus der Vorkriegszeit her stammte der Opel Olympia. Er kam ab 1947 in nur leichter Überarbeitung wieder zum Einsatz. Echter Neuzugang war knapp drei Jahre später der Olympia 50, der nicht nur äußerlich einige Veränderungen aufwies, besonders die Kühler mit Querstreben aus Chrom, sondern auch nur noch ein Dreigang- statt des vormaligen Viergang-Getriebes besaß. Die Phase der ein- bis zweijährlichen Modellwechsel läutete 1951 der Olympia 51 ein. Wieder optisch leicht verändert,

verfügte das Fahrzeug nun über ein Heckfenster anstelle des Sehschlitzes und leistete 39 statt der bisherigen 37 PS.

Mit deutlich veränderter Optik erschien 1953 das Nachfolgemodell Olympia Rekord 53 als erste echte Nachkriegskonstruktion des Rüsselsheimer Herstellers. Als Neukonstruktion führte er die Ponton-Bauweise ein, ebenso auffällig war die Neugestaltung des Kühlers. Sein 1,5-Liter-Vierzylinder-Motor leistete nun bereits 40 PS. Der Olympia Rekord 55 unterschied sich davon durch die verbesserte Ausstattung, das nochmals vergrößerte Heckfenster und den neuen Kühlergrill; ein Jahr später folgte abermals eine neue Front, ohne Hörner diesmal, aber mit eckigen Blinkern. Die Motorleistung war nun auf 45 PS gestiegen. Sein Nachfolger im Jahr 1957 bot neben der obligatorischen Front-Überarbeitung auch eine höhere Leistung, nämlich 50 PS. Sein Heck zierten nun leicht angedeutete Flossen.

Deutlich verändert mit unübersehbaren Anleihen an US-amerikanische Autos war der Opel Olympia Rekord P1, der ebenfalls noch 1957 auf den Markt kam. Bemerkenswert waren seine Panoramascheiben vorne und hinten, die eine Rundumsicht gestatteten, um den Preis herabgesetzter Bequemlichkeit auf den Rücksitzen. Zum Ausklang des Jahrzehnts erschien mit dem Opel 1200 ein Zwischentyp, der die Wartezeit zum nächsten wirklich neuen Modell überbrücken sollte. Sein 1,2-Liter-Motor brachte es nur auf 40 PS. Dieses wirklich neue Modell hieß Opel Rekord P2 und überraschte im Jahr 1960 mit seiner modernen Linienführung. Der Rekord P2 verzichtete auf die Panoramascheiben und präsentierte einen neuen, um die Ecken gezogenen Kühlergrill sowie Weißwandrei-

>> *Der Opel Rekord P1 kam ebenfalls 1957 auf den Markt. Er war im Design an amerikanische Autos angelehnt und stach mit seinen Panoramafenstern hervor, die quasi eine Rundumsicht ermöglichten.*

*(Foto: © GM Corp.)*

fen. Ein Jahr nach Markteinführung erschien der Wagen auch als Coupé-Version. Ebenso gab es wie beim Vorgänger eine Kombi-Variante. Mit dem Modellwechsel zum Rekord A vollzog sich eine Verschiebung innerhalb der Modellpalette: Opels Rekord-Baureihe orientierte sich nach oben; der Wechsel in die nächsthöhere Fahrzeugklasse, der im Grunde genommen mit dem P1 begonnen hatte, tat ein Lücke auf im Modellprogramm. Opel versuchte zunächst mit dem Olympia A aufstrebende Kadett-Fahrer bei der Stange zu halten, schickte aber dann nach 1970 den Ascona ins Rennen.

Wie sein Vorgänger sollte er die Lücke zwischen Kadett und Rekord füllen. Die Hinterachse bekam er vom Kadett, an Motoren benötigte er wegen seines Gewichts allerdings stärkere, solche mit Leistungen zwischen 60 und 90 PS. Es gab ihn auch als Kombi-Ausführung (»Voyage«) mit Holzimitat im Stil amerikanischer Woodies.

Der Ascona B folgte 1975 als zwei- und viertürige Limousine (und nicht mehr als Kombi). Er war größer als das A-Modell, verfügte daher auch über mehr Innenraum und war mit einem verbesserten Fahrwerk ausgestattet. Ab 1976 bekam er neue Motoren mit 55 bis 110 PS Leistung. Mit diesem Typ fuhr Walter Röhrl für Opel ganz vorne bei der Rallye-WM mit; sein Arbeitsgerät war der von Irmscher aufgebaute Ascona 400i im typischen Rothmans-Design.

Mit Vorderradantrieb und quer eingebautem Motor stellte der Ascona C ab 1981 eine Neuentwicklung dar. Außer als zwei- und viertürige Stufenhecklimousine gab es ihn auch fünftürig mit Schrägheck. Als deutsche Version der amerikanischen Opel-J-Car-Modelle wurde er bis 1988 gebaut. Im selben Jahr trat der Vectra A mit denselben Karosserieversionen seine Nachfolge an. Während die Diesel-Variante nicht auf viel Zuspruch stieß, vermochten die Benziner nahtlos an den Erfolg der Ascona-Reihe anzuknüpfen. Allerdings litt auch hier die Zuverlässigkeit und Verarbeitungsqualität; der rigide Sparkurs, den der Mutterkonzern Opel verordnete, schädigte das Image der Autobauer.

In den Ausmaßen größer präsentierte sich seit 1995 der Vectra B, dessen Fahrwerk völlig neu war. Ab 1999 wurde die Reihe optisch umgestaltet. Bis zu seinem Produktionsende war der Vectra B als Stufenheck-, Hatchback- und Caravan-Version zu haben.

Von 2002 bis 2008 dauerte die Produktionszeit des Vectra C. Seine Stufenheckversion wurde mehr auf Familienauto getrimmt, während die Fließheckvariante eine sportlich eingestellte Klientel bediente. Trotz fortwährender Modellpflege war er allerdings nicht so erfolgreich wie seine Vorgänger.

Beinahe zeitgleich zum Vectra C erschien der Signum als fünftürige Mixtur aus Schrägheck-Limousine und Kombi, was ihm im Inneren viel Platz einbrachte. Seine Motoren leisteten zwischen 100 und 250 PS, was allerdings nicht unbedingt zu seiner weiteren Verbreitung beitrug.

Mit dem Insignia wurde 2008 der Vectra-Nachfolger vorgestellt. Erhältlich ist er als viertürige Stufenheckversion sowie als fünftürige Schrägheck- und Kombivariante. Letztere bekam die neue Bezeichnung »Sports Tourer« verpasst. Seine Motoren leisten zwischen 140 und 200 PS.

》 *Die Coupéversion des Opel Rekord P2. Mit einer stark veränderten, moderneren Karosserie und Weißwandreifen war der P2 von 1960 bis 1963 zu haben.*

*(Foto: © GM Corp.)*

» 1970 brachte Opel den Ascona A auf den Markt. Seine Motoren wurden in den Leistungsstufen 60, 68 und 90 PS angeboten. Größerer Erfolg sollte jedoch erst seinem Nachfolger beschieden sein. *(Foto: © GM Corp.)*

» Von 1981 bis 1988 wurde die letzte Ascona-Reihe C hergestellt, die erstmals über einen Frontantrieb verfügte. Der Ascona C war die deutsche Version der in anderen Ländern verkauften J-Car-Modelle von GM. Während seiner Produktionszeit erfuhr er zwei Überarbeitungen. *Foto: © GM Corp.)*

» Der Ascona B, der 1975 die erste Ascona-Generation ablöste, wurde ein großer Verkaufsrenner. Größer als sein Vorgänger, besaß er anfangs noch dieselben Motoren. Unter Walter Röhrl war er im Rallyesport (Ascona 400) höchst erfolgreich: Röhrl wurde 1982 Weltmeister. *(Foto: © GM Corp.*

» Der Vectra A trat 1988 die Nachfolge der Ascona-Reihe an. Er erschien als viertürige Stufenhecklimousine, als Kombi sowie als fünftüriges Fließheckmodell. Spitzenmodell war der Allrad-Vectra. *(Foto: © GM Corp.)*

» Der Vectra C wurde von 2002 bis 2008 gebaut und war deutlich länger als sein Vorgänger. Im Bild die Caravan-Version. Mit dem Vectra C schloss diese Reihe, ihr Nachfolger hieß Insignia. *(Foto: © GM Corp.)*

》 *Insignia heißt der Nachfolger des Vectra, er steht seit 2008 zum Verkauf. Erhältlich ist er als viertürige Stufenheck-, fünftürige Schrägheckversion sowie als Kombi.*

*(Foto: © GM Corp.)*

》 *Zu den Ausstattungshighlights des Insignia gehören u.a. das Scheinwerfersystem AFL+, der Spurhalteassistent und die elektronische Stoßdämpferregelung.*

*(Foto: © GM Corp.)*

>> Der Opel Kapitän mit seinem 2,5-Liter-Sechszylindermotor, wie er ab 1949 wieder angeboten wurde, entsprach der im Dezember 1938 vorgestellten Ausführung.
(Zeichnung: Carlo Demand)

## Obere Mittelklasse: Vom Kapitän zum Omega

Auch in der oberen Mittelklasse bot Opel 1948 mit dem Kapitän 49 ein Vorkriegsmodell zum Verkauf an, das sich von diesem nur durch andere Scheinwerfer sowie eine verbesserte Federung und Dämpfung unterschied. Sein Sechszylinder-Motor leistete 55 PS. Das Folgemodell Kapitän 50, gebaut von 1951 bis 1953, war kaum vom 49-Modell zu unterscheiden; erst der Kapitän 51 wies u.a. mit seiner überarbeiteten Frontpartie, seinem abgestuften Heck, einer sehr weichen Federung und einer sehr leichtgängigen Lenkung interessante Neuerungen auf. Auch stieg die Motorleistung auf 58 PS. Mit topmoderner Ponton-Karosserie und »Haifischmaul«-Grill präsentierte sich 1954 der Kapitän 54. Außer dem Motor war hier alles neu, selbst die dreigeteilte Heckscheibe. Eher als optische Überarbeitung präsentierte sich dann der Opel Kapitän 56 mit Frontretuschen und einteiliger Heckscheibe. Der Sechszylinder erstarkte auf 75 PS.

Wie der Olympia Rekord P1 präsentierte sich auch der Opel Kapitän P1, gebaut von 1958 bis 1959, mit amerikanisiertem Design, zu dem auch die eleganten, aber eigentlich unpraktischen Panoramafenster gehörten. Sein Nachfolger Kapitän P2 verzichtete wieder auf die Panoramascheiben, besaß dafür leichte Heckflossen und einen stärkeren 2,6-Liter-Motor mit 90 PS. Auf diese Weise wieder »entamerikanisiert«, wurde das Fahrzeug länger als sein Vorgänger produziert, nämlich von 1959 bis 1963.

Ab 1963 ersetzte der Opel Rekord A die Kapitän-Reihe in der oberen Mittelklasse; Letztere wurden in der neuen Oberklasse fortgeführt. Der Rekord A überraschte mit einer Karosserie im Stil des US-Chevy II. Seine Vier- und Sechszylinder-Motoren leisteten zwischen 55 und 100 PS. Als Zwischenmodell fungierte der Rekord B, der nur ein Jahr lang hergestellt wurde, von 1965 bis 1966. Äußerlich nur gering verändert, war er jedoch mit neuen Motoren ausgerüstet worden, die Potenzial für weitere Leistungssteigerungen boten.

»Coke-bottle-style« wurde das Karosseriedesign des Opel Rekord C genannt, wegen seinem kurzen Heck, dem langen Vorderteil und dem angedeuteten »Hüftschwung« im Heckbereich. Von 1966 bis 1971 gebaut, erwies sich der Rekord C als eines der erfolgreichsten Modelle von Opel. Und wieder hatten die Marketingstrategen geglaubt, eine Lücke

>> Im Jahr 1954 erhielt auch der Kapitän eine Pontonkarosserie, und zwar eine ohne angedeutete hintere Kotflügel. Die Heckscheibe war dreigeteilt, der Motor der alte, lieferte jedoch 10 PS mehr Leistung. Auch der Verkauf des richtungsweisenden Fahrzeugs war gut. (Foto: © GM Corp.)

>> Das Kapitän-Modell von 1956 erhielt einen neuen Kühlergrill, einen stärkeren Motor (75 PS) und angedeutete Flossen am Heck. Im Bild das Sondermodell anlässlich des 2000.000sten verkauften Opels. (Foto: © GM Corp.)

>> 1958 erschien der Kapitän P1. Das »P« stand wie schon beim Rekord für »Panoramascheibe«. Das für Europa ungewöhnlich amerikanisch-elegante Design des Wagens brachte für hintere Passagiere augrund des hinten abfallenden Dachs gewisse Unbequemlichkeiten mit sich. Auch das Sichtfeld war wegen der kleinen Heckscheibe nach hinten eingeschränkt. (Foto: © GM Corp.)

» Die Nachteile des Kapitän P1 machten bereits 1959 eine Überarbeitung notwendig. Der Kapitän P2 kam wieder europäischer daher und verfügte wieder über eine »normale« Heckscheibe, wenn auch im Panorama-Stil. Von allen Modellen des Opel Kapitän verkaufte sich der P2 am besten. *(Foto: © GM Corp.)*

» Als größerer Nachfolger des Opel Rekord P2 erschien 1963 der Rekord A. Für ihn wurde zum letzten Mal der (weiterentwickelte) Reihen-Vierzylinder-Motor des Vorkriegs-Olympia-Modells verwendet. So leistungsmäßig gestärkt und in der Erscheinung modernisiert wurde das Fahrzeug ein großer Erfolg. *(Foto: © GM Corp.)*

» Mit neu entwickelten Motoren versehen, wurde der Rekord B ab 1965 zum Verkauf angeboten. Äußerlich kaum verändert, war das Fahrzeug allerdings lediglich ein Zwischenmodell, dessen Produktion 1966 wieder eingestellt wurde. *(Foto: © GM Corp.)*

» Der Opel Rekord C war der erste viertürige Caravan im Opel-Programm, gebaut zwischen 1966 und 1971. Auch Ford hatte nur zweitürige Kombis im Angebot. Der Rekord C wurde zum Millionseller und zum erfolgreichsten Rekord-Modell. *(Zeichnung: Carlo Demand)*

» Opel Rekord D der Autobahnpolizei Wiesbaden. Im Rahmen eines Farbversuchs kam es 1972 zu diesem Farbschema, hier nicht zu sehen ist der rote Farbstreifen, der quer über die Motorhaube lief. *(Zeichnung: Carlo Demand)*

im Programm ausmachen zu können; die nämlich zwischen Rekord und den großen KAD-Typen. Diese schlossen sie mit dem Commodore von 1967, der nach dem Baukastenprinzip entstand und deutlich erkennbar auf dem Rekord basierte, mit einem Sechszylinder-Motor und Luxusausstattung.

Von 1971 bis 1977 produziert wurde der Rekord D. Vor allem im ersten Jahr verkaufte er sich so gut wie kaum ein Modell zuvor. Von ihm erschien 1972 auch eine Diesel-Version, die allerdings weniger beliebt war. Die Vierzylinder-Benzinmotoren leisteten zwischen 60 und 100 PS. Der zweite Commodore wurde von 1972 bis 1977 gebaut. Während Fahrwerk und Karosserie weitgehend dem Rekord D entsprachen, saß unter seiner Haube wiederum ein Sechszylinder-Reihenmotor, dessen Varianten zwischen 115 und 160 PS leisteten. Neben dem Viertürer gab es den Commodore B auch als Coupé.

Zum letzten Mal den Namen Rekord führte die Baureihe E im Jahr 1977. Die erste Version, E1, bekam eine neue McPherson-Vorderachse und außer dem Basismodell erschien er auch als Rekord L (zwei-/viertürige Limousine, fünftüriger Caravan) und als Rekord Berlina (zwei-/viertürige Limousine). Die zweite Version von 1982, E2, wurde äußerlich modernisiert und erhielt neue (OHC-) Motoren.

» *Der Commodore B wurde auf Basis des Rekord D von 1972 bis 1977 gefertigt. Sein 2,5-Liter-Motor leistete 115 PS. Im Bild zu sehen ist die sportlichere GS-Version, dessen Motor 130 PS zur Verfügung stellte.* (Foto: © GM Corp.)

Auch die Commodore-Reihe fand mit der dritten Generation, die von 1978 bis 1982 hergestellt wurde, ihr Ende. Den Commodore C gab es als zwei- und viertürige Limousine sowie als Caravan.

Ab 1986 setzte dann der Omega A die Rekord-Linie fort. Zu haben als viertürige Limousine und fünftüriger Caravan, verfügte er über ein neues Fahrwerk. Die Motoren gab es von 1,8 bis 3,0 Liter, ihre Leistung reichte von 82 bis 122 PS.

Die zweite Generation des Omega war auch gleichzeitig die letzte: Omega B wurden nur von 1994 bis 2003 gebaut und hatten erstmals einen Airbag an Bord. Auch diese Modellreihe gab es nur als viertürige Limousine und fünftürigen Caravan. Die Reihen-Vierzylindermotoren des Omega B leisteten zwischen 115 und 218 PS. Trotz langer Bauzeit und zahlreicher Auffrischungen hatte die Konkurrenz (Mercedes-E-Klasse) imagemäßig die Nase vorne.

» *Die letzte Rekord-Modellreihe kam 1982 zum Verkauf. Der neue Rekord E war modernisiert und konnte wahlweise auch mit einem neuen Motor (1,8-Liter, 75 oder 90 PS) bezogen werden.* (Foto: © GM Corp.)

» *Der Omega A war der Nachfolger des Rekord E, dennoch aber eine Neukonstruktion, und wurde von 1986 bis 1994 gebaut. Es gab ihn als viertürige Stufenheckausführung und als Kombi.* (Foto: © GM Corp.)

» *Die letzte Reihe des Commodore wurde 1977 vorgestellt und ein Jahr später auf den Markt gebracht. Es gab ihn als zwei- oder viertürige Limousine und als Caravan. Weil er nur eine sehr enge Marktnische besetzte, wurde seine Produktion 1982 eingestellt.* (Foto: © GM Corp.)

173

» *Der Kapitän A war im Jahr 1964 das Einstiegsmodell der neuen Oberklassen-Modellreihe von Opel. Die für ihn zur Verfügung stehenden Sechszylinder-Reihenmotoren leisteten zwischen 100 und 190 PS.* (Foto: © GM Corp.)

» *Der Diplomat A war das Spitzenmodell der neuen Oberklassen-Trilogie. Im Gegensatz zu seinen Brüdern besaß er einen 4,6-Liter-V8-Motor, später wurde auch ein 5,4-Liter-Motor mit 230 PS angeboten.* (Foto: © GM Corp.)

» *Opel Diplomat B. Zur Serienausstattung gehörten Servolenkung und Automatikschaltung. Wie der Kapitän B wurde seine Herstellung 1977 eingestellt. Nachfolger für die Kapitän-/Admiral-/Diplomat-Modelle gab es nicht, da Opel in der Oberklasse an Boden gegenüber der Konkurrenz verloren hatte.* (Foto: © GM Corp.)

» *1969 kam die Nachfolgereihe der neuen Oberklasse auf den Markt. Alle Modelle waren nur als Viertürer-Limousinen erhältlich und besaßen Reihen-Sechs- und Achtzylindermotoren. Im Bild das Einsteigermodell Kapitän B.* (Foto: Berthold Werner)

## KAD: Die Oberklasse

Das Dreigestirn Kapitän A, Admiral A und Diplomat A repräsentierte 1964 Opels aktuelle Oberklasse mit großen, neu entwickelten Karosserien. Basismodell war der Kapitän A mit einem ohc-Sechszylinder-Reihenmotor und anfänglich 100, später bis zu 140 PS Leistung. Eine V8-Version schaffte sogar 190 PS. Der Admiral A besaß die gleichen Motoren wie der Kapitän A, war allerdings in seiner Ausstattung gegenüber diesem aufgewertet. Das Spitzenmodell Diplomat A hatte bereits serienmäßig einen 4,6-Liter-V8-Motor unter der Haube. Seine wiederum gesteigerte, luxuriösere Innenausstattung manifestierte sich z.B. in elektrischen Fensterhebern, einer Heckscheibenheizung, Vinyldach sowie edler Holzverkleidung.

Alle drei Modelle wurden 1969 durch die Nachfolgegeneration B ersetzt, deren Bauzeit immerhin stolze acht Jahre betrug. Die Ausmaße

»» *Optisch und technisch überarbeitet präsentierte sich 1982 der Senator A2. Die Produktion endete 1986.* (Foto: © GM Corp.)

»» *Monza A1 war die Bezeichnung der Coupé-Version des Senator A1.* (Foto: © GM Corp.)

»» *Der Senator B erschien 1987. Weil er aber auf dem Omega A basierte und ihm deshalb auch sehr ähnelte, verkaufte er sich nicht wie erhofft. Die Leistung seiner Sechszylinder-Motoren reichte von 156 bis 272 PS. Nach seiner Produktionseinstellung 1993 gab es für den Senator B keinen Nachfolger.* (Foto: © GM Corp.)

der KAD-Karosserien waren wieder eher an europäische Verhältnisse angepasst und deshalb kompakter. Alle Modelle gab es ausschließlich als Viertürer. Bereits ein Jahr nach Einführung wurde das Grundmodell Kapitän B aus dem Programm genommen, dessen Ausstattung der Oberklasse nicht wirklich gerecht geworden war.

Admiral B und Diplomat B verfügten über Sechs- und Achtzylinderreihenmotoren mit Leistungen von bis zu 165 PS (Admiral) und 230 PS (Diplomat). Beide Modelle erhielten nun ein modernes Fahrwerk mit hinterer Einzelradaufhängung und belüfteten vorderen Scheibenbremsen. Außerdem waren beide serienmäßig mit Servolenkung und Automatikgetriebe ausgerüstet. Ein Jahr nach Einstellung des Admiral wurde 1977 mit dem Diplomat auch der letzte Oberklassewagen von Opel eingestellt. Absatzeinbrüche wegen der Ölkrise von 1973 und Vorsprünge der Konkurrenz in der Oberklasse verhinderten ein weiteres Engagement von Opel in dieser höchsten Fahrzeugklasse.

Als Nachfolger der Oberklasse-Wagen Admiral / Diplomat bot Opel 1978 den Senator A an, der jedoch nur ein schwacher Ersatz darstellte: Schließlich basierte er auf der Rekord-E-Baureihe, war jedoch oberhalb dieser angesiedelt. Bis zu 150 PS leistete sein Sechszylinder-Reihenmotor. Außer als viertürige Limousine stellte Opel auch eine Coupé-Version vor, die allerdings unter eigenem Namen erschien – Monza A1.

Entsprechend dem Rekord E2 wurde 1982 auch der Senator B äußerlich neugestaltet, ansonsten hielten sich die Änderungen in Grenzen. Auch von ihm erschien eine zweitürige Coupéversion, als »Monza A2« wiederum unter eigenem Namen.

Der Senator B, 1987 vorgestellt, war die luxuriösere Version des Omega A. Doch eine zu große Ähnlichkeit mit diesem verhinderte einen größeren Verkaufserfolg. Als Basismotorisierung diente ein Dreiliter-Sechszylinder-Reihenmotor mit 156 PS. Später ersetzte diesen ein 2,6-Liter-Motor mit 150 PS aus dem Omega-Programm.

》 Der Opel GT erschien von 1968 bis 1973 als zweisitziges Sportcoupé. Seine 1,1- bzw. 1,9-Liter-Motoren leisteten 60 und 90 PS. Allein die Hälfte der Fahrzeuge ging in die USA. *(Foto: © GM Corp.)*

》 Der Opel Manta B, von 1975 bis 1988 produziert, war die Coupé-Variante des zeitgleich erschienen Ascona B. Seine lange Produktionsdauer markierte einen neuen Rekord bei Opel. *(Foto: © GM Corp.)*

》 Von 1970 bis 1975 wurde der Manta A hergestellt. Er stand in direkter Konkurrenz zum Ford Capri. *(Foto: © GM Corp.)*

》 Der Tigra B Twin Top gebaut von 2004 bis 2009. Sein Stahlklappdach war versenkbar. Es standen zwei Benzin- und ein Dieselmotor zur Verfügung mit den Leistungen 90 / 125 PS (Benzin) und 70 PS (Diesel). *(Foto: © GM Corp.)*

## Sportliche Opel

Erster Sportwagen im Opel-Sortiment war 1968 das zweisitzige Coupé GT. Es basierte auf dem Kadett B und war im »Coke-bottle-style« gehalten. Zunächst mit 1,1-Liter-Motor und 60 PS ausgestattet, erwies sich schließlich der größere 1,8-Liter-Motor mit 90 PS aus dem Kadett als der geeignete für das Fahrzeug.

Den Imagewechsel, den der GT eingeleitet hatte, setzte der Opel Manta A 1970 fort. Dieser war als direkter Konkurrent zum allerdings erfolgreicheren Ford Capri gedacht. Das zweitürige Coupé bot fünf Sitze, eine neu konstruierte vordere Einzelradaufhängung und hatte das Fahrwerk mit dem Ascona gemein. In den Ausstattungsvarianten Manta L, Manta RS und Manta Berlinetta bot das Fahrzeug Motorleistungen von 60 bis 105 PS. Als Coupé-Variante des Ascona B wurde 1975 der Opel Manta B eingeführt. Technisch nur gering verändert, verfügte er aber über ein markanteres Design und avancierte seit den später eingeführten 1,9- und 2,0-Liter-Motoren zum meistverkauften deutschen Sportwagen. Das erklärt auch seine lange Produktionsdauer bis ins Jahr 1988.

Nachfolger der Manta-Reihe wurde ab 1989/90 der Calibra. Das dreitürige Coupé war frontangetrieben mit quer eingebautem Motor und besaß einzeln aufgehängte Räder an der Hinterachse. Seine Zweiliter-Vierzylinder-Motoren leisteten zwischen 115 und 204 PS. Das Fahrzeug erschien auch als Calibra 4x4 mit Allradantrieb. 1997 wurde seine Produktion eingestellt. Die Reihe blieb ohne direkten Nachfolger; das Astra Cóupe sollte später in dessen Fußstapfen treten.

1994 präsentierte Opel mit dem Tigra A ein neues Erfolgsmodell, das auf dem Corsa B basierte. Auffällig waren seine um die Ecken reichenden Panoramascheiben und seine insgesamt runde Linienführung. Ein 1,4-Liter-Motor mit 90 PS sowie ein 1,6-Liter-Motor mit 106 PS standen zur Wahl. Wegen auftretender elektronischer Probleme gingen die anfänglich hohen Verkäufe dann aber wieder zurück, was zu seiner Einstellung 2001 führte.

Von 2004 bis 2009 wurde der Tigra B Twin Top hergestellt. Bei ihm handelte es sich um einen Roadster auf Corsa-Basis mit versenkbarem Dach. Seine Motorenleistungen reichten von 70 bis 125 PS. Neben dem Design, das auch der Dachkonstruktion geschuldet war, ragte vor allem sein Fahrwerk heraus; es bot sehr sichere Fahr- und gute Federungseigenschaften. Der im Jahr 2000 präsentierte Speedster war, genau genommen, kein echter Opel, sondern ein Lotus; wie auch der 2007er Opel GT von Pontiac stammte.

## Die Vans

1996 brachte Opel mit dem Sintra seinen ersten Van auf den Markt. Sieben bis acht Personen konnten in ihm Platz finden. Den in den USA produzierten Sintra gab es in den Versionen GLS und CD; sein Nachfolger, der Zafira A von 1999, entstand in Europa. Sein »One-Box-Design« erwies sich als echter Volltreffer. Herausragend: Seine drei Sitzreihen ließen sich, falls zusätzlicher Frachtraum gefragt war, in kurzer Zeit in den Boden versenken und mussten nicht, wie etwa beim VW Sharan, umständlich ausgebaut werden.

Der Zafira B ersetzte 2005 seinen Vorgänger und bot mit dem Flex7-Sitzsystem eine noch schnellere und bequemere Möglichkeit, sich zusätzlichen Ladeplatz zu verschaffen. Flaggschiff der Reihe war der OPC. Während die Microvan »Agila« einer Kooperation mit dem damaligen GM-Partner Suzuki entstammten – im Rahmen der Finanzkrise trennte sich GM gegen Ende des Jahrzehnts von seinen Beteiligungen –, war der zwischen Zafira und Agila angesiedelte Meriva A (2003-2010) eine rein europäische Angelegenheit. Sein Common-Rail-Dieselmotor entstammte einem Joint-Venture zwischen General Motors und Fiat. Das Leistungsspektrum seiner Diesel- und Benzinmotoren reichte von 75 bis 180 PS.

Seit 2010 steht der Meriva B zum Verkauf. In der Größe gewachsen mit so genannten Schmetterlingstüren ausgestattet, bietet er im Innenraum deutlich mehr Platz als sein Vorgänger.

» Der Zafira Tourer wurde auf der IAA 2011 vorgestellt und Anfang 2012 verkauft. Er trägt das neue Markengesicht; der Vorgänger, der Zafira B, wird zunächst parallel dazu weitergebaut. (Foto: © GM Corp.)

» Der Zafira A, vorgestellt 1999, ersetzte den in den USA gebauten Sintra. Er war ein Kompaktvan, wie ihn die Käufer liebten. Seine Sitzreihen ließen sich im Boden versenken. (Foto: © GM Corp.)

» Der Minivan Meriva A wurde von 2003 bis 2010 gebaut. Er füllte die Lücke zwischen Zafira und Agila. Sein variabler Innenraum bot Platz für fünf Personen. (Foto: © GM Corp.)

# PORSCHE

*Ferdinand Porsche war keineswegs neu im Automobilgeschäft, als er Ende 1930 ein eigenes Unternehmen gründete. Am 25. April 1931 wurde seine neue Firma in das Stuttgarter Handelsregister eingetragen, ihr Name lautete damals: »Dr. Ing. h.c. F. Porsche Gesellschaft mit beschränkter Haftung, Konstruktionen und Beratungen für Motoren- und Fahrzeugbau«. Schon 1932 trat auch sein Sohn Ferdinand (Ferry) Porsche in das Unternehmen ein, das 1938 nach Stuttgart-Zuffenhausen umzog.*

Die Arbeit war in den ersten Jahren vor allem von Fremdaufträgen bestimmt, unter anderem wurden so der legendäre Volkswagen und der berühmte Auto-Union-Rennwagen entwickelt. Im Herbst 1944 zog das Unternehmen nach Gmünd in Kärnten, um eventuellen Bombenangriffen seitens der Alliierten zu entgehen. Dort entstand auch unter der Leitung von Ferry Porsche das erste Auto, das den Namen Porsche trug. Dieser erste echte Porsche war ein Roadster mit Mittelmotor, trug die Chassis-Nummer 356 001 und wurde am 8. Juni 1948 in Österreich zum Straßenverkehr zugelassen. Der Wagen blieb aber ein Einzelstück. Zwar wurden in Gmünd noch weitere 52 Wagen (44 Coupés und 8 Cabriolets) mit Leichtmetall-Karosserien gebaut, doch ab dem 356 002 rückte der Motor ins Heck: Er wurde hinter der Hinterachse eingebaut, und dort ist er bei der berühmtesten aller Porsche-Modellreihen, beim 911, bis heute geblieben.

## Made in Germany

An Ostern 1949, das Porsche-Werk in Zuffenhausen wurde von den Amerikanern noch immer als Reparaturwerk für Jeeps und Army-Laster benutzt, rollte aus einer angemieteten Halle der gegenüberliegenden Karosseriebaufirma Reutter & Co. der erste 356 made in Germany. Im November des gleichen Jahres erhielt die Firma Reutter den Auftrag zum Bau von 500 weiteren Stahlkarosserien für den 356, und schon Anfang März 1951 war der 500. Porsche 356 fertiggestellt.

Ende 1955 gaben die Amerikaner das Werk I in Zuffenhausen wieder frei, fast zur gleichen Zeit wurde auch das neue Werk II fertiggestellt. Im März 1956 feierte das Unternehmen mit dem 25-jährigen Firmenjubiläum auch die Fertigstellung des 10.000sten Porsche. Und die Produktionszahlen stiegen rapide: Schon zwei Jahre später konnte man in Zuffenhausen auf die Fertigstellung von 25.000 Porsche zurückblicken.

» *356 Cabriolet der ersten Generation.*

(*Foto: Dr. Ing. h.c. F. Porsche AG*)

»» *356 A Carrera Coupé von 1956.* (Foto: Dr. Ing. h.c. F. Porsche AG)

»» *356 B Hardtop-Cabrio von 1960.* (Foto: Dr. Ing. h.c. F. Porsche AG)

»» *356 B 1600 Carrera GTL Abarth. Um Ballast jeglicher Art zu vermeiden, bot Porsche diesen Straßenrenner ohne jeden Luxus an. (Foto: Dr. Ing. h.c. F. Porsche AG)*

»» *365 C Coupé von 1964.* (Foto: Dr. Ing. h.c. F. Porsche AG)

# Die Geburtsstunde des 911

Im Jahr 1961 übernahm Ferdinand Alexander Porsche im Unternehmen die Leitung des Design-Studios. Er begann mit der Arbeit an der Gestaltung eines Nachfolgers für den 356, der auf der IAA in Frankfurt im Herbst 1963 als 901 der Öffentlichkeit vorgestellt wurde. Vom Band lief der erste 901 am 14. September 1964, es dauerte aber nicht lange, da wurde er umbenannt in 911, weil Peugeot sich lange zuvor die Rechte an Modellbezeichnungen gesichert hatte, die aus drei Ziffern bestehen, von denen die mittlere eine Null ist. Einige Monate wurde auch der 356 noch neben dem neuen 911 weiter produziert, der letzte Serien-356 rollte am 28. April 1965 vom Band. (Ein Jahr später wurden noch einmal 10 Exemplare für die holländische Reichspolizei gefertigt.)

Der 911 ist längst zu einer Legende unter den Sportwagen geworden. Seit nunmehr fast 50 Jahren gebaut, wurde er ständig überarbeitet, erhielt ein Facelift nach dem anderen und kam in etwas größeren zeitlichen Abständen immer wieder als mehr oder weniger komplette Neukonstruktion auf den Markt.

Mit dem Porsche 959 wurde im Herbst 1985 auf der IAA ein Supersportwagen vorgestellt und ab 1987 in limitierter Serie auch gebaut. Der Technologieträger, der alles in sich vereinte, was damals im Automobilbau technisch machbar war, kostete seinerzeit 420.000 Mark.

1988 lief in Zuffenhausen mit dem 911 Carrera 4 das erste Modell der neuen Baureihe 964 vom Band, im Herbst 1993 wurde der 911 der Baureihe 993 auf der IAA vorgestellt und auf den Markt gebracht. 1995 folgte eine Turbo-Version. 1996 wurde der einmillionste Porsche, ein 911 Carrera Coupé, an die Autobahnpolizei Stuttgart übergeben.

Das Ende einer ganzen Sportwagen-Ära wurde eingeläutet, als Porsche 1997 auf der IAA mit der Baureihe 996 einen ganz neuen 911er vorstellte: Er wurde von einem wassergekühlten Sechszylinder-Boxermotor angetrieben, in den Augen vieler Porsche- und zumal 911er-Fans fast schon ein Sakrileg. Doch die Verkaufszahlen belegten, dass selbst beinharte Skeptiker schnell von den Qualitäten des neuen nicht nur überzeugt, sondern durchaus auch angetan waren.

Ab 2004 gab es den 911 der Baureihe 997. Mit dem Erscheinen dieses Buches ist aber auch der schon nicht mehr aktuell: Auf der IAA in Frankfurt stellte Porsche im Herbst 2011 einen neuen 911 vor. Die bis dato jüngste Baureihe firmiert unter der Bezeichnung 991.

Gerade beim Typ 911 hatte Porsche aber auch gelernt, virtuos wie kaum ein anderer auf der Klaviatur der Modellvielfalt zu spielen: Als diese Zeilen im Sommer 2011 geschrieben wurden, gab es allein 23 verschiedene Modelle des Typs 911 zu Preisen von gut 85.000 bis knapp 240.000 Euro.

*911 Targa von 1967. Der 911 kam 1965 als Nachfolger des 356 auf den Markt und ist bis zum heutigen Tag erfolgreich. (Foto: Dr. Ing. h.c. F. Porsche AG)*

*1970 wurde der Hubraum bei allen 911-Modellen auf 2,2 Liter angehoben.*  (Foto: Dr. Ing. h.c. F. Porsche AG)

» Als stärkster Elfer im Modelljahr 1970 präsentierte sich der 911 S mit 180 PS. (Foto: Dr. Ing. h.c. F. Porsche AG)

» 1972 gab es wiederum größere Motoren, der Hubraum der 911er betrug jetzt 2,4 Liter. (Foto: Dr. Ing. h.c. F. Porsche AG)

» 1974 wurde die Karosserie des 911 zum ersten Mal gründlich überarbeitet. Der Hubraum stieg auf 2,7 Liter. (Foto: Dr. Ing. h.c. F. Porsche AG)

» Der 911 Carrera RS von 1973/74 mit seinem berühmten »Entenbürzel« war seinerzeit das schnellste deutsche Serienautomobil. (Foto: Dr. Ing. h.c. F. Porsche AG)

》 *Ein weiteres bedeutendes Kapitel in der Erfolgsgeschichte des 911 schrieb Porsche mit dem 911 Turbo, der erstmals 1975 angeboten wurde.*

*(Foto: Dr. Ing. h.c. F. Porsche AG)*

》 *1976 erhielt der 911 Carrera einen 3-Liter-Motor.*

*(Foto: Dr. Ing. h.c. F. Porsche AG)*

》 *1978 löste der 911 SC den Carrera ab.*     *(Foto: Dr. Ing. h.c. F. Porsche AG)*

》 *1978 erstarkte der 911 Turbo auf 300 PS.*

*(Foto: Dr. Ing. h.c. F. Porsche AG)*

》 *Im Modelljahr 1981 wurde die Leistung im 3-Liter-Boxer des 911 SC durch eine höhere Verdichtung auf 204 PS angehoben. (Foto: Dr. Ing. h.c. F. Porsche AG)*

» *Im 959 vereinte Porsche 1987 alles, was seinerzeit im Sportwagenbau machbar war.*  (*Fotos: Dr. Ing. h.c. F. Porsche AG*)

›› *Im Herbst 1983 erschien der neue 911 Carrera mit 3,2 Litern Hubraum.*
*(Foto: Dr. Ing. h.c. F. Porsche AG)*

›› *1989 gab es den 911 Carrera auch in dieser Speedster-Version mit Turbolook.*
*(Foto: Dr. Ing. h.c. F. Porsche AG)*

›› *1989 erschien der 911 Carrera der Baureihe 964 mit völlig neuem 3,6-Liter-Motor. Als Carrera 4 verfügte er über Allrad-, als Carrera 2 über Hinterradantrieb.*
*(Foto: Dr. Ing. h.c. F. Porsche AG)*

›› *Ab 1991 gab es den 911 der Baureihe 964 dann auch in der Turbo-Version.*
*(Foto: Dr. Ing. h.c. F. Porsche AG)*

›› *1994 lösten die 911er der Baureihe 993 ihre Vorgänger ab.*
*(Foto: Dr. Ing. h.c. F. Porsche AG)*

» Der 911 GT2 von 1995 basierte auf dem 911 Turbo und war ganz klar am Rennsport orientiert. _(Foto: Dr. Ing. h.c. F. Porsche AG)_

» Mit Einführung der neuen Baureihe 996 im Jahr 1998 begann für die 911er ein neues Zeitalter: Erstmals waren ihre Motoren wassergekühlt.

_(Foto: Dr. Ing. h.c. F. Porsche AG)_

» Mit dem 911 GT3 kam 1999 ein besonders sportlicher 911 auf den Markt. _(Foto: Dr. Ing. h.c. F. Porsche AG)_

» Ab Anfang 2000 war der neue 911 auch wieder als Turbo zu haben. _(Foto: Dr. Ing. h.c. F. Porsche AG)_

» Mit dem 1,5 Millionen Mark teuren 911 GT1 legte Porsche im Modelljahr 1998 einen direkt aus dem Rennsport abgeleiteten Supersportwagen in einer Kleinstserie auf. _(Foto: Dr. Ing. h.c. F. Porsche AG)_

185

» *2004 präsentierte Porsche mit der Baureihe 997 eine weitere Generation des 911ers.*     (Foto: Dr. Ing. h.c. F. Porsche AG)

» *Ab August 2004 gab es den Turbo auch in einer nochmals um 30 PS stärkeren S-Version.*     (Foto: Dr. Ing. h.c. F. Porsche AG)

» *Der 911 Turbo des Jahrgangs 2009 kam mit satten, runden 500 PS auf den Markt und die Straßen.*     (Foto: Dr. Ing. h.c. F. Porsche AG)

» *Eine Reminiszenz an den berühmten Carrera mit »Entenbürzel« war das Sondermodell 911 Sport Classic von 2010.*     (Foto: Dr. Ing. h.c. F. Porsche AG)

» *Auf der IAA in Frankfurt präsentierte Porsche 2011 mit der Baureihe 991 die jüngste Elfer-Generation.*     (Foto: Dr. Ing. h.c. F. Porsche AG)

Ab Frühjahr 1965 wurde der 912 gebaut, eine Art abgespeckter 911 mit Vierzylinder-Motor für die preisbewusstere Kundschaft. Die Produktion des 912« wurde aber schon vier Jahre später wieder eingestellt. Dafür wurde im gleichen Jahr 1969 auf der IAA in Frankfurt mit dem Porsche 914 das Ergebnis eines Gemeinschaftsprojekts mit Volkswagen präsentiert.

## Transaxle-Bauweise

1976 kam mit dem 924 der erste nach dem Transaxle-Konzept (Motor vorn, Getriebe an der Hinterachse) gebaute Porsche auf den Markt, er lief bei Audi in Neckarsulm vom Band. 1977 produzierte Porsche den 250.000sten Sportwagen, im gleichen Jahr lief der erste 928 vom Band. Er war 1978 der erste und ist bis heute der einzige Sportwagen, der zum »Auto des Jahres« gewählt wurde.

Anfang 1982 kam der 944 auf den Markt. Im Herbst 1988 lief die Pro-

» Der 924 sollte ab 1976 unterhalb des 911 als Einstiegsmodell von Porsche fungieren. (Foto: Dr. Ing. h.c. F. Porsche AG)

» Der 924 sollte ab 1976 unterhalb des 911 als Einstiegsmodell von Porsche fungieren. Sein Motor befand sich vorn, das Getriebe saß an der Hinterachse. (Foto: Dr. Ing. h.c. F. Porsche AG)

» Der ab 1982 angebotene 944 war als ein »echter« Porsche befreit von dem »Makel«, der dem 924 anhaftete: Lediglich über einen – wenn auch von Porsche überarbeiten – Audimotor zu verfügen. (Foto: Dr. Ing. h.c. F. Porsche AG)

duktion des 924 aus, 1991 kam dann auch das Aus für den 944, dafür fiel im gleichen Jahr noch der Startschuss für die Produktion des 968 in Zuffenhausen. 1993 schließlich lief die Fertigung sowohl des 968 wie auch die des 928 aus. Die Transaxle-Ära bei Porsche war Geschichte.

» Der Typ 912 zielte – auch preislich – genau in die Lücke zwischen 356 und 911. (Foto: Dr. Ing. h.c. F. Porsche AG)

» Vom 916, einer Art »Über-914«, sollten ursprünglich 50 Exemplare gebaut werden, tatsächlich wurden es jedoch nur elf. (Foto: Dr. Ing. h.c. F. Porsche AG)

» Der ab 1977 produzierte 928 war 1978 der erste Sportwagen, der zum »Auto des Jahres« gekürt wurde. (Foto: Dr. Ing. h.c. F. Porsche AG)

» 1991 löste der 968 den 944 als Vierzylinder-Transaxle bei Porsche ab. Der abgebildete Turbo S kam 1993 als Straßenversion des in Rennen eingesetzten 968 Turbo RS auf den Markt. (Foto: Dr. Ing. h.c. F. Porsche AG)

## Der rettende Boxster

Das Porsche-Schiff war zu dieser Zeit ins Schlingern geraten, und der Boxster, der 1993 in Detroit noch als Studie der Weltöffentlichkeit präsentiert wurde, galt als der Hoffnungsträger, der helfen sollte, die zwischenzeitlich für das Unternehmen fast schon bedrohlich gewordenen Wogen zu glätten. Nichts anderes als das, nämlich das Unternehmen wieder in ruhigeres (und gewinnbringendes) Fahrwasser zu steuern, erwartete man auch von Dr. Wendelin Wiedeking, den der Aufsichtsrat mit Wirkung zum 1. August 1993 zum neuen Vorstandsvorsitzenden bestellte. Wie man heute weiß, erfüllten sowohl der Boxster als auch der neue Vorstandsvorsitzende die in sie gesetzten Erwartungen. Porsche geriet zurück auf die Straße des Erfolgs und wurde unter Wiedeking profitabler, als es selbst die kühnsten Träumer Anfang der 1990er Jahre zu hoffen gewagt hätten. 2009 allerdings wurde Wiedeking an der Spitze des Sportwagenbauers abgelöst: Bei dem Versuch, VW zu übernehmen, hatte er sich eindeutig verhoben, und am Ende hatte VW den Spieß umgedreht: Porsche wurde, auch wenn die Zuffenhausener ihre Selbständigkeit weitgehend behalten sollten, als zehnte Marke in den VW-Konzern integriert. Die Nachfrage nach dem Boxster jedenfalls, der ab Herbst 1996 produziert wurde, überstieg alle Erwartungen, Porsche musste sogar Produktionskapazitäten in Finnland hinzukaufen.

Im Herbst 2005 schloss der Cayman eine Lücke im Modellprogramm, die Porsche zwischen den Baureihen Boxster und 911 ausgemacht hatte. Der Cayman basierte auf dem so erfolgreichen Boxster, und in den Leistungswerten wie in den Fahrleistungen der Basismodelle der beiden Baureihen gab es denn auch keine Unterschiede.

>> *Mit dem Boxster präsentierte Porsche 1997 ein weiteres Erfolgsmodell. Der Name Boxster setzte sich zusammen aus Boxer und Roadster.*
*(Foto: Dr. Ing. h.c. F. Porsche AG)*

>> *Boxster und (hier abgebildet) Boxster S der neuen Baureihe 987 präsentierte Porsche im Modelljahr 2005.* *(Foto: Dr. Ing. h.c. F. Porsche AG)*

>> *Reverenz an den im Rennsport erfolgreichen 718 RS 60 Spyder: Boxster S »RS 60 Spyder« von 2008.* *(Foto: Dr. Ing. h.c. F. Porsche AG)*

>> *Der 2006 erstmals präsentierte Cayman basierte auf dem Boxster und war zwischen diesem und dem 911 angesiedelt.* *(Foto: Dr. Ing. h.c. F. Porsche AG)*

>> *In der »Porsche Design Edition 1« von 2007 war der Cayman S auf 777 Exemplare limitiert.* *(Foto: Dr. Ing. h.c. F. Porsche AG)*

>> *Im Februar 2009 erschien die zweite Generation der Mittelmotor-Sportwagen Cayman und Cayman S.* *(Foto: Dr. Ing. h.c. F. Porsche AG)*

## Ab ins Gelände

Einen mutigen Schritt auf unbekanntes Terrain wagte Porsche 2002 mit der Einführung des Cayenne, eines sportlich-noblen Gefährts der Gattung »SUV« (Sport Utility Vehicle), das sich ebenfalls als überaus erfolgreich erweisen sollte. Mit dem Cayenne, der bis heute im Porsche-Werk in Leipzig hergestellt wird, betrat Porsche 2009 ein weiteres Mal absolutes Neuland: Das SUV erhielt als erster Porsche-Pkw überhaupt einen Dieselmotor. Ebenfalls in Leipzig lief ab 2003 der Supersportwagen Carrera GT vom Band, ein reinrassiger Rennsportler mit erstaunlichen Alltagsqualitäten.

Im Herbst 2009 schließlich kam ein ganz neuer Typ auf den Markt: Porsches vierte Baureihe war ein viersitziger Gran Turismo namens Panamera, der ebenfalls in Leipzig produziert wird. Seit August 2011 ist der Panamera der zweite Porsche-Pkw, den es mit Dieselmotor gibt.

》 Mit dem Cayenne, der 2002 (zunächst in den Versionen S und Turbo) auf den Markt kam, wagte sich Porsche überaus erfolgreich auf völlig ungewohntes Terrain. Im Bild der Cayenne Turbo beim Verreichten einer zumindest bis dato für einen Porsche doch eher ungewöhnlichen Tätigkeit. (Foto: Dr. Ing. h.c. F. Porsche AG)

》 Ab 2009 gab es das große SUV auch in der hier abgebildeten Diesel-Version.
(Foto: Dr. Ing. h.c. F. Porsche AG)

》 Seine Weltpremiere erlebte der Cayenne S Hybrid im März 2010 auf dem Genfer Autosalon. (Foto: Dr. Ing. h.c. F. Porsche AG)

》 Eine vierte Baureihe präsentierte Porsche 2009 mit dem Panamera, einem luxuriös-sportlichen Gran Turismo. (Foto: Dr. Ing. h.c. F. Porsche AG)

》 2011 war die Serienfertigung des 918 Spyder bei Porsche eine beschlossene Sache. (Foto: Dr. Ing. h.c. F. Porsche AG)

» *Der Carrera GT des Modelljahrs 2004 war ein offener Hochleistungsportwagen mit erstaunlicher Alltagstauglichkeit.*          (Fotos: Dr. Ing. h.c. F. Porsche AG)

# SMART

*smart ist eine noch recht junge Automarke, deren Entstehungsgeschichte bis zum Beginn der 70er-Jahre zurückreicht. Da arbeitete das Mercedes-Benz Design Center in Irvine (USA) bereits am Thema »Auto der Zukunft« und war auf der Suche nach einer automobilen Lösung für den Stadtmenschen.*

Der Mercedes-Benz-Entwickler Johann Tomforde entwarf dazu ein erstes Konzept eines 2,5-m-Autos. Weil zu dieser Zeit aber noch niemand wusste, wie sich in einem solch kleinen Gefährt mercedestypische Sicherheitsstandards verwirklichen lassen, dauerte es noch 15 weitere Jahre, bis dieser Entwurf auch nur realisierbar erschien.

## Prototypen und Showcars

Anfang 1990 begann ein Projektteam unter der Bezeichnung Micro Compact Car (MCC) mit der Arbeit an einem elektrisch angetriebenen Zweisitzer mit nur 2,5 m Länge. Konzept und Technik stammten aus Sindelfingen, das Design für den Kleinen sollte in Irvine entstehen. 1992 wurde ein Prototyp des MCC in Auftrag gegeben, ein zweiter Prototyp entstand von einer zwischenzeitlich ebenfalls gezeichneten Cabriolet-Version des MCC. Ein Jahr später entstanden auf Basis dieser Prototypen zwei Showcars, die im März 1994 als »Eco-Sprinter« und »Eco-Speedster« der Presse vorgestellt wurden.

Ein ganz anderes Ereignis, das Ende 1992 stattgefunden hatte, sollte die weitere Entwicklung des smarts noch wesentlich beeinflussen: Ein erstes Treffen von Werner Niefer, dem Vorstandsvorsitzenden der Daimler-Benz AG, mit Nicolas Hayek, dem Vater der Swatch-Armbanduhren. Letzterer wollte in Anlehnung an sein Uhren-Erfolgsmodell einen Stadtwagen bauen und hielt entsprechende Fertigungsstrategien für übertragbar auf die Automobilproduktion. Für dieses Projekt suchte Hayek nach einem erfahrenen Partner. VW, zunächst durchaus interessiert, hatte letztendlich dann doch abgewunken, aber mit Mercedes gab es 1994 schließlich ein Joint Venture in Form der Micro Compact Car AG, an der Daimler-Benz 51 und die SMH (Société de Microélectronique et d'Horlogerie, die heutige Swatch-Group) 49 Prozent hielten.

Hayek träumte von einem elektrischen Allradantrieb in Form von vier Radnabenmotoren, doch das ließ sich aus Kostengründen nicht realisieren. Immerhin: einer der beiden Showcars, der Eco-Sprinter, hatte einen Elektromotor mit 40 kW Leistung, der andere, der Eco-Speedster, verfügte über einen Dreizylinder-Ottomotor, wie er später auch im smart zu finden sein sollte.

Noch einmal gingen die Vorstellungen von Hayek und Daimler-Benz auseinander: Während der Swatch-Erfinder Autos wie seine Uhren produzieren wollte, nämlich massenweise, kostengünstig und bunt, beharrte Mercedes auf den hauseigenen Sicherheitsstandards, und die ließen sich in einer Billigproduktion nicht einhalten. Zur Serienreife gelangte denn auch kein Swatch-Mobil a la Hayek, sondern der Kleinwagen smart, dessen Name nicht nur für die Pfiffigkeit, sondern auch für die Herkunft des Konzepts steht: Smart Mercedes Art.

» *Mercedes-Benz NAFA (Nahverkehrsfahrzeug) aus dem Jahr 1982.*

*(Foto: Daimler AG)*

» *Das Mini-Stadtauto MCC von Mercedes-Benz aus dem Jahr 1994.*

*(Foto: Daimler AG)*

Zur Serienreife gebracht wurde der Zweisitzer bei der MCC GmbH in Renningen – unter eben jenem Johann Tomforde, der schon 1972 ein Konzept für ein solches Fahrzeug erdacht hatte. Gebaut werden sollte der smart von der eigens dafür gegründeten MCC France SAS in Hambach-Saargemünd im französischen Lothringen. Dort entstand – auf der grünen Wiese – eine komplett neue Fertigungsstätte namens »smartville«, die 1997 eröffnet wurde.

Auf der IAA im September 1997 wurde das smart city-coupé, wie der Kleinwagen zunächst hieß, der Öffentlichkeit vorgestellt. Nicolas Hayek allerdings war die ganze Geschichte eine Nummer zu groß geworden: Er verkaufte seine Anteile an die Daimler-Benz AG, die dann nach der vollständigen Übernahme der MCC AG diese in Micro Compact Car smart GmbH umfirmierte.

## Das smart city-coupé

Am 27. Oktober 1997 lief das erste smart city-coupé der Vorserie in Hambach vom Band, der Verkauf startete am 3. Oktober 1998 in fünf europä-

» *Der Smart Roadster wurde zwischen 2003 und 2005 gebaut; er agierte nie so erfolgreich, wie sich seine Väter das gewünscht hätten.* (Foto: Daimler AG)

» *Smart fortwo purestyle: Günstig Schwarzfahren.* (Foto: Daimler AG)

» *Neben dem Roadster gab es noch ein Coupé mit Glaskuppel.* (Foto: Daimler AG)

» *Anfang und Ende der ersten Generation: Smart fortwo limited/ 1 (links, 1998) und der smart fortwo edition red (rechts, 2006).* (Foto: Daimler AG)

» *Der Smart forfour war das Schwestermodell zum Mitsubishi Colt. Der Vier-sitzer war kein Erfolg.* (Foto: Daimler AG)

ischen Ländern. Angeboten wurde es in sogenannten smart towers, gläsernen Türmen, die in den Zentren von zunächst rund 60 europäischen Städten errichtet worden waren und die innovative Markenkonzeption widerspiegeln sollten.

Zu den Käufern gelangte das Modell in den drei Varianten pure, pulse und passion. Alle waren sie 2,50 m lang, 1,51 m breit und 1,52 m hoch. Charakteristisch und das Erkennungsmerkmal des smarts war von Anfang an die farblich von den übrigen Karosserieteilen abgesetzte tridion-Sicherheitszelle, die für hohe Stabilität und im Verbund mit anderen Maßnahmen für eine passive Sicherheit sorgte, wie sie sonst nur bei viel größeren Fahrzeugen anzutreffen ist. Angetrieben wurde der Kleine von einem 598 cm³ großen Dreizylinder mit Turbolader, der in den verschiedenen Modellvarianten 45 (pure), 55 (passion) bzw. 61 PS (pulse) leistete. Serienmäßig verfügten alle Varianten über die ursprünglich gar nicht vorgesehene Fahrdynamikregelung trust plus, ein etwas abgemagertes ESP, das ab 2003 durch ein vollwertiges ESP ersetzt wurde. Diese nachträgliche Verbesserung war notwendig geworden, nachdem das citycoupé beim Elchtest mehrfach umgekippt war. Ebenfalls serienmäßig gab es bei allen drei Varianten eine elektronische Bremskraftverteilung, Airbags für Fahrer und Beifahrer, Sicherheits-Integralsitze und anderes mehr. In der Top-Ausstattungsvariante passion kamen ab Werk unter anderem noch Glasdach und Sonnenschutz hinzu sowie Leichtmetallräder, Softouch-Automatik und Klimaanlage.

1999 gab es das city-coupé dann auch mit einem Dreizylinder-Diesel, der über Common-Rail-Direkteinspritzung verfügte, 799 cm³ Hubraum hatte und 41 PS leistete. Damit war sein Durchschnittsverbrauch mit 3,4 Litern auf 100 Kilometer angegeben. Wiederum ein Jahr später kam der smart als Cabrio auf den Markt. Basierend auf dem city-coupé, bot das Cabrio Offenfahren in drei Stufen: Mit elektrisch geöffnetem Faltverdeck, mit zusätzlich mechanisch geöffnetem Heckverdeck und schließlich noch mit abmontierten seitlichen Dachholmen. Wem das dann immer noch nicht ausreichend Frischluft versprach, der musste sich noch

zwei Jahre gedulden: 2002 gab es das Sondermodell smart crossblade – Offenheit auf maximalem Level, ohne Dach, ohne Türen und ohne Windschutzscheibe. Der crossblade wurde in einer Kleinserie von 2000 Stück aufgelegt, erster Besitzer war kein Geringerer als Robbie Williams.

## fortwo, roadster und forfour

Ebenfalls 2002 erhielten nicht nur die beiden ersten smart-Modelle neue Namen (smart fortwo Coupé bzw. Cabrio), auch das Unternehmen wurde umbenannt und hieß fortan kurz und bündig smart GmbH. Im Januar 2003 kam ein umfassend modellgepflegter fortwo auf den Markt. Die Benziner hatten nun wie der unverändert angebotene Diesel 698 cm³ und leisteten 50 bzw. 61 PS, der 41 PS starke Diesel blieb unverändert. An Bord war jetzt serienmäßig ein vollwertiges ESP, und die Softouch-Automatik war mit einer Kick-down-Funktion auf eine harmonischere Leistungsentfaltung getrimmt worden. Im gleichen Jahr 2003 kamen auch die exklusiv ausgestatteten Brabus-Modelle des smart auf den Markt, die dank ihres auf 75 PS Leistung gesteigerten Motors eine Höchstgeschwindigkeit von 150 km/h erreichten.

Damit nicht genug, waren ab April 2003 auch noch smart roadster und smart roadster-coupé im Angebot, zwei schnittige Sportwagen, die die Dynamik des smart-Konzepts beweisen sollten. Der Roadster war mit 61 bzw. 82 PS starkem Motor zu haben, das Roadster-Coupé nur mit 82 PS. Die reichten für Höchstgeschwindigkeiten von 160, 170 bzw. 180 km/h und sorgten zusammen mit dem sportlichen Fahrwerk und erstaunlichem Komfort für eine gehörige Portion Fahrspaß. 2004 gab es dann auch von diesen beiden Flitzern Brabus-Varianten, die dann jeweils über 101 PS verfügten. Doch schon Ende 2005 wird die Produktion von Roadster und Roadster-Coupé wieder eingestellt, insgesamt 43.000 Exemplare waren gebaut worden.

2004 wagte smart den Vorstoß in ein völlig neues Marktsegment: Mit dem forfour wurde erstmals ein Viersitzer angeboten. Den Fünftürer gab es als Benziner mit zwei Dreizylindern (1124 cm³ und 75 PS oder 1332 cm³ und

» *Die erste Smart-Generation bei ihrer Erprobung. Mit dem Bau dieses Kleinwagens betrat Mercedes-Benz völliges Neuland. Der Absatz blieb zunächst weiter hinter den Erwartungen zurück, lange Jahre war die Marke das Sorgenkind des Konzerns – neben Maybach.* (Foto: Daimler AG)

95 PS) oder einem Vierzylinder (1,5 l, 109 oder 122 PS). Als Diesel war der forfour mit einem 1493 cm³ großen Dreizylinder versehen, der wahlweise 68 oder 95 PS auf die Straße brachte. Auch vom forfour gab es 2005 zwei Brabus-Modelle, die mit ihrem jeweils 177 PS starken Vierzylinder-Turbo für eine Höchstgeschwindigkeit von 211 km/h gut waren. Doch war auch dem forfour kein langes Leben beschieden: Nach etwa 100.000 Exemplaren endete die Produktion im Sommer 2006 schon wieder.

## 2nd generation

2007 kam der smart fortwo der zweiten Generation auf den Markt. Und der war für den Kleinen deutlich größer geworden: Mit dem gleichen Konzept, aber in zahllosen Details erheblich verfeinert, schickte sich der smart fortwo an, jetzt auch den US-Markt zu erobern. 19 Zentimeter hatte er in der Länge zugelegt, der Radstand war um sechs Zentimeter gewachsen, und der neue smart versprach seinen Insassen damit so viel Platz wie auf den Vordersitzen einer C-Klasse. Immerhin: sieben Zentimeter mehr Beinfreiheit wurden gemessen und ein Plus im Gepäckabteil von 70 Litern.

Im Heck des smart arbeitete jetzt ein zusammen mit Mitsubishi neu entwickelter Dreizylinder mit 1,0 l Hubraum, der wahlweise 61 oder 71 PS leistete, eine ebenfalls angebotene Turboversion brachte es gar auf 84 PS, und die Brabus-Variante setzte sich mit 98 PS an die Spitze. Auch ein Turbodiesel stand wahlweise zur Verfügung, der Dreizylinder schöpfte aus 0,8 l Hubraum 45 bzw. 54 PS.

Die vielleicht einschneidendste Verbesserung aber war dem Getriebe zuteil geworden. Die oft und lautstark kritisierten Schaltpausen des Vorgängers waren bei dem neuen automatisierten Fünfgang-Getriebe, das gemeinsam mit Getrag entwickelt worden war, erfreulich kurz, und der Fahrer konnte jetzt, wenn er denn wollte, beim Schalten sogar Gänge überspringen. Aber natürlich stand ihm auch weiterhin ein Vollautomatik-Modus zur Verfügung.

❯❯ *Mit der zweiten Generation 2007 änderte sich die Wahrnehmung: Der Smart steht für ein modernes Mobilitätskonzept.* (Foto: Daimler AG)

❯❯ *car2go bedeutet ein Mietwagen-Konzept für Ballungsräume; bei der »car2go edition« handelt es sich um das erste serienmäßig produzierte Carsharing-Fahrzeug weltweit. Die ersten Elektro-Smart laufen im Versuchsbetrieb – wie hier am Windansea Beach in La Jolla, San Diego.* (Foto: Daimler AG)

# STAUNAU

*Selten wurde ein Kleinwagen, von dem kaum mehr als eine Idee existierte, vollmundiger angekündigt als der Mini aus der Eismaschinenfabrik. Karl-Heinz Staunaus Unternehmen in Hamburg-Harburg stellte eigentlich Konditorei- und Eismaschinen her, war aber in der Nachkriegszeit gleich zwei Mal demontiert worden.*

» *Staunau K 400. Von diesem Gefährt wurden in den Jahren 1950/1951 gut 60 Exemplare gebaut, sein größerer Bruder, der K 750, brachte es nicht einmal auf 20 Stück. Und das war's dann auch schon wieder ...* (Foto: Dr. Paul Simsa)

Angeblich hatte Staunau schon vor dem Krieg vom Automobilbau geträumt und sah jetzt die Chance, seinen Traum vom Auto (und vom großen Geld) zu realisieren. Der 32-jährige Flugzeugkonstrukteur Gerd Krebs war der Mann, der Staunaus Idee blechgewordene Wirklichkeit werden ließ. Krebs entwickelte einen Sechssitzer mit Zweizylinder-Zweitaktmotor von Ilo aus Pinneberg, der in zwei Hubraum- und Leistungsstufen geliefert werden sollte. Der Doppelkolben-Motor mit 400 Kubik leistete 14 PS und beschleunigte den Wagen auf 95 km/h; der 0,75-Liter-Motor gleicher Bauart brachte 25 PS und eine Spitze von 118 km/h, so zumindest die Angaben des Werks. Die Karosserie im US-Stil erinnerte an den amerikanischen Hudson und war, wie bei diesem, selbsttragend. Das sparte Gewicht, der Staunau K 400 mit Dreigang-Lenkradschaltung sollte nicht mehr als 610 Kilogramm wiegen. Die Vorderachse mit einer Querfeder stammte von einem DKW, die hintere Starrachse mit Drehstabfederung aus dem Anhängerbau. Komplettiert wurde das Chassis durch vier Teleskopstoßdämpfer. Die Passagiere waren auf zwei durchgehenden Sitzbänken untergebracht, die Lehne der vorderen Bank war umklappbar, sodass eine Liegefläche entstand – auch darin eiferte der Harburger Schrumpf-Straßenkreuzer den großen Vorbildern nach.

Immerhin: Irgendetwas muss dran gewesen sein am Staunau, den K-400-Prototypen meldeten seine stolzen Erbauer zu der vom ADAC veranstalteten Travemünder Sternfahrt. Von 59 gestarteten Kraftwagen aller Klassen kamen nach 1600 Kilometern 43 am Ziel an. 14 wurden prämiert, darunter der Staunau K 400, der einen Schnitt von 95 km/h

herausgefahren hatte und die 24-Stunden-Fahrt mit einem Sieg in der 750er-Klasse beendete. Daraufhin, so verkündete Staunau dem Magazin *Der Spiegel*, hätten allein in Deutschland 120 Bundesbürger fest einen Staunau geordert, und 1100 Interessenten hätten sich vormerken lassen. Und 1000 Wagen hätte die Schweiz über die amerikanische Firma Chrysler bestellt. Auch aus Dänemark und Ägypten seien Aufträge eingegangen. Daher war man durchaus geneigt, den vollmundigen Ankündigungen zu glauben, die für Mitte Juli 1950 den Serienanlauf in Hamburg-Harburg ankündigten – während es niemanden zu interessieren schien, woher das Geld dafür hätte kommen sollen.

Der 400er sollte 4320 Mark (und DM 4870,- in der besser ausgestatteten Export-Ausführung) kosten, der 750er 5430 D-Mark (er wurde letztlich dann doch noch einen ganzen Tausender teurer). Mit dieser selbstbewussten Preisstellung hätten die Hamburger gegen starke Konkurrenz antreten müssen. Die Opel, Ford und Volkswagen boten aber zusätzlich all das, was die rollenden Eismaschinen nicht hatten: Einen bekannten Namen, genügend Kapital im Rücken, ein funktionierendes Vertriebsnetz – und reichlich Erfahrung mit dem Bau von Automobilen. So wurden die Staunaus nur 1950/51 angeboten, insgesamt dürften nicht mehr als 80 Stück entstanden sein, davon gut drei Viertel K 400. Und der Firmengründer setzte sich mit den von gutgläubigen Kunden geleisteten Anzahlungen still und leise ab nach Südamerika.

» *Große Versprechungen: Chrysler, so hieß es, werde den Staunau-Vertrieb in Europa übernehmen, angeblich würde allein die Schweiz 1000 Wagen abnehmen. Natürlich wurde nichts draus.* (Foto: Dr. Paul Simsa)

# STOEWER

*Ihre Achtzylinder-Luxuswagen zu Beginn der 30er-Jahre zählten mit ihrem amerikanisch inspirierten und doch unverwechselbar eigenen Styling in den Augen nicht weniger Betrachter zu den schönsten und elegantesten Automobilen, die seinerzeit von einem deutschen Autohersteller gebaut wurden. Möglicherweise könnte Stoewer heute noch eine eindrucksvolle Rolle in der Automobilbranche spielen, hätte ein gnädigeres Schicksal den Stettiner Autobaupionier den Zweiten Weltkrieg überdauern lassen.*

» *Stoewer-Logo.*

## Automobile, das Geschäft von morgen

Der Vater, Bernhard Stoewer, hatte bereits zwei Werke in Stettin gegründet, als seine beiden Söhne, Emil und Bernhard Junior, eines davon übernahmen, um dort aus ihren bisherigen Automobilbasteleien ein ernsthaftes Geschäft zu machen. Stoewer Senior besaß seit 1858 eine Reparaturwerkstatt für Feinmechanik, später stellte er zusätzlich Nähmaschinen und Fahrräder her. Zur Bewerkstelligung all dieser Aufgaben war das zweite »Stettiner Eisenwerk« eigentlich gedacht gewesen, doch seine Söhne überzeugten ihn, dass die Zukunft im Automobilbau liegen würde, und so wurde daraus 1899 die »Gebrüder Stoewer, Fabrik für Motorfahrzeuge«.

Im selben Jahr stellten sie ihre erste Eigenschöpfung vor, den Großen Stoewer Motorwagen. Ihm folgten bald weitere Modelle, darunter auch Vierzylinderfahrzeuge und sogar ein Elektromobil. Die beiden Brüder schreckten auch vor ersten Versuchen mit Lastwagen und Omnibussen nicht zurück. Um 1905 bemühten sie sich, ihr mittlerweile weitgespreiztes Fahrzeugangebot zu vereinheitlichen.

Von Anfang an strebte das Unternehmen Stoewer danach, seine Automobile durch fortschrittliche Technik weiterzuentwickeln, die jedoch nicht zu Lasten der Zuverlässigkeit gehen durfte. Wie viele andere Autobauer waren auch für Stoewer Zuverlässigkeitsfahrten und Motorsportveranstaltungen die beste Werbung, weil hier der potentiellen Käuferschaft die Leistungsfähigkeit der Automodelle wirkungsvoll vor Augen geführt werden konnte. Und die neuen G4-Vierzylinder-Modelle waren erfolgreich, sowohl bei Zuverlässigkeitsfahrten als auch im Verkauf; sie bestimmten das Programm die folgenden Jahre und fuhren bereits bis zu 60

km/h schnell. Die Stoewer-Fahrzeuge hatten bald den Ruf weg, besonders ausgereifte Konstruktionen mit einer langen Lebensdauer zu sein.

## Flugmotoren als Antrieb

Stoewer-Automobile bedienten ganz allgemein nicht den Massenmarkt. Dennoch initiierten die Stoewer-Brüder immer wieder einmal zusätzlich besondere Luxuswagen, so bereits 1906 mit einem aufsehenerregenden 60-PS-Sechszylinder. Noch publikumswirksamer war im Jahr 1911 der Einbau eines Flugzeugmotors – Stoewer war mittlerweile auch in die Herstellung von Flugmotoren eingestiegen – in den Tourenwagen F4 33/100 PS, der mit einer Geschwindigkeit von 120 km/h zu den schnellsten deutschen Autos gehörte.

Nach dem Ersten Weltkrieg, in dem Stoewer folgerichtig mit der Produktion von Flugzeugmotoren und Lastwagen ausgelastet war, setzte die neue D-Reihe diese Tradition fort. Wieder diente ein Flugzeugmotor als Antrieb für einen neuen robusten, mit fortschrittlichster Technik ausgestatteten Sportwagen, verlieh diesem D7 eine für damalige Verhältnisse sagenhafte Spitzengeschwindigkeit von 160 km/h und verwandelte die neue Luxuskonstruktion so in das schnellste Automobil aus deutscher Fertigung. Selbstredend gaben diese Fahrzeuge eine ausgesprochen erfolgreiche Figur bei Autorennen ab.

» *Stoewer LT4 von 1910.* (Foto: Lglswe, © GLFD)

» *Stoewer 5/25 PS Typ V5 von 1931/32.*     (Zeichnung. Carlo Demand)

» *Stoewer Arkona von 1940.*     (Foto: Lothar Spurzem, © CC)

Diese Erfolge taten auch den Exporten gut, und so waren Stoewer-Automobile bald auch auf den Straßen entfernter Kontinente anzutreffen.

## Eleganz aus Deutschland

Inländische Konkurrenz, vor allem aber die aus den USA, machte in den wirtschaftlich und politisch ohnehin schwierigen 20er-Jahren auch Stoewer das Leben schwerer. Deshalb beschlossen die Brüder Mitte des Jahrzehnts, mit einer Reihe herausragender Achtzylindermodelle in Kleinserie eine Nische zwischen Marken wie Adler und Horch zu besetzen. Dabei hatte man äußerlich moderne amerikanische Wagen vor Augen, und das konnte vor allem die erste Serie der neuen Achtzylinder-Autos auch nicht verleugnen. Danach verstand es Stoewer, den Fahrzeugen eine besondere eigene Note zu verleihen. Die Wirkung blieb nicht aus: Die außergewöhnlich eleganten Autos mit dem Greif als Kühlerfigur – dem Wappen der Stadt Stettin – sorgten für entsprechendes Aufsehen und gewannen viele Schönheitspreise. Dabei waren sie hochmodern und grundsolide gebaut und besaßen hervorragende Fahreigenschaften. Ihre stabile Bauweise sorgte allerdings auch für Ärger; die erste Serie besaß einen zu schwachen Motor und erlitt entsprechend technische Defekte. Nach Auswechslung desselben war die alte Zuverlässigkeit wieder hergestellt.

Was dieser noblen Baureihe – dem Höhepunkt der Stoewerschen Automobilproduktion – allerdings wirklich zum Verhängnis wurde, war die wirtschaftliche Lage zu Beginn der 30er-Jahre. Der Markt für derartige Luxuskarossen brach ein, und damit auch der Umsatz. Schon seit einiger Zeit hatten die Stoewer-Brüder an die Herstellung eines preiswerteren Kleinwagens gedacht, doch um die Zeit bis dahin zu überbrücken, stellten sie mit den Spitzenmodellen Gigant, Marschall und Repräsentant weiterentwickelte Sondermodelle ihrer Achtzylinder für den exklusivsten Geschmack (und Geldbeutel) her.

## Mit Kleinwagen aus der Krise

Als dann zu Beginn der 30er-Jahre die Fertigung von Kleinwagen anlief, hatten diese zwar einige Innovationen aufzuweisen (z. B. erster serienmäßiger Frontantrieb in einem deutschen Automobil), doch die technische Unausgereiftheit der Modelle und die vielen Veränderungen, die an ihnen vorgenommen wurden, verärgerten die Käufer und kratzten beträchtlich am bisher makellosen Image des Stettiner Autobauers. Auch verloren die Fahrzeuge ihre eigenständig-elegante Linie, wurden im Design zunehmend gewöhnlicher.

Die finanziellen Probleme waren derweil so groß geworden, dass die Stadt Stettin zum Mehrheitseigner der schon seit 1916 in eine Aktiengesellschaft umgewandelten Firma wurde. Die Stoewer-Brüder mussten das Unternehmen verlassen, ebenso ging auch Bernhard Stoewer Senior, der bis dahin als technischer Leiter an vielen Konstruktionen persönlich beteiligt gewesen war.

In den Jahren bis zum Ausbruch des Zweiten Weltkriegs verstand es die neue Firmenleitung, die Lage des Betriebs mit neuen Kleinwagen-Modellen zu stabilisieren.

## Das Ende von Stoewer

Im neuen großen Krieg produzierten die Stettiner erfolgreich einen leichten »Einheits-Pkw« fürs Militär, der sogar von anderen Herstellern in Lizenz nachgebaut wurde. Der LEPKW sollte sogar zu ihrem meistgebauten Fahrzeug überhaupt werden. Doch seine geografische Lage wurde dem Unternehmen zum Verhängnis; Stettin gelangte gegen Kriegsende in den Machtbereich der Sowjets. Diese wiederum demontierten die gesamten Werksanlagen und transportierten sie in die UdSSR. Damit hörte Stoewer auf zu bestehen, in der ehemaligen Fabrik der Stoewer-Werke in dem seit Kriegsende zu Polen gehörenden Stettin wurde später der polnische Polski-Fiat hergestellt.

» *Stoewer Greif Junior, gebaut von 1935 bis 1939.*     (Foto: Buch-t, © GLFD)

# TRABANT (VEB AUTOMOBILWERKE ZWICKAU)

*Oft als »Rennpappe« verspottet und als Umweltverpester geschmäht, war der Trabant nichtsdestotrotz in Ostdeutschland bis zu seiner Produktionseinstellung zu Beginn der 90er-Jahre heiß begehrt. Nach einer Phase des Desinteresses infolge der Wende hat der »Trabi« dann sogar Kultstatus erworben. Länger als ursprünglich geplant verkörperte der Kleinwagen mit der Kunststoffkarosserie und den langen Lieferzeiten die »Marke« DDR im Ausland.*

» *Ein Vorserien-Typ des Trabant P 70 in einem der ersten Prospekte für den Kleinwagen aus Zwickau. Im Gegensatz zur späteren Serie noch ohne seitliche Schiebefenster.* (Zeichnung: Werk/Slg. Rönicke)

## Plaste statt Blech für die Außenhaut

Während der Automobilbau Westdeutschlands in den 50er-Jahren Fahrt aufnahm, taten sich die Genossen in Ostdeutschland ungleich schwerer. Unzureichende Produktionsstätten, hohe Reparationsleistungen an die UdSSR, chronische Materialknappheit der sozialistischen Planwirtschaft verhinderten ein Aufschließen der DDR zur Bundesrepublik nicht nur auf dem Gebiet des Automobilbaus.

Weil aber ein Gleichziehen mit dem Westen politisch beabsichtigt und der Wunsch nach dem eigenen Pkw auch bei bescheidenerem Wachstum vorhanden war, gab die politische Führung der DDR zu Beginn der 50er-Jahre den Auftrag zum Bau eines robusten und sparsamen Familien-Kleinwagens mit Zweittakt-Motor, der nicht mehr als 4000 Ostmark kosten sollte. Tiefziehblech allerdings war selten und teuer (es stand auf der Embargoliste des Westens), deshalb sah man für die Außenteile der Karosserie eine Fertigung aus Duroplast vor, einem Baumwoll-Phenolharz-Gemisch.

Die erste Version des P50, Mitte 1954 vorgestellt, konnte sich jedoch noch nicht durchsetzen. Zu klein war sein Innenraum für einen Familienwagen, außerdem enthielt seine Karosserie noch zu viel an teurem Feinblech. Als Übergangsmodell bis zur Serienreife des P50 entstand deshalb bei AWZ Zwickau der P70, montiert auf das Fahrgestell des IFA F8, der seinerseits nahezu unverändert der DKW Meisterklasse von 1938 entsprach. Die Karosserieteile dieses P70, befestigt auf einem Holzgerippe, bestanden erstmals in der Automobilgeschichte vollständig aus Kunststoff.

Der P70 erwies sich als Exportschlager, und da die Serienfertigung des P50 immer noch auf sich warten ließ, wurde er erst Ende des Jahrzehnts aus der Produktion genommen.

## Ein Weltraumsatellit als Namensgeber

Der P50 hatte unterdessen noch einige technische Hürden zu nehmen. Die Karosserie wurde aus glasfaserverstärktem Polyester gefertigt, als Gerüst dienten zusammengeschweißte Blechstücke, da nur so die Stückzahl im Vergleich zum P70 erhöht werden konnte. Die aus den ehemaligen Audi- und Horch-Werken neu gegründeten VEB Sachsenring Automobilwerke Zwickau begannen mit der Serienfertigung des 18-PS-Kleinwagens mit 500-cm³-Motor schließlich 1958. Der Kaufpreis hatte sich mit 7450 Mark gegenüber den ursprünglichen Preisvorstellungen beinahe verdoppelt.

Bereits ein Jahr zuvor war der P50 in einer Umfrage unter Werksangehörigen auf den umgänglicheren Namen »Trabant« getauft worden, in Anlehnung an den sowjetischen Weltraumsatelliten (Trabanten) Sputnik, der 1957 seinen Triumphflug ins All unternommen hatte.

Der P50, von dem ein Drittel der Wagenproduktion ins Ausland exportiert werden sollte, war anfangs noch nicht wirklich serienreif. Die Fertigungsmethoden wurden deshalb laufend verändert, ebenso technische Details wie beispielsweise die Motorstärke. 1960 folgte der Limousine eine Kombi-Version nach.

1963 fand schließlich eine grundlegende Überarbeitung des Motors statt. Unter dem Namen Trabant 600 (werksintern P60) bekam der Kleinwagen einen 600-cm³-Motor, der nun 23 PS leistete, sowie ein vollsynchronisiertes Getriebe. Beide Maßnahmen verliehen dem nun mit einer Seitenzierleiste versehenen Zweitakter international wieder eine größere Konkurrenzfähigkeit. Gefertigt wurde er in den VEB-Barkas-Werken.

## Ein Trabi-Modell für 26 Jahre

1964 fand der nächste (und vorerst letzte) größere Modernisierungsschritt statt. Der Trabant 601 erhielt eine zeitgemäßere Karosserie, der Innenraum wurde etwas komfortabler gestaltet und der Kaufpreis lag nun knapp unter 8000 Mark. Wieder erschien das neue Modell sowohl als Limousine wie auch als Kombi. Die Wartezeit für den 601 betrug bereits drei Jahre. Leistungsmäßig geriet er nun allerdings gegenüber den Westautos, bei denen Viertakter überwogen, ins Hintertreffen. Deshalb

fiel der Export nach einem neuen Höhepunkt zu Mitte der 60er-Jahre steil ab. Auch bei Rallye-Veranstaltungen waren die Trabis nun zunehmend unter sich, da in der 600-cm³-Klasse kaum noch Westkonkurrenz an den Start ging.

Eigentlich hätte bereits 1967 ein Nachfolger des Trabant 601 erscheinen sollen, doch der kam nicht. Wohl wurden Pläne für solche Fahrzeuge erwogen, auch floss viel Geld in die Planungs- und Entwicklungsvorbereitungen, doch über dieses Stadium kamen weder P602/603 noch der als Viertakter vorgesehene P760 hinaus. Und auch die Pläne zum P610 mit Skoda als Motorenlieferant verschwanden 1979 wieder in der Schublade.

Das Modell 601 indessen erfuhr regelmäßig leichte Modifikationen in Details, im Großen und Ganzen aber blieb es für 26 Jahre nahezu unverändert. Die Wartezeiten der DDR-Bürger auf ihren Trabi wurden jedoch immer länger, denn die Fertigungskapazitäten in Ostdeutschland konnten mit der hohen Nachfrage (es gab keine Alternative zum Trabi) immer weniger mithalten.

Für die NVA erschien der 601 bereits 1966 in geringer Stückzahl als Kübelwagen (601 A). Ausschließlich für den Export gab es sogar ab 1978 eine ebenfalls rare Cabrio-Version unter dem Namen »Tramp«.

## Mit Polo-Motor zum letzten Akt

Zu Beginn der 80er-Jahre war der kleine »Volkswagen« aus dem Osten hoffnungslos veraltet. 26 PS leistete er mittlerweile, doch sein Benzin-

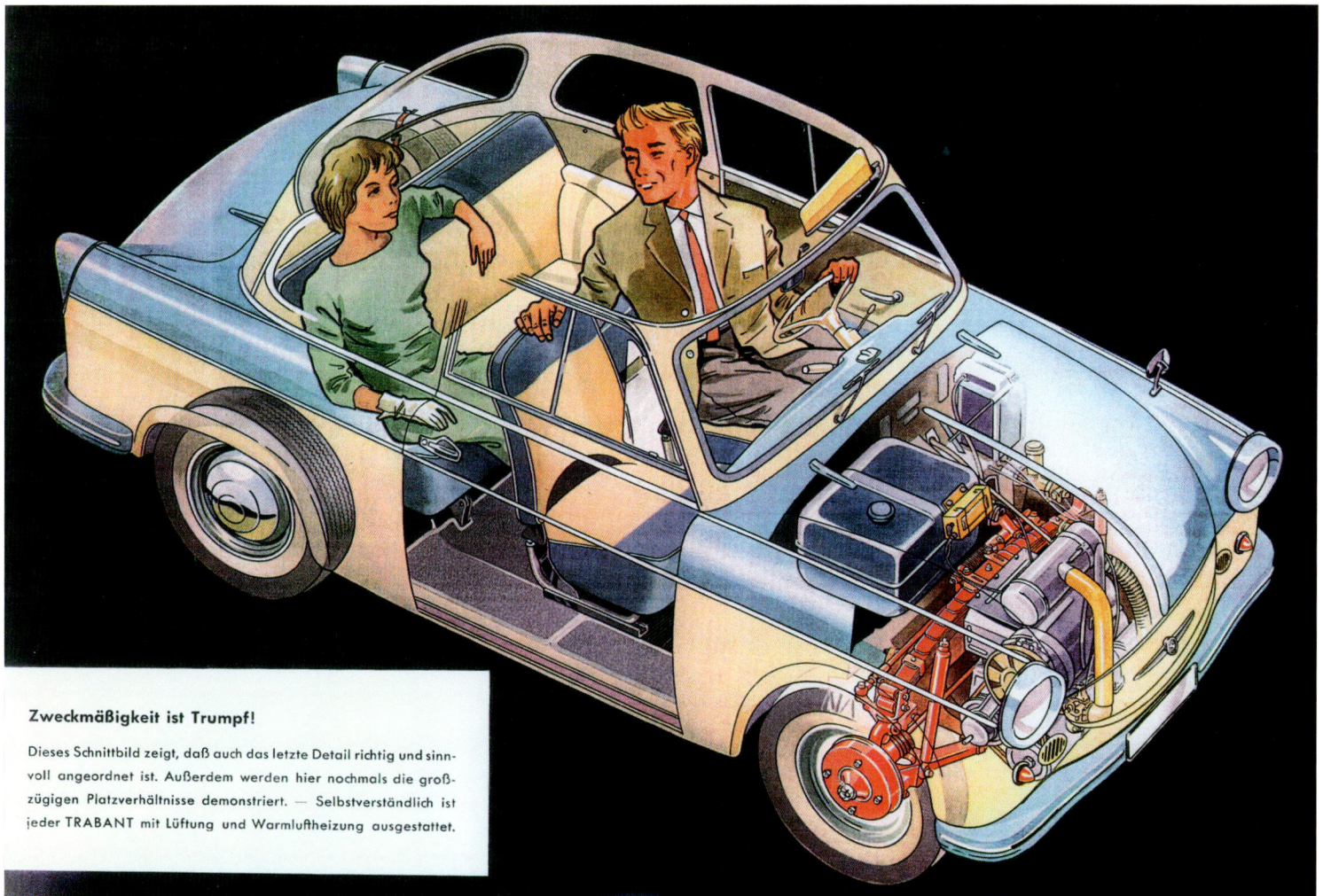

**Zweckmäßigkeit ist Trumpf!**

Dieses Schnittbild zeigt, daß auch das letzte Detail richtig und sinnvoll angeordnet ist. Außerdem werden hier nochmals die großzügigen Platzverhältnisse demonstriert. — Selbstverständlich ist jeder TRABANT mit Lüftung und Warmluftheizung ausgestattet.

》 *Unters Duroplast geschaut: Durchsichtszeichnung des Trabant P 50. Mit einer Länge von 3,36 m war der einfach ausgestattete Zwickauer kürzer als der Vorgänger – üppig waren die Platzverhältnisse, vor allem hinten, nie.* (Zeichnung: Werk/Slg. Rönicke).

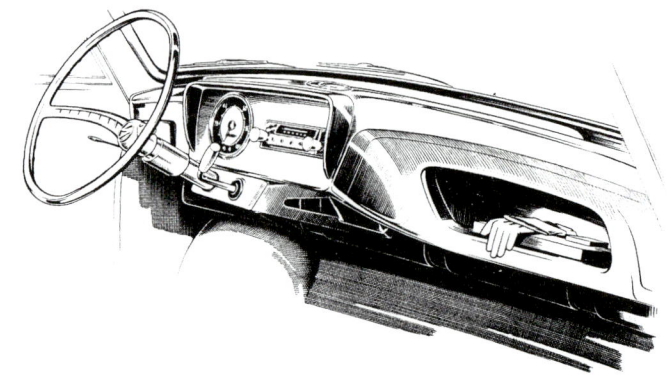

>> *Die »Sonderwunsch«-Modelle brachten Farbe ins Spiel: Den P 50 gab es in der Form zwischen 1959 und 1962.* (Foto: Werk/Slg. Rönicke).

Öl-Gemisch verpestete nicht nur die Umwelt, das Auto verbrauchte auch eine Menge davon.

Weil der DDR die Mittel zur völligen Neuentwicklung eines modernen Viertakters fehlten, ging sie 1984 ein Lizenzgeschäft mit VW ein. Der Autohersteller aus Wolfsburg sollte für den neuen Trabant 1.1 die Motorlizenz stellen. Doch die notwendigen Investitionssummen fielen so hoch aus, dass der geplante Dieselmotor zugunsten des Benziners fallen gelassen wurde und auch das äußere Erscheinungsbild mangels weiterem Kapital wieder einmal nur marginale Veränderungen aufweisen durfte. Weitere Probleme bestanden darin, dass viele Zuliefererfirmen in der DDR schlichtweg nicht mehr in der Lage waren, die benötigten Teile zu liefern. Die gesamte DDR-Wirtschaft wurde von den Summen, die in diese Automobilproduktion flossen, stark belastet.

Als schließlich 1990 die Serienproduktion des Trabant 1.1 mit Polo-Motor und 125 km/h Spitzengeschwindigkeit startete (Spottname »Mumie mit Herzschrittmacher«), war die Geschichte bereits über ihn hinweggegangen. Infolge der Wende verschob sich das Interesse der Menschen auf Fahrzeuge aus dem Westen, sodass die Produktion des Trabi zunächst herabgesetzt und schließlich ein Jahr später, nach mehr als 3.000.000 verkauften Fahrzeugen, sogar ganz eingestellt werden musste.

Nicht zuletzt die Ostalgie-Welle bescherte dem »Plastik-Bomber« aus Zwickau in den vergangenen Jahren ein veritables Comeback. In der Folge entstanden zahlreiche Fanclubs, nicht nur in Ostdeutschland, mit Trabi-Treffs an jedem Wochenende, bei denen auch phantasiereiche Umbauten des Kleinwagens zu sehen sind. So ist aus dem einst polarisierenden Zweitakter ein Kultauto geworden, dessen Fangemeinden längst auch jenseits der deutschen Landesgrenzen zu finden sind.

>> *Das Armaturenbrett nach der Modellpflege 1961 mit dem großen Handschuhfach.* (Zeichnung: Werk/Slg. Rönicke).

» *Der P 50 in Kombiausführung wurde im März 1960 vorgestellt, rund ein halbes Jahr nach dem Produktionsende des P 70-Kombis. Ihn gab es auch als Kleinlieferwagen sowie als Camping-Variante mit Faltschiebedach und Liegesitzen.* (Zeichnung: Werk/Slg. Rönicke)

» *In der ansonsten nahezu unveränderten Kunststoff-Karosserie sorgte ab Ende 1962 ein auf 600 Kubik vergrößerter Zweizylinder-Zweitaktmotor für Vortrieb. Die Modellbezeichnung lautete nun P 60.* (Zeichnung: Werk/Slg. Rönicke)

» *Der Trabant 601 wurde über ein Vierteljahrhundert lang gebaut. Aus Kostengründen waren möglichst viele Teile vom Vorgänger übernommen worden. Größere Modellpflegemaßnahmen fanden kaum statt.* (Zeichnung: Werk/Slg. Rönicke)

» *Mumie mit Herzschrittmacher: Nach langen, kostenintensiven Vorbereitungen erschien 1989 der Trabant 1.1 mit dem Motor des VW Polo. Doch auch der moderne Viertaktmotor konnte das hoffnungslos veraltete Fahrzeugkonzept nicht mehr retten.* (Foto: Werk/Slg. Rönicke)

» *Wer Verwandte im Westen hatte, musste nicht unbedingt ein Dutzend Jahre oder noch länger auf seinen neuen Trabant warten: Er konnte ihn sich kurzfristig über die Firma »Genex« auch schenken lassen, sofern zuvor die Bezahlung in harten Devisen erfolgt war.* (Foto: Werk/Slg. Such&Find)

» *Zurück vom Tagesausflug: Kurz nach dem Mauerfall wälzen sich Autokolonnen über den Potsdamer Platz zurück in den Ostteil Berlins. Noch wird kontrolliert. Die Aufnahme entstand am 14. November 1989.* (Foto: US Army / Staff Sergeant F. Lee Cockran © CC)

» *Rennpappe: Im April 1960 war im Werk eine Rallye-Sportabteilung gegründet worden, die aber dann mehr und mehr nur noch bei Ostblock-Veranstaltungen punkten konnte. Heute ist der P 601 bei Classic-Rallyes gern gesehener Gast – wie hier bei der AvD-Sachsen-Rallye 2005 in Zwickau.* (Foto: Aka, © CC)

» *So bleibt er in Erinnerung: Der P 601 in seiner pastellblauen Lackierung. Das Bild entstand 2007 in London.* (Foto: Alex1011, © CC)

# TRIPPEL

*Mit Schwimmwagen waren schon viel baden gegangen, Hans Trippel allerdings nicht: Er entwickelte Amphibienfahrzeuge, die auch in größerer Serie gebaut wurden. Das Kunststück gelang ihm bei seinen Kleinwagen-Konstruktionen jedoch nicht.*

Hanns Trippel, Jahrgang 1908, machte sich 1932 selbständig und baute in Darmstadt sein erstes eigenes Automobil. Die Basis bildete dabei die Bodengruppe eines alten DKW, die er mit einer neuen Aluminium-Karosserie versah. Am spitzen Heck befand sich eine Schiffsschraube für den Wasserantrieb, er nannte diese Kreation »Land-Wasser-Zepp«, womit nicht von ungefähr an Krukenbergs »Schienenzeppelin« erinnert werden sollte. Danach folgten ein sehr erfolgreicher Eigenbau-Rennwagen und 1935 sein erster schwimmfähiger Geländewagen, beide auf Adler-Basis, Letzterer mit einem Zweiliter-Motor. Dieser funktionsfähige und praxistaugliche Amphibienwagen machte die in der Aufrüstung begriffene Wehrmacht auf ihn aufmerksam, fortan konnte er seine Konstruktionen mit staatlichen Geldern verfeinern. Während des Krieges wurden unter seiner Leitung in den ehemaligen Bugatti-Werken im elsässischen Molsheim (die jetzt »Trippel-Werke GmbH« hießen) rund 1000 Schwimmwagen für die Wehrmacht produziert. Nach dem Krieg fiel das Werk zurück in französische Hände, und an Militäraufträge war sowieso nicht mehr zu denken.

Daher versuchte sich Trippel als Konstrukteur von Kleinwagen. Erstes Exemplar war der SK 10, eine kleines Schrägheck-Coupé mit einem 600er-Horex-Motorradmotor im Heck (Horex war die einzige deutsche Motorradmarke, der es nach dem Krieg gestattet worden war, Motoren über 350 Kubikzentimetern Hubraum zu bauen). Doch nicht nur wegen seiner relativen Leistungsstärke war dieser Wagen bemerkenswert, sondern mehr noch durch seine originelle Türkonstruktion: Er hatte nur auf der rechten Seite eine Tür, die nach oben schwenkte und sich dort zusammenfaltete. Den Schwenkmechanismus ließ sich Trippel patentieren; Daimler-Benz erwarb später für seinen 300 SL die Rechte daran.

Trippel überarbeitete seine Kleinwagen noch verschiedentlich, ersetzte den Horex- durch einen Zündapp-Motor – damit ging der Winzling knapp 140 km/h –, verlieh ihm eine gefälligere Optik und spendierte schließlich sogar Stoßstangen vorn und hinten. In der Endphase der Entwicklung experimentierte Trippel sogar mit einer Kunststoffkarosserie und Panoramascheibe, außerdem kam wieder ein neuer Motor zum Einbau: Heinkel lieferte einen Dreizylinder-Zweitakter zu. Das nett gezeichnete Coupé wurde weitgehend bewundert, in Belgien sollte eine Lizenzproduktion aufgezogen werden, und auch in Deutschland schien der große Durchbruch bevorzustehen. Der nunmehrige »Trippel 750« sollte auf Initiative eines ehemaligen Messerschmitt-Mannes bei der Anhängerfabrik Weidner in Schwäbisch-Hall in Serie produziert werden; der Aufbau des Vertriebsnetzes war Sache des ehemaligen Flugzeugmanagers. Auf dem Genfer Autosalon 1957 feierte der Weidner als »Condor« seine Premiere. Allerdings war er mehr als selbstbewusst ausgezeichnet, 7500 D-Mark hatte der wirtschaftswunderliche Bundesbürger dafür auf den Ladentisch zu blättern: Für dieses Geld konnte man schon einen

grundsoliden Karmann-Ghia beim freundlichen VW-Händler um die Ecke erstehen, mit dem man zudem im Falle eines Falles nicht noch lange nach einer Werkstatt suchen musste. Außerdem bediente die altehrwürdige Firma NSU mit dem neuen Sportprinz dieselbe Klientel.

Anders als viele Möchtegern-Automobilhersteller der Nachkriegszeit, deren Ambitionen stets ihre Möglichkeiten überschritten hatten, zogen die Partner rechtzeitig die Reißleine. Die Kleinserie – laut Kleinwagen-Spezialist Hanns-Peter von Thyssen wurden 200 Condor gebaut – lief im Dezember 1958 aus; die Firma Weidner spezialisierte sich auf den Bau von Hochdruckreinigern und dergleichen. Trippel versuchte weiterhin, seinen Traum vom Schwimmwagen zu verwirklichen, 1961 ging der von ihm entwickelte Amphicar in Serie. In zwei Werken der Quandt-Gruppe, in Lübeck und Berlin, wurden rund 3500 dieser Schwimmwagen gebaut. Trippel entwickelte weitere Prototypen und starb 2001.

» *Ein sehr nettes Wägelchen, der Trippel 750, der bei der Firma Weidner gebaut werden sollte. Beim Pressetermin ließen die Verantwortlichen keinen Zweifel daran, dass man wirklich eine Serienfertigung anstrebte.* (Foto: Dr. Paul Simsa)

» *Im Heck des Trippel fanden verschiedene Triebwerke Platz, der hier hatte den Dreizylinder-Zweitakter von Heinkel mit 700 Kubik. (Foto. Dr. Paul Simsa)*

# VERITAS

*Gegründet wurde die Firma mit dem lateinischen Namen 1947 von rennsportbegeisterten ehemaligen BMW-Mitarbeitern, die sich nach dem Krieg in der französischen Besatzungszone trafen. Dort, in Südbaden, kamen der Techniker und ehemalige Rennleiter Ernst Loof, der Kaufmann und Frankreich-Kenner Lorenz Dietrich sowie die Rennlegende Georg »Schorsch« Meier zusammen. Der vierte im Bunde hieß Werner Miethe.*

» *Heinz Melkus in einem Veritas 1500-cm³-Sportwagen beim 6. Leipziger Stadtparkrennen.*       (Foto: Deutsche Fotothek, © CC)

## Veritas-Arbeitsgemeinschaft für Sport- und Rennwagenbau

Da damals laut Besatzungsstatut die Gründung einer Automobilfirma noch nicht zulässig war, hoben die vier im März die »Veritas-Arbeitsgemeinschaft für Sport- und Rennwagenbau« aus der Taufe. Die französische Besatzungsmacht unterstützte die Gründer, sie legte ihnen zumindest keine Steine in den Weg, und das war damals schon eine ganze Menge. Der jungen Firma mit dem aufrichtigen Namen mangelte es zunächst an allem, glücklicherweise aber hatte Loof einen BMW 328 mit einer Stromlinienkarosserie, die für die Mille-Miglia 1940 gebaut worden war, hinüberretten können. Die anderen drei brachten Bares mit. Mit viel Not, reichlich Gebrauchtteilen und viel Improvisationsgeschick entstand dann im Juni 1947 ein erster Sportwagen-Prototyp auf 328-Basis mit einer pontonförmigen Stromlinienkarosserie aus Aluminium. Ein zweiter dieser BMW-Veritas folgte, diese beiden Wagen gingen bei einigen kleineren Rennen an den Start (Motorsport fand damals vorwiegend in der französischen Besatzungszone statt) und sorgten für eine Menge Aufsehen. Es kam zu ersten Anfragen von Kunden, die ihre alten 328 mitbrachten und entsprechend umbauen ließen. Allerdings hatte es nie

mehr als 462 Sportwagen vom Typ 328 gegeben, es war klar, dass die Basis auf weitere BMW-Typen ausgeweitet werden musste. Partner Miethe sorgte dafür, dass sechs Veritas an reiche US-Kunden gingen, das spülte so viel Geld in die Kasse, dass ein Umzug in große Räumlichkeiten stattfinden konnte.

## Erfolge im Rennsport: Veritas GmbH, Meßkirch

Am 1. März 1948 wurde dann die Veritas GmbH gegründet, die Sportwagenmanufaktur schien auf einem guten Weg zu sein: Sechs weitere Fahrzeuge waren verkauft worden, man hatte ein Coupé entwickelt, gebaut und dem gerade vorgefahrenen Herausgeber des neu gegründeten Nachrichtenmagazin Der Spiegel präsentiert. Augstein mochte das Einzelstück aber nicht, es war zu sehr Rennwagen und zu wenig Luxus-GT. Den ersten großen, auch überregional beachteten Auftritt hatte die Marke 1948 auf dem Hockenheimring, BMW-Veritas brachte vier Wagen an den Start, gewann überlegen und war mit einem Mal landesweit bekannt. Was die BMW-Mannen ziemlich ärgerte, weshalb sie Veritas die Benutzung ihrer drei Buchstaben verboten. Das wiederum veranlasste Veritas, mit der Entwicklung eigener Motoren zu beginnen. Das

>> *Veritas C 90 Coupé von 1949.* (Foto: MartinHansV, © GLFD)

>> *Zum Scheitern verurteilt: Veritas Dyna von 1951.* (Foto: Buch-t)

waren Leichtmetall-Sechszylinder mit obenliegender Nockenwelle und hohem Leistungsvermögen, aber erbärmlicher Standfestigkeit: Es fehlte schlicht und ergreifend das Geld. Im Herbst 1949 hielt man sie dennoch für einsatzbereit.

Solange BMW-Motoren zur Verfügung standen, liefen die Veritas RS (RS für »Rennsport«) tadellos, Ende der Vierziger waren die Badener eine Macht in der deutschen Rennsportszene. Rund 30 RS wurden gebaut und vor allem an devisenstarke ausländische Kunden verkauft. Neben diesen Tourensportwagen verfeinerte Cheftechniker Loof seinen Meteor-Formel-Rennwagen, von dem 1948 bereits vier Stück gegen Vorkasse verkauft worden waren, die aber allesamt immer noch nicht liefen. Auf Druck der Kunden wurden diese dann im Mai 1950 endlich ausgeliefert, entpuppten sich aber sämtlich als rollende Baustellen, weil die 140 PS starken Eigengewächse alles andere als standfest waren: »Wir hatten noch nicht einmal das nötige Geld, um die notwendigen Zylinderkopfdichtungen zu beschaffen.« Da man bei Veritas noch immer von der Hand in den Mund lebte, kam es auf jedes Fahrzeug an, gute Rennergebnisse waren überlebenswichtig: Das Desaster mit den Monoposto-Rennwagen war eine Katastrophe für das Firmenimage. Trotz des Imageschadens feilte Loof weiter an seinem RS-Coupé, dass den Namen »Comet« erhielt.

>> *Moderner Sportwagen mit moderner Technik und Retro-Design: Veritas RS III.*
(Foto: Simon Davison, © CC)

Die Karosserie lieferte die Karosseriefabrik Spohn. Trotz guter Kritiken, etwa in der Zeitschrift Das Auto, wurde das seinerzeit teuerste deutsche Serienautomobil schlussendlich nur acht Mal verkauft, obwohl angeblich gut 600 Bestellungen für das rund 24.000 Mark teure Coupé vorlagen. Da es nicht gelang, einen Entwurf in den Serienbau zu überführen, blieb das Geld stets knapp, nur durch staatliche Unterstützung konnte die Pleite der notorisch klammen Firma abgewendet werden.

## Veritas badische Automobilwerke, 1950

Im März 1950 hatte der kaufmännische Leiter Dietrich weitere Geldgeber aufgetrieben und einen Umzug ins badische Muggensturm bei Rastatt veranlasst. Dort wurde der Serienbau der Luxuscoupés vom Typ Comet – noch immer mit BMW-Motor – vorgenommen, ein erster Prototyp unter diesem Namen war ein Derivat des Veritas-RS-Rennsportwagens und mit rund 20.000 Mark das teuerste Auto aus deutscher Provenienz gewesen. Dieser Wagen war es auch, über den die Fachzeitschrift Das Auto 1949 ausführlich berichtet hatte. In Kleinserie gebaut wurde auch die neue Baureihe Saturn/Scorpion, von der nicht sicher überliefert ist, ob sieben oder acht dieser Fahrzeuge entstanden. Dass es nicht mehr geworden sind, lag sicher auch an dem miserablen Abschneiden der Meteor-Rennwagen beim Großen Preis von Deutschland 1950, bei dem alle sieben Veritas-Starter frühzeitig mit technischen Defekten ausschieden. Um das Angebot zu erweitern, hatte Dietrich um die Jahreswende 1949/50 eine Zusammenarbeit mit dem französischen Hersteller Panhard in die Wege geleitet: Veritas entwickelte eine kleine, zweisitzige Limousine auf Panhard-Basis, die bei der Stuttgarter Karosseriefabrik Baur gebaut werden sollte. Das kleine Cabriolet mit dem luftgekühlten Zweizylinder-Motor im Heck war im Mai 1950 fertig und bekam glänzende Kritiken, fand aber nicht genug Käufer. Mit dem Dyna starb auch Veritas: In Folge der Koreakrise wurden Fördergelder gestrichen, ausländische Interessenten sprangen ab, Importe verteuerten sich, die Rohstoffpreise stiegen und die letzten beiden Gründer, Loof und Dietrich, hatten sich hoffnungslos verkracht: Im Oktober 1950 war der bekannteste deutsche Sportwagenhersteller pleite. Loof zog sich in eine Werkstatt am Nürburgring zurück, baute dort einige Luxussportwagen vom Typ Veritas Nürburgring RS und arbeitete dann für BMW, während Dietrich zwischen März 1951 und April 1952 mit dem neu aufgelegten Dyna-Veritas und dem Panhard-Import sein Glück versuchte. Beide scheiterten: Die Wahrheit kann manchmal schmerzhaft sein.

# VOLKSWAGEN

*Manche Geschichten sind so gut, dass sie immer wieder erzählt werden müssen, auch wenn sie jeder kennt. Die des Volkswagens gehört dazu.*
*Die Idee, einen Volkswagen zu bauen, existierte schon lange, hatte sich allerdings nie so recht durchsetzen können. Im Deutschland der dreißiger Jahre bemächtigten sich dann die Nationalsozialisten dieser Idee und machten daraus eine der größten Propagandaaktionen jener Zeit.*

Professor Ferdinand Porsche gilt als eigentlicher Vater des Volkswagens. Der österreichische Ingenieur, der sich 1931 in Stuttgart mit einem Konstruktionsbüro selbständig gemacht hatte, entwarf letztlich nach bekannten Konstruktionsprinzipien einen Wagen, der ab 1940 in einer aus dem Boden gestampften gigantischen Fabrik in riesigen Stückzahlen gebaut und für 999 Reichsmark verkauft werden sollte. Das Werk für den neuen »KdF-Wagen« entstand unweit von Fallersleben in Niedersachsen auf dem Gebiet der Grafen von Schulenburg, die dafür enteignet worden waren. In diesem weiten, nur spärlich besiedelten Landstrich im Herzen Deutschlands (wo früher auch die »Wolfsburg« gestanden hatte) nahm nach 1938 das neue Musterwerk Gestalt an. »KDF« stand für »Kraft durch Freude« und für den Versuch, auch die Freizeit der Deutschen staatlich zu organisieren. Wer einen Wagen haben wollte, musste fleißig Rabattmarken kaufen, diese auf eine Sparkarte kleben und sollte dann, wenn diese Sparkarte vollgeklebt war, in den Genuss eines solchen KdF-Wagens gelangen – zumindest in der Theorie, denn keiner der während des Krieges gebauten 630 zivilen Volkswagen gelangte in die Hände eines Volkswagen-Sparers. 336.000 Karten waren bespart worden.

## Ein Käfer geht in Serie

Die in den dreißiger Jahren konzipierte VW-Limousine ging dann erst nach dem Krieg in Serie. Die ersten Exemplare basierten auf dem Plattformrahmen des 1940 bis 1945 gebauten Kübelwagens für die Wehr-

>> *Wie alles begann: Der W30 (im Original in Kleinserie gebaut 1936 bis 1938, hier der Nachbau von 2004) gehört zu den Vorläufern des Kdf-Wagens, der wiederum zum Käfer mutierte.* (Foto: Volkswagen AG)

## Da weiß man, was man hat.

>> *Über Jahrzehnte war das die eigentliche Botschaft: Ein Käfer – hier ein so genannter Mexiko-Käfer, wie er bis 1985 in Deutschland verkauft wurde – war die personifizierte Zuverlässigkeit (auch wenn der TÜV das mitunter anders sah).* (Foto: Volkswagen AG)

macht. Die ersten Wagen wurden 1945/46 ausschließlich an Behörden geliefert, der Erwerb für Privatpersonen war nur auf Bezugsschein möglich. Am 14. Oktober lief der 10.000 Käfer vom Band. Als die Zeiten besser wurden, lockerte man die rigorosen Bestimmungen, nach der Währungsreform 1948 kostete der Wagen mit seiner zweigeteilten Heckscheibe satte 5300 Mark; bis zum Ende der »Brezelfenster«-Baureihe war der Preis auf DM 4150,- gefallen. Neben dem Inlandsmodell gab es

>> *Kennzeichen der ersten Modelle war das bis 1953 verbaute Rückfenster mit Mittelsteg, das »Brezelfenster«.* (Foto: Volkswagen AG)

>> *Der Käfer lief bis 2003 in Mexiko vom Band. Hier ein Exemplar mit 1,6-Liter-Einspritzmotor aus der »Última Edición«.* (Foto: Volkswagen AG)

noch das etwas besser ausgestattete Export-Modell, das bald auch als Luxusvariante für deutsche Käufer zu haben war; nahezu unerschwinglich waren die offenen Versionen, die Zweisitzer von Hebmüller und die Viersitzer-Cabriolets von Karmann. Bereits am 5. August 1955 rollte der 1.000.000. Volkswagen vom Band.

In den folgenden Jahrzehnten entwickelte sich ein reges Kommen und Gehen von Motor- und Ausstattungsvarianten, am Ende hatte der Superkäfer 1303 kaum mehr als eine Handvoll Teile mit dem Stammvater gemeinsam. Ende Januar 1978 endete die Produktion des VW Käfers in

Deutschland; die Fertigung des Einfachmodells VW 1200 war zuvor von Wolfsburg nach Emden verlegt worden. Nicht mehr als 620 VW 1200 hat es im Baujahr 1978 aus deutscher Fabrikation gegeben, der Preis des Autos betrug zum Schluss DM 7865,-.

Als die Käfer-Ära in Emden endete, weil die Kapazitäten für die Passat-Produktion benötigt wurden, begann die VW-Vertriebsorganisation, Käfer für den europäischen Markt aus dem VW-Tochterunternehmen in Puebla (Mexiko) zu beziehen. Der Mexiko-Käfer war nur mit 1,2-Liter-Motor und 34 PS lieferbar. Am 15. Mai 1981 lief in Puebla der zwan-

>> *Ständige Baustelle: die Heckscheibe. Mit den Jahren wurde die Sicht nach hinten immer besser, und die Scheibe größer. Hinweise auf das Modelljahr geben auch die Rückleuchten; auch diese legten zu.* (Foto: Volkswagen AG)

>> Der VW 181 »Kurierwagen« machte die Bundeswehr mobil. Dank der Portal-Achse aus dem Transporterbau war die Geländegängigkeit überraschend gut, auch ohne Allrad-Abtrieb. (Foto Volkswagen)

>> Zur IAA 1961 stellte Volkswagen mit dem Typ 3 (VW 1500) eine zweite PKW-Baureihe vor. Auf dem Messestand präsentierte sich eine komplette Modellfamilie, darunter auch ein Cabriolet, das nicht in Serie ging. (Foto: Volkswagen AG)

>> Der VW 1600 TL mit Fließheck war der erste Großserienwagen mit einer Benzineinspritzung. Zuerst für die USA-Modelle gedacht, konnten deutsche Käufer diese ab Mai 1968 bekommen. (Foto: Volkswagen AG)

>> Mit noch nicht einmal 45 000 gebauten Exemplaren war der zwischen 1961 und 1969 gebaute »große« Karmann-Ghia 1500/1600 (Typ 34) nach Wolfsburger Maßstäben ein Misserfolg. (Foto: Volkswagen AG)

>> Der von NSU übernommene Typ K 70 (rechts) mit Wasserkühlung und modernem Frontmotor sollte den Weg in die Zukunft weisen. Allerdings agierte er ebenso erfolglos wie der luftgekühlte Typ 4. (Foto: Volkswagen AG)

zigmillionste Käfer vom Band – VW feierte dies mit dem »Silver Bug«, einem Sondermodell für 9380 Mark. Die Käfer-Exporte seitens des Werks endeten 1985, in Mexiko wurde der Dauerläufer bis 2003 noch weitergebaut. Dann war endgültig Schluss.

Doch das, was 1938 als Kraft-durch-Freude-Werk in Fallersleben (später: Wolfsburg) entstanden war, entwickelte sich binnen eines halben Jahrhunderts zu einem Großkonzern, der über ein ganzes Portfolio an Automobilherstellern verfügt – auch wenn bis in die 60er-Jahre hinein VW lediglich den Käfer und dessen Ableger in die ganze Welt lieferte.

Die erste echte Neuentwicklung neben dem VW Transporter erschien 1961 in Form des VW 1500 Typ 3, des Ponton-Volkswagens mit Käfer-Technik. Der Hype um den neuen Volkswagen war unvorstellbar. Ein gutes halbes Jahr vor der Präsentation auf der Frankfurter Autoschau im September 1961 geisterten die ersten Fotos durch die Presse, im Mai stellte das Fachblatt *auto motor und sport* ein Vorserienexemplar ausführlich vor. Die wichtigste Erkenntnis: der neue Typ 3 war ein Volkswagen geblieben.

Und das entwickelte sich zu einer schweren Hypothek für den Käfer-Ableger Typ 3 und den »großen Volkswagen«, den Typ 4 des Jahres 1968: Wirklich modern waren sie nicht. Die Käufer hatten mehr erwartet als aufgeblasene Käfer. Diese leise Enttäuschung zieht sich wie ein roter Faden durch die Volkswagen-Geschichte der Sechziger und frühen Siebziger: Das Dogma des luftgekühlten Boxermotors im Heck, vom obersten VW-Lenker Heinrich Nordhoff mit Inbrunst verteidigt, war zur Belastung geworden. Zu festgefügt war der Herr der Käfer in seinem Weltbild, zu groß auch war Wolfsburg geworden, als dass man eine andere Richtung eingeschlagen hätte. »Keine Experimente«, der Spruch der Adenauer-Ära – er hätte über dem Eingang des Werks am Mittellandkanal stehen können.

Aus mehreren Jahrzehnten Abstand betrachtet, muss man hier jedoch dem Passat-Vorgänger Gerechtigkeit widerfahren lassen: Der Typ 3, so holprig sein Start auch gewesen sein mag, hat mit dazu beigetragen, Volkswagen am Leben zu erhalten: Er hielt die treuen VW-Kunden bei der Stange, die über den Käfer hinausgewachsen waren, er holte den Kombi (»Variant«) aus der Handwerkerecke und leistete mit dem Volkswagen 1600 i einen wesentlichen Beitrag zur Demokratisierung der Einspritztechnik. Bis Ende der 1960er-Jahre war Volkswagen zu Recht das Symbol des deutschen Wirtschaftswunders.

## Aufbruch in die Neuzeit

Heinrich Nordhoff, der seit Kriegsende die Geschicke des Konzerns gelenkt hatte, starb völlig überraschend am Karfreitag des Jahres 1968. Sein Tod war ein Schock für die Wolfsburger – einen noch viel größeren erlebte aber sein Nachfolger Kurt Lotz, der feststellen musste, dass in den Tresoren der Entwicklungsabteilung keine zukunftsfähigen Konzepte lagerten. Die Versuche, einen Käfer-Nachfolger zu entwickeln, waren bislang bestenfalls halbherzig erfolgt. Lediglich die von Porsche für 1971 entwickelte Mittelmotorlimousine EA 266 befand sich in der Pipeline, und von diesem Typ hielt Lotz so wenig, dass er ihn einstampfen ließ, trotz der hohen Entwicklungskosten. Man konnte es sich

>> *Der Superkäfer: Mit Panorama-Windschutzscheibe und längerem Vorderwagen hoffte Volkswagen, seinen Dauerbrenner für die verschärften Zulassungsvorschriften auf dem wichtigen US-Exportmarkt anzupassen. Bei der Silvretta Classic 2009 in Österreich brachte Volkswagen einen 1303 S von 1973 an den Start.*

(Foto: Volkswagen AG)

» Lange hatte man auf einen Volkswagen mit vier Türen gewartet. Im Heck des 1968 vorgestellten Typ 4 / 411 arbeitete ein luftgekühlter Boxermotor mit 65 PS und einem Hubraum von 1,7 Liter. Beim Nachfolgetyp 412 von 1972 leistete er, auf 1,8 Liter aufgebohrt, als S-Einspritzer, dann 85 PS.    (Foto: Volkswagen AG)

» Der VW-Porsche 914 war eine Gemeinschaftsentwicklung von VW und Porsche. Die Fertigung des Mittelmotor-Sportwagens mit 1,7-, 1,8- und 2,0-Liter-Motor erfolgte zwischen 1969 und 1976 bei Karmann in Osnabrück.    (Foto: Volkswagen AG)

>> *Ob nun VW 1200, 1300 oder 1500 Cabriolet: Die Unterschiede waren oft nur für Spezialisten zu erkennen, allen Karmann-Cabrios gemeinsam war aber das solide, allwettertaugliche Verdeck.* (Zeichnung: Carlo Demand)

leisten am Mittellandkanal: Im ersten Jahr nach Nordhoff verbuchten die Wolfsburger fast eine halbe Milliarde D-Mark Gewinn, und die Aktionäre strichen satte Dividenden von 20 Prozent ein. Der Marktanteil in Deutschland lag immer noch bei 32 Prozent – und das mit dem drei Jahrzehnte alten Konzept des luftgekühlten Boxermotors im Heck. Dennoch – Nordhoff-Nachfolger Lotz musste scheitern, sein Versuch, in drei Jahren nachzuholen, was in Jahrzehnten versäumt worden war, überforderte das von der Käfer-Monokultur geprägte Management. Der fast verzweifelte Versuch, schnell zu zukunftsweisenden Konzepten zu gelangen, führte 1969 zum Zukauf der Firma NSU. Die schien mit dem Frontmotor-K-70 und dem revolutionären Ro 80 zwei moderne Antriebskonzepte bieten zu können, was sie für die Wolfsburger besonders interessant machte.

Die Erwartungen aber trogen, der K 70 war nicht ausgereift, und die Wankel-Technik führte in die Sackgasse. Die NSU-Übernahme kostete richtig Geld, die Gewinne brachen mit beängstigender Geschwindigkeit ein. Die Politiker – das Land Niedersachsen war seit 1960 größter Volkswagen-Aktionär –, die Gewerkschaften wie auch der Aufsichtsrat ließen Lotz fallen, dieser nahm 1971 seinen Hut. An seiner Stelle bezog Rudolf Leiding den 13. Stock im Verwaltungshochhaus von Wolfsburg. Leiding, dem der Ruf eines Feuerwehrmannes voranging, war Volkswagen-Insider. Er hatte das Zweigwerk in Kassel geleitet, dann den Chefsessel bei Audi erklommen (und dort die Frontmotor-Typen Audi 80 und 100 auf Kiel gelegt), VW do Brasil flott gemacht und dann, mit einem erneuten Zwischenhalt bei Audi-NSU, das Kommando über das leckgeschlagene Flaggschiff der deutschen Wirtschaft übernommen. Dort war die Lage nachgerade bedrohlich: Zu hohe Personalkosten (um 25 % über dem Branchenschnitt), geringe Produktivität und eine überalterte Modellpalette trieben den Konzern immer tiefer in die Krise.

Der neue VW-Chef holte sich Schützenhilfe aus Ingolstadt und ließ eine komplett neue Fahrzeuggeneration entwickeln: Frontmotor, Frontantrieb und Wasserkühlung gehörten zu den Merkmalen der neuen Baukasten-Reihe. Damit war Volkswagen aber noch nicht über den Berg: Als Folge des arabisch-israelischen Krieges 1973 beschlossen die Ölstaaten des Nahen Ostens, das Öl zu verknappen. Das versetzte der Weltwirtschaft einen nachhaltigen Schock. Im Krisenjahr 1974 machte Volkswagen annähernd 800 Millionen Mark Verlust, der Marktanteil rutschte unter die 30-Prozent-Marke, im Frühjahr 1975 standen eine halbe Million VWs auf Halde. Daran änderte zunächst auch der furios gestartete Golf nichts, der nach Passat und Scirocco dritten Neuerscheinung des Käfer-Konzerns. 1975 gesellte sich der Polo hinzu.

>> *Unterm runden Blech simple Technik: Phantomzeichnung des von Karmann gebauten 1303 Cabriolets.* (Foto: Volkswagen AG)

## Ganz groß in Kleinwagen

Der Anfang 1975 vorgestellte VW Polo war weitgehend mit dem Audi 50 identisch und rundete, als der Käfer an Marktbedeutung verlor, das Modellangebot nach unten ab. Der modern konzipierte Kleinwagen war mit knapp 900 ccm Hubraum der bislang kleinste Volkswagen. Wie beim Golf saß der Vierzylinder quer vor der Vorderachse, auch das Fahrwerk mit hinterer Verbundlenkerachse wies Golf-Merkmale auf. Der unter Cheftechniker Kraus neu konstruierte Frontmotor Typ 801 war – wie auch der 827er-Golf-Motor – eine Audi-Entwicklung. Er verhalf dem Polo zu ordentlichen Fahrleistungen, galt als sehr kultiviert und sparsam. Der kleine Zweitürer war zunächst sehr einfach ausgestattet, vergleichsweise teuer und wurde zum Stammvater einer ganzen Modellreihe in vielen Ausstattungs-Varianten; die Stufenheck-Variante hieß Derby, ab 1985 wurde er dann als Polo verkauft, um 1989 aus dem Programm zu fallen.. Die zweite Polo-Generation wurde im August 1981 vorgestellt. Das Fahrwerk stammte im Prinzip vom Vorgänger, ganz

und gar neu war die Steilheck-Karosserie mit Kombi-Qualitäten. Die jugendlichere Variante, das Polo Coupé mit Schrägheck und angedeutetem Heckspoiler in der hinteren Dachkante kam rund ein Jahr später; das Coupé GT G40 war ab 1986 auch mit einem leistungsfördernden Spirallader (»G-Lader«) zu haben. Einem umfangreichen Facelift 1991, das Volkswagen von einer neuen Generation sprechen ließ und dem Polo Rechteck-Scheinwerfer bescherte, folgt die Ablösung 1994 schließlich durch die dritte Generation, die Polo mit der internen Baureihenbezeichnung 6N.

Daneben gab es ab Ende 1995 wieder eine Stufenheck-Variante – ein Abwandlung des Seat Cordoba, der wiederum ein Polo-Derivat darstellte – und weitere zwei Jahre später einen Polo Kombi, auch der eigentlich ein Seat und ebenfalls.in Spanien gebaut. Seit Sommer 2009 läuft die fünfte Generation vom Band; das Programm umfasst für Deutschland lediglich zwei- und viertürige Steilheck-Limousinen mit Heckklappe. Topmodell ist der 1.4 TSI GTI mit 180 PS.

» *Wie beim Golf saß der Vierzylinder quer vor der Vorderachse. Der sportiv aufgemachte Polo GT als Topmodell erschien 1980, er hatte einen 1,3-Liter-Motor mit 60 PS.* (Foto: Volkswagen AG)

» *Der Derby als Stufenheck-Polo war 1977 vorgestellt worden. Der Zweitürer ging 1981 in die zweite Auflage, verschwand aber bereits 1985 aus dem deutschen Programm.* (Foto: Volkswagen AG)

» *Die zweite Polo-Generation erschien 1981. Fahrwerk und Technik wiesen deutliche Anklänge zum Vorgänger auf, völlig neu indes war die Karosserie. Da der Wagen ziemlich teuer geraten war, brachte VW nach 1985 ein noch einfacher ausgestattetes Einstiegsmodell namens »Fox« auf den Markt. Die gesamte Modellreihe wurde 1991 gravierend überarbeitet.* (Foto: Volkswagen AG)

» Im Oktober 1994 erschien die dritte Polo-Generation. Erstmals gab es einen Polo nun auch mit vier Türen. Ursprünglich nur als Schaustück gedacht, gab es vom 6N-Polo nach 1995 auch eine bunte Serienausführung, den Polo »Harlekin«.　　　　　(Foto: Volkswagen AG)

» Sukzessiv baute Volkswagen die Polo-Palette aus. So brachten die Wolfsburger im August 1997 den Polo Variant, das Parallelmodell zum Seat Cordoba. Der Fünfsitzer wurde im spanischen VW-Werk gebaut. Die Motorisierungen entsprachen der Stufenheck-Ausführung (»Polo Classic«).　　　　　(Foto: Volkswagen AG)

» *Zur IAA 1999 erfolgte eine umfassende Modellpflege. Fahrwerk und Karosserie stammten eindeutig vom Vorgänger, für die neue Baureihe waren sieben Motoren lieferbar, der stärkste mit 125 PS.* (Foto: Volkswagen AG)

» *Das Sondermodell »United« von 2007 steht stellvertretend für die vierte, zwischen 2001 und 2008 gebaute Polo-Generation.* (Foto: Volkswagen AG)

>> Im Juni 2009 folgte der neue Polo, der in Qualität, Wertigkeit und Sicherheit punkten konnte. Ein Jahr nach der Grundversion erschien der Cross Polo, der Polo in Offroad-Optik. Topmodell war aber der 1,4-l-TSI GTI mit 180 PS. *(Foto: Volkswagen AG)*

>> Der Fox ersetzte 2005 den aus dem Programm genommenen, sehr teuren Lupo. Der etwas hochbeinig wirkende Brasilien-Import war so groß wie ein Polo, aber ausgesprochen mager ausgestattet. *(Foto: Volkswagen AG)*

>> Auf der IAA 2011 debütiert der VW Up. Der 3,45 m kurze Kleinwagen trägt eine neue Dreizylinder-Motorengeneration unter der Haube. *(Foto: Volkswagen AG)*

>> Unterhalb des Polo siedelte Volkswagen 1998 den Lupo an, das Schwestermodell zum Seat-Kleinwagen Arosa. Als Technologieträger bildete er die Basis des oft propagierten 3-Liter-Auto. Links das Grundmodell, in der Mitte der FSI als erster deutscher Großserien-Benzindirekteinspritzer und rechts der Lupo 3L TDI. Was fehlt ist der gleichzeitig mit dem FSI für 2001 präsentierte GTI. *(Foto: Volkswagen AG)*

» *Er holte Volkswagen aus der Krise: der VW Golf von 1974 war der designierte Käfer-Nachfolger. Die technische Konzeption mit Quermotor und Frontantrieb stellte eine Weiterentwicklung des mit dem Audi 80 1972 eingeführten Baukastensystems.*
(*Zeichnung: Carlo Demand*)

In dem Maße, in dem sich der Polo nach oben orientierte, eröffnete sich eine Lücke im Modellprogramm. Zunächst schloss Volkswagen diese mit dem in Spanien gebauten Lupo (1998-2005), der in einer besonders ausgestatteten Variante die magische »3« erreichen sollte: Einen Verbrauch von unter vier Litern auf 100 Kilometer – das Dreiliter-Auto. Der 3L-Lupo war allerdings sehr teuer und daher nicht so ein großer Erfolg wie erhofft, nach seinem Auslaufen rückte der aus Brasilien importierte Fox ins Programm, der in Deutschland nie so richtig ankam. Mit dem zur IAA 2011 präsentierten VW Up haben die Wolfsburger endlich wieder einen gleichermaßen erschwinglichen wie verbrauchsarmen Kleinwagen im Programm und schließen damit eine der letzten Lücken im Produktportfolio. Der Up ist der Vorbote einer völlig neuen Kleinwagenfamilie, die nicht nur Zwei- und Viertürer umfassen soll, sondern auch, nach 2015, einen Minivan.

Wie ernsthaft in der Konzernzentrale über die Marktchancen der ebenfalls zur IAA 2011 gezeigten Studie »Nils« diskutiert wird, kann nur vermutet werden. Interessant ist die Übertragung des Kabinenroller-Konzepts aus den Fünfzigern in das neue Jahrtausend allemal.

## Golf & Co: Eine Klasse für sich

Mit dem Golf schuf Volkswagen 1974 den designierten Käfer-Nachfolger, und er wurde zum einzig wahren Käfer-Nachfolger. Die technische Konzeption mit Quermotor und Vorderradantrieb stellte allerdings Audi; dort war man weiter und hatte mit dem Audi 80 ein Baukastensystem eingeführt, von dem der Volksburger Konzern profitierte. Der noch nicht einmal vier Meter lange Golf wahrte einen deutlichen Abstand zum Passat. Das neue VW-Rezept sollte sich in vielerlei Beziehung als bahnbrechend erweisend; der Wagen setzte Maßstäbe. So folgte zwei Jahre, nachdem der Golf 1974 die Kompaktwagenklasse neu erfunden hatte, der nächste Meilenstein. Denn 1976 kam nicht nur der GTi mit seinem 110 PS-Motor, sondern, mindestens ebenso wichtig, ein Golf mit Dieseltriebwerk. Der Golf mit dem D bewies, dass gute Fahrleistungen und Selbstzünder sich nicht widersprechen mussten. Mit nur 1.471 cm³ Hubraum drehte der 37 kW/50 PS starke Selbstzünder im Golf D bis 5.000 U/min – fast wie ein Benziner. Das Aggregat beschleunigte das Auto in 19 Sekunden von 0 auf 100 km/h und sorgte für eine Spitzengeschwindigkeit von 141 km/h. Das waren selbst im Vergleich zum Benziner beachtli-

che Werte. Die Drehfreudigkeit hatte einen Grund: Das Dieseltriebwerk im Golf D basierte auf dem bewährten Benzinmotor EA 827, einem der beiden Rumpfmotoren, auf denen das VW-Modellprogramm der Siebziger – vom Polo bis zum Passat – aufbaute. Ob mit Selbstzünder oder Otto-Motor: Der Golf gedieh im Laufe der Jahre zu einem Millionen-Auto, erfuhr zahlreiche Verbesserungen und im Rahmen konsequenter Modellpflege immer wieder Triebwerk- und Ausstattungs-Aktualisierungen, 1991 zum Beispiel in Form des VR6. Im Frühjahr 1991 debütierte der erste Benzin-Sechszylinder von Volkswagen. Die besonders kompakte Bauform ermöglichte den Einsatz auch bei Fahrzeugen mit Frontantrieb und Quereinbau. Um diesen in den engen Motorräumen von Golf, Vento, Corrado und Passat unterbringen zu können, kombinierte man die Vorteile von Reihen- und V-Anordnung. Unter dem Namen VR6 wurde die neue Motorengeneration 1991 im Spitzenmodell der dritten Golf-Generation präsentiert. Technisch kontinuierlich bis hin zur Vierventil-Version weiter entwickelt, lebte die erfolgreiche VR-Bauform unter der verkürzten Bezeichnung V6 und in verkürzter Bauweise auch als V5 in den nachfolgenden Passat- und Golf-Generationen weiter. Der Golf – gleich welchen Motors – mit all seinen Varianten wie GTI, Diesel und Cabrio bis zum Kombi (Variant) und Van erwarb sich eine treue Anhängerschaft, er wurde, wie der Käfer, zum wahrhaft klassenlosen Automobil. Seine technischen Komponenten bildeten die Basis für zahlreiche Fahrzeuge mit und ohne VW-Logo.

In den USA erhielt der Golf die Bezeichnung »Rabbit« (zu deutsch: Kaninchen); er wurde zunächst im eigens errichteten US-Werk gebaut, das aber Mitte der Achtziger wieder dicht gemacht worden war. Der US-Markt wurde dann vom mexikanischen VW-Werk aus beliefert, von dorther gelangte auch der Käfer-Name »New Beetle« nach Europa. Der »Beetle« des Jahres 2011 wird ebenfalls in Mexiko gebaut, ebenso die Stufenheck-Ausführung des Golf, der »Jetta«.

Schon beim 1979 bis 1991 gebauten Jetta handelte es sich um die Stufenheck-Ausführung des Golf mit diversen Motorisierungs- und Ausstattungsvarianten, die sich ebenfalls am Golf orientierten. In Deutschland war der Jetta kein Erfolg, die Golf-Zulassungen überstiegen die des Jetta um das Zehnfache. Ganz anders sah es auf dem amerikanischen Markt aus, dort kam der »Rucksack«-Golf auf vernünftige Stückzahlen. Zu den Jetta-Vorzügen gehörte der gigantische Kofferraum, zu seinen Nachtei-

» Im März 1974, einige Wochen vor Präsentation des VW Golf (dessen Technik er übernahm), stellte Volkswagen den Scirocco in die Schauräume der Händler. Der Sport-Golf mit großer Heckklappe entstand bei Karmann. Im Lauf seiner Bauzeit gab es mehr als ein Dutzend Motorvarianten. (Foto: Volkswagen AG)

» Der im Sommer 1988 eingeführte Corrado wurde anfangs parallel zum Scirocco angeboten. Für Vortrieb sorgte zunächst der 1,8-Liter-Motor mit G-Lader (160 PS); 1991 kam die Topvariante mit 2,9-Liter-VR6-Motor (190 PS) ins Programm. Die Modellreihe lief 1995 aus. (Foto: Volkswagen AG)

» Im August 2008 gab es ein Wiedersehen mit dem Scirocco – wie damals mit keilförmiger Linie, nun aber mit deutlich stämmigerer Optik und steilem Heck. Für den extrem agilen Viersitzer hat Volkswagen eine eigene Rennserie, den Scirocco R-Cup, ins Leben gerufen. (Foto: Volkswagen AG)

» Die zweite Scirocco-Generation, gebaut zwischen 1981 und 1992, war etwas pummeliger geraten als sein von Giugario geformter Vorgänger. Als GTX mit 1,8-l-16V-Motor war der 2+2-Sitzer über 200 km/h schnell. (Foto: Volkswagen AG)

» Generationentreffen: Golf I und Golf V, jeweils in GTI-Ausführung. Mit dem »Pirelli-GTI« verabschiedete sich 1983 die erste Golf-Generation vom Markt. Sein 1982 eingeführter 1,8-Liter-Motor leistete 112 PS. Der 2004 vorgestellte GTI mit 2,0-l-FSI-Turbo und Direkteinspritzung leistete 200 PS. (Foto: Volkswagen AG)

» Der Golf Country kam 1990 ins Programm. Er hatte permanenten Allradantrieb über eine Visco-Kupplung und verfügte über ein modifiziertes Fahrwerk, das ihm eine um 60 mm höhere Bodenfreiheit verlieh. Er verschwand mit dem Wechsel zum Golf III aus dem Modellprogramm. (Foto: Volkswagen AG)

» Die vierte Golf-Generation wurde zwischen 1997 und 2003 gebaut. Wie bei Volkswagen üblich, wurden viele Sondermodelle mit wohl klingenden Namen aufgelegt. Hier der »Golf Ocean« von 2003. (Foto: Volkswagen AG)

» Ein Golf R des Baujahres 2010. Die R-Modelle waren das Flaggschiff der Modellpalette. Waren beim Vorgänger noch Sechszylinder im Einsatz, verfügte der Highend-Sportler mit 270 PS über einen aufgeladenen 2-Liter-Vierzylinder-TSI. Er kostete mindestens 36.400 Euro. (Foto: Volkswagen AG)

» Gruppenbild mit Golf: Der Modellwechsel erfolgte 1991, dieses Gruppenbild von 1993 zeigt die gesamte Pkw-Palette des Herstellers. Die Golf-III-Familie umfasste jetzt auch ein Kombi-Modell. Links neben dem Cabriolet: Die Stufenheck-Ausführung des Golf namens Vento (die in den USA als »Jetta« lief). (Foto: Volkswagen AG)

» Mit Stufen : Ob als Jetta, Vento oder Bora : Die Stufenheck-Variante des Golf war in Deutschland stets ein Außenseiter. Im Bild ein in Mexiko gebauter Jetta, wie er zwischen 2005 und 2010 verkauft wurde.

(Foto: Volkswagen AG)

» Das gewisse Plus: Der Hochdach-Golf mit dem Zusatz Plus (hier als Sondermodell »Goal«) erschien 2005 und bot eine höhere Sitzposition – sowie eine größere Variabilität im Innenraum, da die Rücksitzbank verschiebbar war.

(Foto: Volkswagen AG)

» Üppige Platzverhältnisse: Der Golf-Kombi erschien unter der Traditionsbezeichnung »Variant« im Juni 2007 und wurde zwei Jahre später mit dem neuen Familiengesicht aufgefrischt.

(Foto: Volkswagen AG)

>> *Aus dem New Beetle wurde der Beetle: die zweite Auflage des Käfer-Revivals auf Golf-Basis erschien im Oktober 2011. Formal traten die Anklänge an den VW-Stammvater deutlich stärker zutage als beim Vorgänger.* (Foto: Volkswagen AG)

>> *Der Touran erschien 2003 und war der Kompaktvan auf Golf-Basis. Obwohl Volkswagen damit erst spät auf dem Markt startete, etablierte sich der Wolfsburger auf Anhieb als Marktführer. Hier im Bild in der Ausstattungslinie Cross im gemäßigten Offroad-Look mit dem bis August 2010 aktuellen Markengesicht.*

(Foto: Volkswagen AG)

» *Die Passat-Familie in der ersten Generation, gebaut zwischen 1973 und 1980: Die modernen Fronttriebler waren Audi-80-Ableger und lösten die Typen VW 1600 und VW 412 ab.* *(Foto: Volkswagen AG)*

len das als wenig harmonisch empfundene Styling. Nachfolger des Jetta wurde der VW Vento. Der Jetta-Nachfolger auf Basis des Golf III wurde zwischen 1992 und 1998 gebaut und empfahl sich als geräumigere Golf-Alternative. Die viertürige Stufenheck-Limousine mit Golf-Technik war in diversen Motorisierungs- und Ausstattungsvarianten lieferbar. Der Nachfolger des Vento hieß hierzulande »Bora«. Er basierte technisch auf der vierten Golf-Generation. Volkswagen hatte eine sehr harmonisch geformte Stufenheck-Limousine geschaffen, bei der das Stufenheck nicht mehr wie nachträglich angeklatscht wirkte, vielmehr hatten sich die Wolfsburger Designer am Vorbild des sehr erfolgreichen Passat orientiert. Der gedrungenere Bora wurde in den USA als Jetta verkauft und war dort zeitweise der erfolgreichste Volkswagen überhaupt. 1999 erschien der Bora in Kombi-Form; der Variant entsprach dem Golf-Kombi, unterschied sich von diesem aber durch die höherwertige Ausstattung und die Wagenfront. Das Experiment wurde aber in der nächsten Auflage nicht wiederholt, der Bora lief bis 2005, die nun folgenden Generationen des Golf mit Stufe hießen wieder Jetta. Bei all den unzähligen Ausführungen und Varianten hatte es aber nie eine Coupé-Version des Golf gegeben – zumindest hieß diese nicht so: der VW Scirocco, der attraktive 2+2 mit Heckklappe wurde wenige Wochen vor der Limousine eingeführt und war nichts anderes als die Sportversion des Golf (und damit das, was der VW Karmann-Ghia für den Käfer gewesen war: eine Alternative für alle, die das Besondere liebten). Gebaut wurde er auf den Karmann-Bändern. In der Folge mit den unterschiedlichsten Motoren bestückt, blieb dieser Wagen – der 1981 einem umfassenden Re-Styling unterzogen wurde – bis 1992 im Programm. Nachfolger des Scirocco wurde der VW Corrado, der sich deutlich vom Golf entfernt hatte. Der Scirocco des Jahres 2008 war wieder technisch sehr nahe daran am Golfsburger. Überhaupt ist heutzutage praktisch die halbe Modellpalette in der einen oder anderen Form mit dem ewigen Bestseller verwandt oder verschwägert, ein Folge der konsequent umgesetzten Plattform- und Gleichteilestrategie.

## Klasse in der Mittelklasse: Der Passat

Der Passat von 1973 brachte in vielfacher Hinsicht neuen Wind in die angestaubte VW-Modellpalette, und das nicht nur wegen seines komplett neuen Konzepts: Er fegte gleich drei Typen aus dem Programm, die luftgekühlten Typen 3 und 4 sowie den von NSU übernommenen K 70. Die Suche nach einer passenden Modellbezeichnung gestaltete sich schwierig, die Vorschläge reichten von Luchs bis Typ 512 Letztendlich entschied man sich aber für den kräftiken Atlantik-Wind, in der Hoffnung, er möge dem angeschlagenen Konzern kräftigen Rückenschub geben.

Die neue Modellreihe in der Mittelklasse mit Frontantrieb basierte auf dem Audi 80, in der Tat waren sie in vielen Teilen baugleich. Um eine Kannibalisierung zu vermeiden, gab es den Passat nicht als Stufenheck-Modelle – wer ein solches wollte, musste zum Audi greifen –, dafür aber gab es bei Audi weder ein Schrägheck noch einen Kombi (der wieder traditionell als Variante bezeichnet wurde. Die ersten Limousinen als Nachfolger des VW Typ 3 verließen Ende Juli 1973 das Band. Das Styling verriet die Handschrift des Designers Giugiaro, wobei die Fließheckform beim Zweitürer durch die große hintere Seitenscheibe eine zusätzliche Betonung erfuhr. Als Motoren standen ein 1,3 Liter (55 oder 60 PS), ein 1,5 Liter (75 oder 85 PS) sowie ein 1,5 Liter mit Abgasregelung (78 PS) nach US-Vorschriften zur Wahl. Für die größeren Motoren bot VW eine Getriebeautomatik an. Es gab eine L- (seitliche Zierleisten) und eine TS-Ausstattung (Doppelscheinwerfer, Gummileiste auf den Stoßfängern); der günstigste 55-PS-Passat kostete DM 8555,–.

Nach einer umfangreichen Modellpflege 1977 – Rechteckscheinwerfer, nach oben gezogene Stoßstangenecken – ging der »Dasher«, so die US-Bezeichnung, 1981 in die nächste Runde, jetzt auch mit Stufenheck unter der Bezeichnung »Santana«. Mit schöner Regelmäßigkeit folgten neue Varianten und Ausführungen, der Passat Variant syncro GT des Modelljahres 1985 war der erste Volkswagen mit permanentem Allradantrieb. Dieser stammte, ebenso wie der Fünfzylinder-Einspritzmotor, aus dem Audi-Regal. ABS gab es gegen Aufpreis. Zum Genfer Salon 1988 stellte VW die dritte Passat-Generation vor mit glatter Front ohne sichtbare Lufteinlässe. Die ansteigende Karosserielinie entsprach dem aktuellen Trend, die geglättete, schräg abfallende Bugpartie ohne sichtbare Lufteinlässe wies in der unteren Hälfte einen auffallend hohen Kunststoff-Stoßfänger bis zur unteren Scheinwerferkante auf. Der erste Passat mit quer eingebautem Motor trieb über ein (in manchen Varianten optionales) Fünfganggetriebe die Vorderräder an. Der Gangwechsel erfolgte über eine Seilzugschaltung, welche die Übertragung von Motorgeräuschen in den Innenraum unterdrücken sollte. Andererseits bildete gerade das hakelige und nur schwer einzustellende Getriebe einen ständigen Kritik-

» *Gewöhnungsbedürftig: Die Optik der dritten Passat-Generation von 1988 polarisierte. Die Modellfamilie umfasste nur noch die Stufenheck-Ausführung und den fünftürigen Variant, die Fließheck-Variante entfiel. Die Motoren waren jetzt quer eingebaut.* (Foto: Volkswagen AG)

» *Für den chinesischen Markt wurde der Stufenheck-Passat der zweiten, 1980 erschienen Generation noch bis ins neue Jahrtausend produziert. Dieser vor Ort produzierte Wagen machte Volkswagen zum unbestrittenen Marktführer in China.* (Foto: Volkswagen AG)

» *1993 kam der Passat in den Genuss einer tiefgreifenden Überarbeitung; allein von der Limousine gab es 15 verschiedene Ausführungen. Intern bezeichnete VW diesen bis 1996 gebauten Typ als »B4«.* (Foto: Volkswagen AG)

» *Auf den B4-Passat folgte Ende 1996 der B5: Kaum größer, aber wesentlich gefälliger und hochwertiger. Hier war der Motor wieder längs eingebaut. Topmodell der Reihe war der W8-Passat mit 275 PS starkem Vierliter-Achtzylinder-Motor.*

*(Foto: Volkswagen AG)*

» *Die B6-Generation, gebaut zwischen 2005 und 2010. Charakteristisch war das neue Markengesicht mit Chromlätzchen am Grill. Erneut wurden die Motoren nun quer eingebaut. Topmodell war der Passat mit Sechszylinder-VR-Motor und Allradantrieb 4Motion.*

*(Foto: Volkswagen AG)*

» *Der sportliche-elegante Passat-Ableger Passat CC wird seit 2008 angeboten und soll die Lücke zwischen Passat und Phaeton schließen. Trotz der coupéartigen Optik sind die Platzverhältnisse kaum schlechter als in der Limousine.*

*(Foto: Volkswagen AG)*

>> *Trotz aller Qualitäten, trotz prestigeträchtiger Sechs- und Achtzylinder-Motoren und hochfeinen Technikzugaben konnte der mittlerweile mehrfach überarbeitete Phaeton (hier in der Ausführung nach Mai 2010 mit langem Radstand) sich im automobilen Oberhaus nicht so richtig durchsetzen: Es fehlt an Prestige.*

*(Foto: Volkswagen AG)*

>> *Die im Oktober 2010 eingeführte vorerst letzte Passat-Generation war im Grunde genommen ein sorgsam geliftetes Vormodell. Geräuschkomfort, Materialanmutung und Verbrauchsreduzierung sind auf ein neues Niveau gehoben worden.*　*(Foto: Volkswagen AG)*

>> *Der VW Phaeton, der Luxusliner von Volkswagen, erschien im Mai 2002. Dafür wurde in Dresden ein eigenes Werk, die »Gläserne Manufaktur«, aufgebaut. Der Wagen war eine Kampfansage an BMW und Mercedes.*

*(Foto: Volkswagen AG)*

punkt bei diesem Passat, der dann 1993 nach der Modellpflege wieder mit einer konventionelleren Front aufwarten konnte. Nach rund sieben Millionen verkauften Einheiten präsentierte Wolfsburg zum Modelljahr 1997 dann die vierte Auflage des Mittelklasse-Volkswagens. Er war mehr als nur ein neues Automobil: Er war ein klare Kampfansage an das etablierte Oberhaus, in dem sich Audi, BMW und Mercedes eingerichtet hatten. In Sachen Qualitätsstandard, Komfort, Sicherheit und Design sollte er nach dem erklärten Willen von VW-Chef Ferdinand Piëch die Anmutung der Oberklasse ausstrahlen, und das gelang ihm zumindest teilweise. Nach Zentimetern gemessen, war der Passat im Audi-Stil nur wenig größer als das Vormodell, doch bot der Wagen unter dem Kuppeldach trotz längs gestelltem Motor Platz in Hülle und Fülle. Die viertürige Stufenhecklimousine auf A4-Plattform verfügte über eine vollverzinkte Karosserie und Sicherheitsfeatures wie ABS sowie Front- und Seitenairbags. Die sehr erfolgreiche Passat-Baureihe erlebte im Zuge allfälliger Modellwechsel mehrere konstruktive Veränderungen, wurde laufend perfektioniert und bildet in der gegenwärtigen, seit Oktober 2010 mit neuem Familiengesicht lieferbaren Auflage noch immer eine der tragenden Säulen im Modellprogramm. Jeder, der in der Mittelklasse etwas werden will, muss sich am Passat messen lassen.

» *Familientreffen 1993: Zur Premiere der dritten Golf-Cabrio-Generation wurden ein Golf I-Cabrio von 1979 und einer der letzten offenen 1303-Cabrio von 1980 auf den Hof gerollt.* (Foto: Volkswagen AG)

» *Ging nicht in Serie: Die von Karmann entwickelte Cabrio-Studie auf Basis der ersten Jetta-Generation (1979-1984).* (Foto: Volkswagen AG)

Umgekehrt dagegen läuft es für die Wolfsburger in den oberen Regionen: Der Phaeton, 2002 gestartet, tut sich hierzulande sehr schwer, ist aber nichtsdestotrotz ein wunderbarer Wagen, dem zum ganz großen Erfolg eigentlich nur eines fehlt: ein klangvoller Familienname.

## Mit Frontantrieb zum Weltkonzern

Mit diesen Modellen begann die Neuzeit bei Volkswagen. Wie gesagt sowohl Polo als auch Passat waren kaum kaschierte Audi-Typen, der dazwischen platzierte Golf dagegen ein Eigengewächs. Die Limousine mit der Heckklappe und dem Käfer-Radstand von 2,4 Metern begründete eine eigene Klasse und wurde zum bestverkauften Auto in Europa. VW fertigte ihn zunächst nur in Wolfsburg, Hannover und Emden, verfügte aber auch über Montagefabriken in allen Winkeln der Welt. Diese Erfolge kamen für den damaligen VW-Chef aber zu spät: Die Absatzhalden mit den Altmodellen wie auch die hohen Anlaufkosten der neuen Modelle und die lahmende Konjunktur kosteten Leiding letztlich den Kopf: Der zwanzigköpfige Aufsichtsrat ersetzte ihn durch den ehemaligen Ford-Manager Toni Schmücker, der eine Golf-Fertigung in den USA aufzog, um von den Wechselkursschwankungen unabhängiger zu sein. Er trat 1982 aus Gesundheitsgründen zurück. Unter seinem Nachfolger Dr. Carl Hahn, Vorstandsvorsitzender von 1982 bis 1992, erschienen 1984 die zweite und 1991 die dritte Golf-Generation; er begann auch die Erweiterung des Konzerns. Sein Nachfolger Dr. Ferdinand Piëch (Vorstandsvorsitz 1993–2002), Enkel von Ferdinand Porsche, übertraf ihn allerdings sowohl auf geschäftlichem als auch auf technischem Gebiet: Volkswagen stieg in den 90er-Jahren zum drittgrößten Hersteller der Welt auf. Denn zum Konzern kamen neben Audi respektive NSU auch Seat (1984) und Skoda (1991) hinzu, beide heute hundertprozentige Töchter von Volkswagen. Mehr noch: Ende der 90er verliebte sich der Wolfsburger Multi sogar die Traditionsmarken Bentley, Rolls-Royce (nur bis 2003) und Bugatti ein, Tochter Audi übernahm Lamborghini.

Piëch machte Volkswagen zum Vollsortimenter, der vom Kleinstwagen bis zum Luxus-Offroader alles anzubieten hat – schön verteilt über alle Konzernmarken. Mit eisernem Willen krempelte er nach seinem Dienstantritt das Management um, forderte absolute Loyalität von seinen Mitarbeitern und trieb sie zu unglaublichen Höchstleistungen. Nicht jede seiner Maßnahmen war ein Erfolg – als eher unglücklich erwies sich beispielsweise die Abwerbung des »Kostenkillers« Ignazio Lopez von Opel, der alsbald die Zulieferer mit immer geringeren Preisen vor existenzielle Probleme stellte, was in einigen Fällen zu Qualitätsverschlechterungen führte. Allerdings steuerte er dem durch eine beispiellose Produkt- und Qualitätsanmutungs-Offensive entgegen, der VW-Chef verankerte das Wort »Spaltmaße« im Vokabular eines jeden Automobilenthusiasten. Billig waren die Produkte des Hauses nicht länger, auch von preiswert konnte man nicht mehr unbedingt sprechen. Auf die Preisoffensive der Mitbewerber – Renault preschte Mitte der 2000er-Jahre mit der Billigmarke Dacia vor – antwortet man inzwischen mit Polo- und Golf-Derivaten, die, je nach Absatzmarkt, unter Seat- oder Skoda-Logo erscheinen sollen.

Auf Piëch folgte Ex-BMW-Chef Bernd Pischetsrieder auf dem Sessel des Vorstandsvorsitzenden, in seine Ägide fällt der Serienanlauf des Golf V, des Touareg und des Touran. Ein Touran ist es auch, der am 24. Mai 2005 als 100-millionster Volkswagen in Wolfsburg vom Band läuft: Am Mittellandkanal ist man seit jeher ein Verfechter großer Stückzahlen – bis 2018 will der Konzern Toyota als größten Automobilhersteller der

>> *Mit dem Touarg wagten sich die Wolfsburger 2002 ins Gelände. Der Geländewagen (hier nach der Modellpflege 2007) entstand zumindest teilweise in Kooperation mit Porsche, das davon den Cayenne ableitete. Die zweite Generation von 2010 wird es auch mit Hybridantrieb geben.* (Foto: Volkswagen AG)

Welt ablösen und über acht Millionen Autos bauen, Ende 2009 wurden 6,33 Millionen Fahrzeuge weltweit ausgeliefert. Das gelingt nur unter weitestgehender Nutzung jeweils einer Plattform für viele verschiedene Aufbauten. Die Golf-Technik nutzten so im Jahr 2000 elf verschiedene Modelle von Audi, Seat, Skoda und VW, inzwischen findet sich Phaeton-Technik unter Bentley-Blech. Der Technik-Transfer funktionierte auch umgekehrt, teilweise wurden sogar Seat- oder Skoda-Konstruktionen in VW umgetauft (der VW Polo Classic war tatsächlich ein Seat Cordoba), ohne dass die Kundschaft dies bemängelte.

Am 1. Januar 2007 hat Ex-Audi-Chef Dr. Martin Winterkorn im Chefsessel zu Wolfsburg Platz genommen, er genießt das Vertrauen des Aufsichtsrat-Vorsitzenden Ferdinand Piëch. Die beiden steuerten das Konzernschiff auch durch die großen Turbulenzen der Wirtschafts- und Finanzkrise, die 2008 über die Weltwirtschaft hereinbrach. Daraus ging der Konzern stark wie nie hervor. Inzwischen gehören zehn Marken aus sieben europäischen Ländern zum Konzern, nach dem missglückten Übernahmeversuch durch Porsche sind inzwischen die Stuttgarter Sportwagenhersteller ebenfalls bei Volkswagen untergeschlupft, am 7. Dezember 2009 übernahm VW zunächst 49,9 % der Aktienanteile an der Dr.-Ing. h.c. Porsche AG, und zwei Tage später verkündeten die Wolfsburger ein strategische Partnerschaft mit dem japanischen Klein-

wagenspezialisten Suzuki, was die asiatischen Zukunftsmärkte zu öffnen verspricht.

Längst wird auf der ganzen Welt nach den gleichen Kriterien produziert. So entstehen Polos in Spanien, der Beetle und der Golf Variant im mexikanischen Puebla, und in China ist man mit Partner FAW mit Jetta, Bora und Golf ganz weit vorne mit dabei. Emden, Wolfsburg und Mosel in Sachsen bauen Golf und Passat; aus dem portugiesischen Werk Palmela kommen Eos, Scirocco und Sharan. Und nach dem missglückten Experiment Anfang der 80er mit einer Produktion in Nordamerika – Volkswagen hatte das Werk Westmoreland schließlich an Nissan abgetreten – unternimmt der Konzern 2011 einen erneuten Versuch, näher an den wichtigen USA-Markt zu rücken und beginnt mit dem Aufbau einer Nordamerika-Produktion in Chattanooga; bislang wird der US-Markt von Mexiko aus bedient. Ein ganz neues Schau-Werk wurde übrigens 2001 in Dresden eingeweiht – in der Gläsernen Fabrik werden Oberklasseautos produziert.

Inzwischen betreibt der Konzern weltweit 60 Fertigungsstätten, VW liefert in 153 Länder der Erde und versucht, nicht nur von den Stückzahlen her, sondern auch von der Technik die Spitze einzunehmen: Ziel ist es, so liest es sich in den offiziellen Unterlagen, »attraktive, sichere und umweltschonende Fahrzeuge anzubieten, die jeweils Weltmaßstab in ihrer Klasse sind«.

>> *Typisch Volkswagen: Auch wenn erst seit Ende 2007 lieferbar, setzte sich der VW Tiguan sofort an die Spitze bei den Kompakt-SUV. Der Allradantrieb war optional. Im Bild ein Vertreter des Jahres 2011 mit dem neuen Markengesicht.* (Foto: Volkswagen AG)

》 Die Neuauflage des Toaureg vom April 2010 war zwar noch ein wenig größer als der Vorgänger, hatte aber an Gewicht verloren. Erstmals bot Volkswagen nun eine Hybrid-Variante, das System stand auch für die Konzernbrüder Porsche Cayenne und Audi Q7 zur Verfügung.　　　　　(Foto: Volkswagen AG)

》 Das ist der NILS. Sieht komisch aus, ist aber so. Der NILS ist ein Elektroauto und zeigt, wie sich VW ein Pendlerfahrzeug für den urbanen Bereich vorstellt. Das Alu-Leichtbau-Modell ist ein Einsitzer und war auf der IAA 2011 zu sehen.　　　　　(Foto: Volkswagen AG)

» Seit Juni 2011 gab es auch wieder ein Golf-Cabriolet zu kaufen : Der typische Überrollbügel entfiel, das Textilverdeck faltet sich elektrohydraulisch sehr kompakt zusammen, ohne dass der 250-Liter-Kofferraum darunter litt. (Foto: Volkswagen AG)

» Zusammen mit Ford entwickelt und in einem Gemeinschaftswerk in Portugal gebaut, kam der Sharan auf eine Laufzeit von 15 Jahren.

(Foto: Volkswagen AG)

» 2010 stellte Volkswagen einen komplett neuen Sharan vor. Er war deutlich größer geworden und punktete mit Schiebetüren im Fond. Die hinteren Sitze waren versenkbar. (Foto: Volkswagen AG)

» Poetisch: Volkswagen benannte sein im Juni 2006 präsentiertes Cabriolet nach Eos, der griechischen Göttin der Morgenröte. Die hatte allerdings nicht das geniale, dreiteilige Hardtop mit integriertem Schiebedach..

(Foto: Volkswagen AG)

# WANDERER

*Nichts ist so machtvoll wie eine Idee, deren Zeit gekommen ist, sagte der französische Romancier Victor Hugo einmal, und dieses Motto hätte auch ganz gut über dem Eingang zu den gigantischen Wanderer-Werksanlagen in Schönau bei Chemnitz stehen können.*

## Erfolg auf zwei Rädern

Die Idee, das war das Velociped, wie es damals genannt wurde, das Fahrrad. Per Zufall fanden sich zwei Verrückte zusammen, beide leidenschaftliche Sportsmänner und Pedalritter. Der eine, Johann Baptist Winklhofer, kam aus München, um im Auftrag seiner Firma dem anderen, dem Nähmaschinenhändler Richard Adolf Jaenicke, in den Hintern zu treten, weil der seine Rechnungen nicht zahlte. Fahrrad- und Nähmaschinenhandel gingen damals Hand in Hand, die beiden Herrn fanden sich allerdings nicht nur sympathisch (zumal Jaenicke seine Schulden bezahlte), sondern auch im Februar 1885 im sächsischen Chemnitz zu einer Gesellschaft zusammen, die vor allem mit dem Verkauf und der Reparatur von Fahrrä-

dern ihr Geld verdiente. Die »Chemnitzer Velociped-Depôt Winklhofer & Jaenicke« profitierte vom einsetzenden Fahrradboom und schraubte zuerst nur wenige, dann immer mehr eigene Hochräder selbst zusammen, die den Markennamen »Wanderer« erhielten. Mit diesen qualitativ hochwertigen »Stahlrössern« stieg die nunmehrige »Chemnitzer Velociped-Fabrik Winklhofer & Jaenicke« zum kaiserlichen Hoflieferanten auf, und als der Markt die modischen und sicheren Niederräder verlangte (die im Grunde genommen unseren heutigen Fahrrädern entsprachen), waren die »Wanderer« nicht mehr zu stoppen: Um die Jahrhundertwende gehörten die Sachsen zu den wichtigsten Fahrradanbietern im Deutschen Reich, hielten verschiedene Patente – unter anderem eines für die erste deutsche Zweigang-Nabenschaltung – und bauten außerdem Werkzeugmaschinen und die »Continental«-Büromaschinen.

## Ein Auto namens »Puppchen«

Der Weg zum Motorrad lag nahe. 1902 fing man damit an, knapp drei Jahrzehnte später, 1929, hörte man damit auf: Die Marke JAWA verdankt den Wanderer-Motorradkonstruktionen ihre Existenz. Vom motorisierten Zweirad war es dann aber nicht mehr weit zum Auto, und nachdem man lange genug herumgebastelt hatte, konnte man 1911 auf dem Berliner Autosalon den Wanderer 5/12 PS Typ W1 zeigen. Ein weiterer Prototyp folgte, die Serienausführung hieß W3 5/15 PS und war »ein ganz niedlicher, kleiner Wagen«, erinnerte sich Winklhofer später. Einer gerade in Chemnitz aufgeführten Operette – Wanderer hatte dafür einen Wagen auf die Bühne gerollt – verdankte das Winzmobil (1,5 m breit, 3 m lang) seinen Spitznamen Puppchen: »Puppchen, du bist mein Augenstern...« war einer der großen Gassenhauer jener Zeit. Das zweisitzige Puppchen mit zunächst hintereinander liegenden Sitzen blieb der erfolg-

>> *Wanderer W22 Cabriolet, Sechszylinder-Reihenmotor, 2,0 Liter, 40 PS. Gebaut 1933 und 1934* (Foto: Audi AG)

>> *Wanderer W3, 5/12 PS, Vierzylindermotor in Reihe 1,2 Liter, 12 PS, gebaut von 1914 bis 1919.* (Foto: Audi AG)

›› *Der Wanderer W11, hier als offener Tourenwagen, kam mit seinem 2,5 Liter großen und 50 PS starken Sechszylinder-Reihenmotor 1928 zu einem ungünstigen Zeitpunkt auf den Markt. (Foto: Audi AG)*

›› *Wanderer W22 Cabriolet, Sechszylinder-Reihenmotor, 2,0 Liter, 40 PS. Gebaut 1933 und 1934.* *(Foto: Audi AG)*

reichste Wanderer, es wurde – in verschiedenen Weiterentwicklungen – rund 9000 Mal gebaut und blieb bis 1926 in Serie, zuletzt als W8 5/15 PS mit drei bis vier Sitzen und einer Tür auf der linken Seite.

Im Krieg rüsteten die Chemnitzer (die Produktion war ins benachbarte Schönau verlegt worden, wo jede Menge Raum zur Erweiterung der Werksanlage bestand) des Kaisers Heer aus. Die beiden Gründer hatten sich inzwischen zurückgezogen, Winklhofer, zurück in München, baute im Bayerischen dann eine Munitionsfabrik auf – bis 1918 eine echte Goldgrube. Danach produzierte Winklhofer dort Ketten, die JWIS-Ketten gibt es auch heute noch.

Nach dem Krieg investierte Wanderer kräftig weiter, nur kurz zerzaust von der Hyperinflation 1923. Um die über 3000-köpfige Belegschaft bezahlen zu können, gaben die Sachsen ihr eigenes Notgeld heraus, rund 119 Milliarden sollen es gewesen sein.

Wer Mitte der Zwanziger eine Autofirma besaß, hatte ein Problem: Die ausländischen Automobilhersteller, allen voran die aus den USA, die ihre Fahrzeuge in Großserie produzierten, brachten ihre Autos für billiges Geld ins Land, die Deutschen mit ihren veralteten Fertigungsmethoden sahen steinalt aus. Wanderer machte aus der Not eine Tugend, stellte auf Fließbandfertigung um und pumpte Geld in ein neues Automobilwerk im benachbarten Siegmar. Die erste komplette Nachkriegs-Neuentwicklung, der 1,5-Liter-Vierzylinder-Viersitzer W6 6/18 PS aus dem Jahre 1921, und deren Nachfolger W9 6/24 PS von 1923 erschienen. Sie waren solide und konventionell, aber auch richtig gut verarbeitet. Ende 1925 kam der relativ moderne W10/I 6/30 PS auf den Markt, im Folgejahr der W10/II 8/40 PS.

## Schlechtes Timing

Mit der Weltwirtschaftskrise 1929 kam ein weiterer neuer Wanderer, das Timing hätte nicht schlechter sein können: Der Oberklasse-Sechszylinder-Typ W11 gelangte just zu einer Zeit auf den Markt, als jeder sein Geld zusammenhielt. Aus diesem Typ entstand der Typ W14, den Wanderer bei Ferdinand Porsche entwickeln ließ: Der Österreicher hatte sich gerade in Stuttgart mit seinem Konstruktionsbüro selbständig gemacht, Wanderer war sein erster namhafter Kunde. Er brachte die Sachsen in Sachen Technik auf Vordermann, entwickelte moderne OHV-Vierzylinder in verschiedenen Hubraum- und Leistungsstufen und dann, als Krönung, einen Dreiliter-Sechszylinder mit 65 PS, der auf dem Pariser Salon 1931 als W14 Sport Premiere feierte: Ein hinreißendes, rund 100 km/h schnelles Cabriolet mit Gläser-Karosserie, aber mit 12.400 Reichsmark so teuer, dass sich das keiner leisten wollte: 24 Autos wurden gebaut. Immerhin: der Porsche-Sechszylinder trieb später den Wehrmachts-Kübelwagen W 11/I an.

Mit seinen Fahrzeugen bot Wanderer solide Mittelklasse, kam aber auf keinen grünen Zweig, daher musste auf Druck der Gläubigerbanken die Automobilsparte am 1. Januar 1932 an die Auto Union abgegeben werden – Wanderer wurde zum vierten Ring des neuen Autokonzerns und fährt als solcher noch heute im Kühlergrill bei jedem Audi mit.

›› *Wanderer W24 Limousine, Vierzylinder-Reihenmotor, 1,8 Liter, 42 PS. Gebaut von 1937 bis 1940.* *(Foto: Audi AG)*

›› *Futuristisch mutete der »Wanderer Stromlinie Spezial« beim Start zur Fernfahrt Lüttich–Rom–Lüttich 1939 an.* *(Foto: Audi AG)*

# WARTBURG (VEB AUTOMOBILWERK EISENACH)

*Wem der Trabi aus Zwickau zu klein oder nicht schön genug war, dem bot das Automobilwerk Eisenach eine formschöne Variante. Benannt nach der gleichnamigen Burg in Eisenach, wurde der Mittelklasse-Wagen aus Sachsen zu einem echten Exportschlager, bis schließlich zuerst die technischen Defizite und zuletzt die Wende ihm ein Ende setzten.*

## Eine Schönheit aus Eisenach

Das ehemalige BMW-Werk in Eisenach hatte nach Ende des Zweiten Weltkriegs Glück im Unglück: Weil die Sowjetunion aus der Betriebsproduktion Reparationen abziehen wollte, blieb das Werk bestehen und konnte schon bald wieder mit der Herstellung von Automobilen beginnen. Unter dem Dach des neuen staatlichen Industrieverbands für Fahrzeugbau »IFA« begann das »Automobilwerk Eisenach« (AWE) 1953 mit der Produktion des alten DKW F9 der Auto Union, nunmehr als IFA F9 bezeichnet. Ursprünglich seit 1950 in den Audi- und Horch-Werken in Zwickau gebaut, ermöglichte seine Verlegung nach Eisenach die Fertigung größerer Stückzahlen.

Die Sache hatte jedoch einen Haken: Die westdeutsche Auto Union fertigte ebenfalls DKW-Modelle auf Basis des F9 und erwog deshalb rechtliche Schritte. Deshalb stellten die Eisenacher bereits 1955 ein Nachfolgemodell vor, welches sie – inspiriert vom Eisenacher »Motorenwagen« gleichen Namens aus dem Jahr 1899 – »Wartburg« tauften.

Der Wartburg 311 verwendete zwar den gleichen Zweitakt-Motor und dasselbe Fahrwerk wie der F9, begeisterte das Publikum aber durch sein elegant-schönes Design. Tatsächlich erregte der 311 Aufsehen und gewann viele Schönheitsauszeichnungen, und das nicht nur im Inland. So verwundert es nicht, dass rund ein Drittel der Autos ins Ausland exportiert wurde, als ein Jahr später mit der Serienproduktion begonnen wurde. Begünstigt wurde die Ausfuhr des 311 auch durch seine vielen Modellvarianten. Ein besonderes Highlight war der nobel-luxuriös da-

» Der »Wartburg«-Motorwagen der Fahrzeugfabrik Eisenach (FFE, dem späteren Automobilwerk Eisenach und noch späteren VEB Automobilbau) aus dem Jahr 1898 entstand nach einer französischen Lizenz. Der Wagen steht im EFA-Museum für Deutsche Automobilgeschichte in Amerang. (Foto: Softeis@CC)

» Nach Ende des Zweiten Weltkriegs wurde nach Streitigkeiten mit BMW die Typenbezeichnung in »EMW« abgewandelt und aus dem weißblauen ein weißroter Propeller zum Markenzeichen der Eisenacher Autoschmiede. Diese baute unter dem Logo den Vorkriegs-BMW 327 weiter, vor allem für den Export. (Foto: BMW AG)

herkommende Roadster 313, ein Sport-Coupé mit 140 km/h Höchstgeschwindigkeit.

Nicht ganz mithalten mit der äußeren Erscheinung konnte jedoch die Motorisierung, die mit 37 PS nicht mehr dem internationalen Standard entsprach. Dies und einige Qualitätsmängel ließen den Export nach einer gewissen Zeit wieder rückläufig werden. In der DDR hingegen erreichte die Nachfrage erst zu Beginn der 60er-Jahre ihren Höhepunkt.

1962 sollte der neue Wartburg 1000 die Auslandsnachfrage wiederbeleben. Sein Design war kaum moderner, die Leistung stieg auf 45 PS, der Hubraum auf 1000 cm³, doch zum entscheidenden Hindernis für den Export größerer Stückzahlen wurde nun der Zweitakt-Motor, der seine erfolgreichsten Zeiten auch bei westlichen Autofirmen schon hinter sich hatte oder doch zumindest bald haben sollte. Zwar wurde an einem Viertakt-Motor bereits gebastelt, doch die politische Führung verbot dessen Einführung.

Ein weiteres Problem, das sich mit der geänderten Karosserie einstellte, war der gestiegene Fertigungsaufwand.

## Modellwechsel auf Sächsisch

Mitte der 60er-Jahre wurde es wieder Zeit für ein neues Modell. Doch weil die laufende Produktion nicht unterbrochen werden durfte – schließlich mussten die staatlich vorgegebenen Planziffern eingehalten werden – konnte ein Modellwechsel nur auf Raten erfolgen. Die erste »Rate« stellte 1965 der Wartburg 312 dar. Mit ihm wurde ein neues Fahrgestell eingeführt. Auch waren Teile der Innenausstattung neu. Von vornherein als Zwischenlösung gedacht, wurden bis zur Einführung des Nachfolgemodells 1966 ca. 25.000 Stück vom 312 gebaut.

Die zweite »Rate« trug die Bezeichnung Wartburg 353 und überraschte mit einer völlig neuen, hochmodernen Karosserie mit gerader Linienführung. Diese Modernität im Äußeren sollte der 353 auch bitter nötig haben, denn für die nächsten 20 Jahre musste er die Stellung halten. Obwohl auch der 353 sich bis zum Ende seiner Produktionszeit mit einem Zweitakt-Motor begnügen musste, konnte er an den großen Exporterfolg des 311 anschließen. Auch im Inland war die Nachfrage – gemessen an der Leistungsfähigkeit der sozialistischen Planwirtschaft – so hoch, dass die DDR-Bürger ungefähr 10 bis 17 Jahre auf »ihren« Wartburg warten mussten.

Im Laufe der Jahre gab es viele Detailverbesserungen, selbst neue Fahrzeugmodelle wurden als Prototypen gebaut. Doch wie schon zuvor verbot die politische Führung eine Serienfertigung. Im Jahr 1972 ließ die Politik endgültig auch die Entwicklung von Versuchs-Viertakt-Motoren einstellen. Eine Nachfolge-Variante mit Namen 353 W bescherte dem Wagen ab Mitte der 70er-Jahre vor allem auf dem Gebiet der Sicherheit eine Reihe von Verbesserungen. Von diesem Modell ging bereits die Hälfte in den Export. Fast gänzlich ins Ausland verkauft wurde der Wartburg Trans, der eine Pick-up-Variante des 353 war.

Ende der 70er-Jahre kam der betagte Zweitaktmotor des Wartburg wieder einmal in Bedrängnis. Denn die Exportländer verlangten nicht nur immer nachdrücklicher einen Viertakter, sie drängten auch auf verbesserte Umweltstandards. Weil diese Forderungen massiv die DDR-Deviseneinnahmen gefährdeten, wurde fieberhaft nach einem Motor gesucht, den man in Lizenz nachbauen könnte. Fündig wurden die Eisenacher im 54-PS-Renault-Motor. Der geplante neue Wagen, der mit diesem Motor ausgestattet werden sollte, wurde auf den Namen Wartburg 1300 getauft,

>> *Zeitdokument: Ein Wartburg 311 am Marktplatz von Wittenberg vor dem Eingangsportal des Rathauses. Das Foto entstand 1963, da waren die Arbeiten am Nachfolger bereits voll in Gange.*

*(Foto: Deutsche Fotothek, Richard Peter, © CC)*

» *Ein Wartburg 1000, aufgenommen 2006 bei einem Treffen. Der 1000 mit dem auf 1000 Kubik aufgebohrten Dreizylinder-Zweitaktmotor unterschied sich kaum vom Typ 311. Er wurde von 1962 bis 1965 gebaut.* (Foto: Ralf Roletschek/Markela, © GLFD.)

» *Bereits 1956 debütierte der Wartburg Kombi. Die Hecktür war seitlich angeschlagen; Vorder- und Rücksitze ließen sich umlegen, sodass eine vollkommen ebene Fläche entstand. Der Wagen trägt den nach 1958 eingeführten neuen Kühlergrill.* (Foto: Ralf Roletschek/Markela, © GLFD.)

doch es erging ihm nicht besser als den vielen Planungen, die ihm vorausgegangen waren: er wurden nicht produziert.

Zu Beginn der 80er-Jahre rollte der millionste Wartburg vom Band. Die Rallye-Version des 353 W mit 110-PS-Motor vermochte sogar noch international erfolgreich mitzumischen. Eine geplante Version mit zwei Motoren und Allradantrieb (Wartburg Duo) ereilte wiederum das Schicksal ihrer Vorgänger; sie kam über einen Prototypen nicht hinaus.

## Der letzte Wartburg rollt vom Band

Weil das Problem mit dem fehlenden bzw. von der DDR-Führung nicht genehmigten Viertakt-Motor immer noch nicht gelöst war, bahnte sich eine ähnliche Entwicklung wie beim Trabant an: Aus Verhandlungen mit der »Volkswagen AG« ergab sich eine Übereinkunft, nach der die Eisenacher einen Viertakt-VW-Polo-Motor für den neuen Wartburg 1.3 lizenzieren konnten. Dieses erste neue Wartburg-Modell seit über 20 Jahren – und zugleich das letzte – erschien im September 1988 mit quer eingebautem VW-Motor. Äußerlich unterschied es sich nicht grundlegend vom Vorgänger, jedoch wies es zahlreiche Detailveränderungen auf, war umweltfreundlicher und verfügte über eine bessere Straßenlage.

Auch sein weiteres Schicksal glich dem des Trabi: Die Öffnung der Grenzen zwischen Ost- und Westdeutschland ließ die Nachfrage nach dem Wartburg spürbar und ständig sinken. Neben der neuen Konkurrenz aus dem Westen war daran sicherlich auch der überaus hohe Preis schuld (ca. 40.000 Ostmark).

Im April 1991 kam dann, was nicht mehr zu verhindern war: In Eisenach verließ der letzte Wartburg 1.3 die Montagehalle.

>> *Das Kastenprofil-Chassis des 353 erlaubte, wie schon beim Vorgänger, den Bau verschiedener Aufbauvarianten, ohne dass größere konstruktive Eingriffe notwendig geworden wären. Der Pickup Trans entstand zwischen 1983 und 1989, vor allem für den Export.* (Foto: Werk)

>> *Mit gänzlich neuer Karosserie, aber mit der bewährten Technik des Vorgängers erschien 1966 der Wartburg 353. Verschiedentlich überarbeitet und modellgepflegt (353 W = Weiterentwicklung, ab 1975) lief die Zweitakt-Limousine bis 1989 vom Band.* (Zeichnung: Carlo Demand)

>> *Wartburg leistete sich den Luxus einer eigenen Rennsport-Abteilung, mit den Wartburg 353 – hier ein Wartburg 1,3 mit dem Vierzylinder-Viertakter aus dem VW Polo – wurden noch einige Wettbewerbe bestritten. Dafür waren eine Handvoll Renntransporter entstanden. Das Gespann steht im AWE-Museum Eisenach.* (Foto: EMST/ Carsten Luetkebohle@CC)

# WENDAX

*Der Eisenbahningenieur Siegfried Freund gründete im Jahr 1900 ein Ingenieurbüro für den Bahnbedarf und baute dort nach 1905 Motordraisinen. In der Weltwirtschaftskrise der frühen Dreißiger verbreitete der »Draisinenbau Freund« seine Produktpalette um ein leichtes Lieferdreirad mit 2,4 PS starkem Fichtel-&-Sachs-Motor und 150 kg Nutzlast. Ab 1935 firmierte das Unternehmen – Gründer Freund war 1930 gestorben – als »Draisinenbau Dr. Alpers & Co. KG«. Adolf Alpers hatte das 160-Mann-Unternehmen übernommen. Unter neuer Leitung begann man 1937 mit dem Bau eines weiteren Lastendreirads, des Wendax WL 120 mit Vollscheibenrädern und geschlossenem Lieferkasten. Für Vortrieb sorgte hier ein Einbau-Motor von Ilo. Zwei weitere Lieferwagenmuster entstanden, aufgebaut nach ähnlichem Konzept.*

Das Unternehmen überlebte den Zweiten Weltkrieg, nicht aber den Versuch, in großem Stil in den Automobilbau einzusteigen. Immerhin: Wendax konnte, im Gegensatz zum Hamburger Glücksritter Staunau, schon Handfestes vorweisen. Nach der Währungsreform begann 1948 wieder die Produktion von Lastendreirädern unter der Bezeichnung Wendax WL 200, mit Scheiben- anstelle der Speichenräder, Änderungen an Hinterradschwinge, Torsionsstabfedern und Lenkung sowie an Motor und Optik. Außerdem wurde nun ein Lenkrad verbaut, kein Motorradlenker mehr. Die Monatskapazität lag bei rund fünf Stück – wenn dem so war, kann das Unternehmen kaum mehr als vier Monate produziert haben. Die nächste Konstruktion der Draisinenbauer unter Konstrukteur Heinrich Paartz war ein Kleinlieferwagen mit vier Rädern und einem Rohrrahmenchassis. Die Frontlenkerkabine bestand aus mit Blech beplanktem Holz; der Lieferwagen in der 1,25-t-Klasse hatte hinter den Vordersitzen einen 25-PS-VW-Motor, wobei nicht ganz klar ist, ob es sich bei diesen Aggregaten um aufgekaufte ehemalige Wehrmachtsbestände oder aber um Nachkriegsmotoren handelte, die für den Draisinenbau direkt von Wolfsburg nach Hamburg geliefert worden waren. Fakt ist: Wendax machte Werbung mit der VW-Technik, die Wolfsburger unterbanden das rasch und schafften sich damit einen unerwünschten Konkurrenten auf dem Lieferwagensektor vom Hals.

Mit dem 400er-Ilo-Motor wurde ein offener Kleinstwagen bestückt, der dreisitzige Roadster Aero WS 400, dem der Motorjournalist Werner Oswald »kriminelle Fahreigenschaften« attestierte. Das hinderte die Wendax Fahrzeugbau GmbH aber nicht, auf der Technischen Exportmesse Hannover im Mai 1949 ein weiteres Fahrzeug, den neu entwickelten WS 750 als den »neuen Wagen für Sport und Beruf« für 4860 D-Mark besonders Taxifahrern anzubieten – als echte Konkurrenz zum ebenfalls gezeigten Mercedes-Benz 170 D mit 1,7 l Diesel-Motor (DM 9200,-). Man kann den Mut der Hamburger nur bewundern.

Auch hier wurde, wie beim Staunau, der völlig überforderte 750er-Ilo-Doppelkolben-Zweitaktmotor verbaut, der auf die Vorderräder wirkte. Kaum vorstellbar, dass diese unkultivierten Mobile im harten Taxibetrieb auch nur eine Woche durchgehalten hätten. Immerhin: Die Formgebung war noch hinnehmbar, die Verarbeitung dagegen lausig und die Fahreigenschaften grauslig. Ein Brandartikel von Automobiltester

Werner Oswald im Fachblatt *Das Auto* (Heft 6/1951) bereitete dem Spuk schließlich ein Ende.

Das brach der Firma in der Wendenstraße in Hamburg-Harburg, inzwischen gut 300 Mann stark, das Genick, letztlich konnten auch die Draisinen sie nicht mehr retten: Noch 1951 musste der Automobilbau Vergleich anmelden, möglicherweise waren 70 Wendax gebaut worden. Damit war eine Automobilproduktion vom Tisch, man hielt sich noch bis 1956 mit dem Bau von Stahlrohrmöbeln und Draisinen über Wasser. Danach gingen in der Wendenstraße endgültig alle Lichter aus.

AUS DEM WENDAX-PRODUKTIONS-PROGRAMM 1950

# WIESMANN

*Geckos sind Echsen und gehören zu den ältesten Lebewesen auf diesem Planeten. Rund 500 verschiedene Arten gibt es, und es werden ständig mehr: 1993 entdeckte man eine besonders flinke Vertreterin dieser Spezies. Sie kommt aus dem westfälischen Dülmen, hat vier Räder und eine fantastische Straßenlage, die sie förmlich auf der Straße kleben lässt.*

### Im Zeichen des Gecko

Der Gecko ist das Wahrzeichen der noch jungen Sportwagenmarke Wiesmann. Die Firma Wiesmann Autosport, die 1988 zum ersten Mal auf der Essener Motor Show ausstellte, wurde von den Brüdern Martin und Friedhelm Wiesmann gegründet, die Initialzündung für die beiden war der Besuch der Motor Show im Jahre 1985 gewesen. Ihre Eltern besaßen ein Autohaus, doch das zu übernehmen, so die Firmengründer in einem Interview mit dem manager-magazin, sei ihnen »zu banal« gewesen. Auf der Motor Show, einem absoluten Pflichttermin, sei ihnen die Kluft zwischen hochwertig restaurierten Oldtimern einerseits und miserabel zusammengebastelten Replikas, englischen Kitcars (Autos zum Selbstbau) und sonstigen Kleinserien-Sportwagenprojekten aufgefallen: »Wir waren entsetzt über die Bastelqualität«.

### Nostalgisch angehauchte Sportwagen mit moderner Technik

Die Achtziger waren das Jahrzehnt der Kleinserien-Cabriolets und Roadster-Projekte: Mit dem Triumph Spitfire verschwand 1981 der letzte preisgünstige Roadster vom Markt, Fiat 124 und Alfa Spider waren, technisch gesehen, bereits Oldtimer und hatten schon als Neuwagen mindestens 20 Jahre auf dem Buckel, und die Golf-, Escort- oder Ritmo-Cabriolets waren ob ihrer Überrollbügel alles, nur keine akzeptierte Möglichkeit, sich den Wind um die Nase wehen zu lassen: Die jungen Autofahrer der geburtenstarken Jahrgänge suchten händeringend nach aufregenden Neufahrzeugen. Findige Kleinserienbetriebe griffen zu Blechschere und Glasfasermatten, um den Traum vom Cabriolet wahr werden zu lassen. Vor diesem Hintergrund beschlossen Martin als Diplomingenieur und Friedhelm – Betriebswirt und Leiter einer Firma für Kinderkleidung –, ihren Traum vom eigenen Sportwagen wahr werden zu lassen: »Wir wollten so ein Auto zunächst nur für uns bauen.«

Doch das sollte weitreichende Folgen haben. Die beiden Autodidakten machten sich voller Elan ans Werk, aber davon, wie man ein Auto baut, hatten sie herzlich wenig Ahnung. Die Karosserie modellierten sie nach alter Väter Sitte aus Ton und Spachtelmaterial, und von der Kunststoffverarbeitung hatten sie keinen blassen Schimmer. Unterstützung seitens der Industrie gab es keine (»die haben sich erst mal totgelacht

» *Der Roadster MF3 mit seinem 343 PS starken 3,2-l-Reihensechszylinder fungiert als Einstiegsmodell für Wiesmann-Interessenten.*     (Foto: Wiesmann GmbH)

über uns«). Vier Jahre und einige hunderttausend Mark später stand der erste Prototyp auf der Essen Motor Show 1988, zusammen mit einem BMW-Dreier-Cabriolet mit GFK-Hardtop. Bei dem roten Plastikzweisitzer schien es sich um kaum mehr als eine bloße Absichtserklärung zu handeln, doch die beiden hielten mit aller Sturheit und Dickschädeligkeit, die man den Menschen jener Gegend gerne nachsagt, hartnäckig an ihrem Ziel fest – und legten dabei eine geradezu italienisch anmutende Leidenschaft an den Tag.

## Vom Einzelstück zur Kleinserie

Das Geld, um den Roadster zu Ende zu entwickeln, verdienten sie letztlich mit der Entwicklung von Kunststoff-Hardtops für BMW-Fahrzeuge, bekannt machten sie den Wagen – Fernseh- und Anzeigenwerbung war zu teuer – durch ungewöhnliche Ideen: Anfang der Neunziger war Deutschland noch im Tennisrausch, daher mieteten sie im Interconti-Hotel, in dem die Stars des Tennisturniers vom Hamburger Rothenbaum logierten, ein Zimmer. Dann schmierten sie den Portier, damit sie ihren Roadster für die Dauer des Turniers auf dem Parkplatz direkt vor der Hotellobby parken durften, sodass wirklich jeder, der hinein- und hinausging, förmlich über den schmucken Zweisitzer stolpern musste. Der Käufer des ersten Wiesmann war dann auch ein ukrainischer Tennisprofi, und im Jahr darauf fanden schon drei Wiesmann-Roadster ihren Weg zum Kunden.

Die Roadster-Schöpfung hieß zunächst MF 25/35. Der knapp vier Meter lange und rund 850 Kilogramm schwere Zweisitzer war eine komplette Neukonstruktion im Stile britischer Roadster, mit deutlichen Anklängen an einen Austin Healey 3000. Er verfügte über eine Karosserie aus glasfaserverstärktem Kunststoff und aluminiumbeplanktem Gitterrohrrahmen mit seitlichem Aufprallschutz. Motor, Getriebe, Differenzial, die Bremsanlage sowie Teile der Radaufhängung und Elektrik stammten aus dem BMW-Regal, andere Elemente wiederum wurden komplett in Eigenregie entwickelt und gebaut, so etwa der komplette Kabelbaum.

## Spitze 310!

Im Grunde genommen hat sich bis heute an diesem Konzept nichts geändert. Die Wagen wurden schwerer und leistungsstärker, erfüllen alle gängigen Normen und Vorschriften. Nichts geändert hat sich auch am aufwändigen Fertigungsprozess: »Wir haben eine Fertigungstiefe von 65 %«, so Wiesmann. Seit Aufnahme der Serienproduktion 1993 in einer neuen Halle in Dülmen wurde der Zweisitzer – Bezeichnung MF3 – stetig verbessert, ohne dass sich das in der Optik niedergeschlagen hätte. Die Wiesmänner selbst unterscheiden zwischen über einem halben Dutzend Entwicklungsstufen. Bis zur Einführung eines zweiten Modells, des Wiesmann GT MF4 zur IAA 2005, wurden im Jahr rund ein halbes Hundert der je nach Motorisierung knapp 310 km/h schnellen Retro-Flitzer gebaut. Die stetig steigenden Absatzzahlen führten 2008 zu einem weiteren Umzug in neue Räume (Wiesmann spricht von einer »gläsernen Manufaktur«). Dort erwecken rund 100 Mitarbeiter in 350 Arbeitsstunden einen der begehrten Boliden zum Leben, die Preisliste beginnt bei 100.000 Euro, Das Fahrgefühl im Zeichen des Gecko ist allerdings unbezahlbar. Serienmäßig ist die Exklusivität, auch wenn inzwischen immerhin schon rund 1100 Wiesmann über die Straßen wuseln. Mehr als 300 pro Jahr sollen noch dazu kommen. Und kein Wagen gleicht dem anderen im Detail. Das ist wie bei den echten Echsen.

### Das Wiesmann-Programm

Gegenwärtig bietet Wiesmann seinen Kunden – in der Regel um die 50, die Kinder aus dem Haus, das Konto gut gefüllt und im Herzen noch die rebellischen Jugendträume aus Zeiten der Studenten-WG – sieben Modelle an: Für Einsteiger den MF3, den Roadster mit dem 343 PS starken 3,2-l-Reihensechszylinder aus dem BMW M3, den MF4 mit 4,2-l-V8 und 407 PS und den MF5 mit dem 4,4-l-Biturbo und 555 PS. MF4 und MF5 gibt es auch in S-Ausführung mit ausfahrbarem Heckflügel und – eigentlich ein Stilbruch für einen Roadster – elektrisch zu verriegelndem Stoffverdeck. Ebenfalls lieferbar: Drei GT-V8-Coupés MF4, MF4-S sowie MF5, wobei Letzteres mit einer Spitze von 311 km/h und einer Beschleunigung von 0–100 km/h in 3,9 Sekunden die Spitze des Angebots markiert. Das Wiesmann-Vertriebsnetz umfasst gegenwärtig neun Partner, aber natürlich kann man seinen Gecko auch vor Ort in Dülmen erwerben.

» Das Wiesmann-Coupé GT MF4 ist mit seinem 4,2-Liter-V8 gewiss nicht untermotorisiert. (Foto: Wiesmann GmbH)

» Der MF5, ob wie hier als Roadster oder als geschlossenes Coupé in der GT-Version, markiert die Spitze im Angebot der Marke mit dem Gecko.

(Foto: Wiesmann GmbH)

# ZÜNDAPP

*Wer zu spät kommt, den bestraft das Leben – oder die erwartungsfrohe Käuferschar, wie Zündapp mit seinem »Janus« feststellen musste: Als er endlich auf dem Markt erschien, war der Boom der Rollermobile vorüber.*

*Am Fahrzeug selbst kann es eigentlich nicht gelegen haben, denn dessen Konzept war genial – so zumindest suggerierte die davon restlos begeisterte Presse, die sich nach Kräften bemühte, den Wagen zu einem Erfolg zu machen. Allerdings sahen das die Käufer anders: Ihr Ideal war der Käfer, und der rückte dank Wirtschaftswunder und steigenden Löhnen in immer greifbarere Nähe.*

»» *Durchsicht-Zeichnung des symmetrisch aufgebauten Zündapp Janus.*

Vorläufer des Janus war der von Flugzeugingenieur Claude Dornier (jr.) entwickelte Delta. Die Idee war nicht besonders neu (Heinkel und Messerschmitt waren schon vorher darauf gekommen), die Umsetzung dagegen schon: Die Dornier-Mannschaft, unbelastet von irgendwelchen automobilhistorischen Traditionen, ging mit frischen Ideen ans Werk. Der Janus-Vorläufer debütierte auf der IAA 1955 und verblüffte gleich mehrfach, vor allem aber durch seine ungewöhnliche Sitzanordnung. Der viersitzige Kleinwagen besaß vorn und hinten je eine nach oben schwingende Tür, die Passagiere saßen Rücken an Rücken. Der Motor (ein Ilo mit 197 Kubik) saß in Wagenmitte zwischen den Sitzen. Der Mittelmotor bescherte dem Mobil eine besonders ausgeglichene Gewichtsverteilung. Das Rollermobil besaß völlig symmetrische Karosserieteile, das Design glänzte denn auch eher durch Zweckmäßigkeit als durch Schönheit. Der »Dornier Delta« ging jedoch nie in Serie, die Firma Zündapp kaufte die Lizenz des Wagens und entwickelte daraus den »Janus«.

## Der Janus
Die Firma Zündapp, 1917 gegründet, litt besonders unter der Krise auf dem Zweiradmarkt der Mittfünfziger-Jahre. In der ersten Hälfte des

Jahrzehnts durch den Motorradboom verwöhnt, suchte die Firma unter ihrem Chef Neumeyer händeringend nach einem Ersatz für die wegbrechenden Umsätze im Zweiradgeschäft. Als nach der IAA Dornier mit seinem Delta dann auf Käufersuche ging, griffen die Nürnberger zu. Vom »Delta« übernahmen sie im Prinzip nur das Konzept, der Rest war neu.

Im März 1957 war der nunmehrige »Janus« dann serienreif. Für Vortrieb sorgte eine 245 Kubik großer Einzylinder-Zweitakter samt angeblocktem Ziehkeilgetriebe. Vier Fahrstufen und ein Rückwärtsgang standen zur Verfügung; Elektrostarter und Kühlgebläse waren ebenso serienmäßig wie Hydraulikbremsen, belüftete Bremstrommeln und vier einzeln aufgehängte Räder (vorn Schwingen, hinten Pendelachsen): Von seinen Eckpunkten her war Zündapp mit dem Janus ein vielversprechendes Konzept in ansehnlicher Verpackung gelungen. Der Geräuschpegel war durch den innenliegenden Motor allerdings eine echte Zumutung, und mit der Rücken-an-Rücken-Anordnung (die an alte Flugzeuge erinnert) mochte sich auch nicht jedermann anfreunden. Außerdem war der Janus, bei voller Zuladung von 400 Kilogramm, mit seinen 14,5 PS überfordert. Die Zündapp-Techniker arbeiteten daher bereits an stärkeren Ausführungen mit 400, 500 und 600 Kubik, diese kamen allerdings nicht über das Versuchsstadium hinaus.

Zündapp, inzwischen in finanzieller Schieflage, verkaufte am 1. Juli 1958 sein Nürnberger Werk an die Firma Robert Bosch und verlegte den Firmensitz an den Standort München. Bei der Gelegenheit wurde auch gleich die Janus-Fertigung eingestampft, ebenso wie die Arbeiten an einem wunderschönen Sportcoupé mit Pininfarina-Karosserie. Die letzten Janus wurden im Oktober 1958 fertig, die Ersatzteilversorgung übernahm dann die Hans Glas GmbH in Dingolfing.

Zündapp konzentriert sich anschließend wieder ganz auf den Zweiradbau, verpasste aber Ende der Siebziger den Anschluss an die Weltspitze: Wieder kam man zu spät, und der Käufer sorgte für die Höchststrafe: 1984 war Zündapp Geschichte.